普通高等教育系列教材

工 程 制 图

（近机械类和非机械类）

主　编　苏梦香

副主编　郭淑媛　赵月罗

　　　　孙　扬　张立香

西安电子科技大学出版社

内 容 简 介

本书是根据教育部《高等学校工程制图课程教学基本要求》，按照最新《机械制图》、《技术制图》国家标准，结合高等学校工科各专业的实际，以及编者多年来教学经验和同行专家的意见编写的。内容包括制图的基本知识，立体和组合体的三视图，尺寸标注，机件常用的表达方法，标准件和常用件，零件图，装配图，共八章。

本书和配套出版的《工程制图习题集》可作为高等工科院校近机械类和非机械类各专业工程制图课程的教材，也可供其他学校的师生和相关专业的工程技术人员参考。

图书在版编目(CIP)数据

工程制图/苏梦香主编. —西安：西安电子科技大学出版社，2015.8(2024.8 重印)
ISBN 978‐7‐5606‐3820‐1

Ⅰ.① 工…　　Ⅱ.① 苏…　　Ⅲ.① 工程制图—高等学校—教材　　Ⅳ.① TB23

中国版本图书馆 CIP 数据核字(2015)第 205616 号

策　　划　　杨航斌
责任编辑　　马武装
出版发行　　西安电子科技大学出版社（西安市太白南路 2 号）
电　　话　　(029)88202421　88201467　　邮　　编　　710071
网　　址　　www.xduph.com　　　　　电子邮箱　　xdupfxb001@163.com
经　　销　　新华书店
印刷单位　　咸阳华盛印务有限责任公司
版　　次　　2015 年 8 月第 1 版　　2024 年 8 月第 10 次印刷
开　　本　　787 毫米×1092 毫米　　1/16　　印张 14
字　　数　　327 千字
定　　价　　38.00 元
ISBN 978－7－5606－3820－1
XDUP 4112001－10

＊＊＊ 如有印装问题可调换 ＊＊＊

前　言

　　本书是遵照国家教育部关于普通高校教材建设与改革的意见及精神，根据教育部高等学校工程制图教学指导委员会制定的《高等学校工程制图课程教学基本要求》，并结合编者多年的教学经验编写而成的，适用于近机械类和非机械类各专业的"工程制图"课程教学。

　　本书完全采用了最新《机械制图》、《技术制图》国家标准，内容精练，图文并茂，结构严谨，层次分明。

　　为了便于教学，本书在内容的编排上，考虑到学科的系统性与完整性，投影知识直接在立体的三视图中讲解，然后在组合体的三视图中加以综合训练，在视图和剖视图上得到进一步提高；尺寸标注作为单独一章，这样能使学生形成一个比较完整的概念。

　　本书在内容及选择上力求贯彻少而精的原则。对于基本概念、基本原理、基本方法在写法上力求通俗易懂，言简意明，便于学生自学。

　　本书共八章，为便于学习，与本书一并编写了《工程制图习题集》。

　　参加本书编写工作的河北工程大学工程图学部教学团队有：苏梦香(第八章)、郭淑媛(第一章)、马希青(第三章)、赵月罗(第五章)、崔坚(第七章)、刘春玲(第五章)、黄素霞(第二、七章)、孙扬(第四、六章)、马玥珺(第一、四章)、张湘玉(第三、八章)、张立香(第二、六章)，第六、七章的部分表格由王晓敏绘制。本书由苏梦香任主编，郭淑媛、赵月罗、孙扬和张立香任副主编。本教学团队所承担的"工程制图"课程 2002 被评为首批省级精品课程，2007 再次审批通过，批准文号冀教高[2007]58 号。

　　本书可作为高等工科院校近机械类和非机械类各专业本科学生的教材，也可作为电视大学、函授大学、成人高校等学校相关专业的教材，还可作为相关专业学生和工程技术人员的参考书。

　　本书在编写过程中，参考了许多同类教材，在此向相关作者深表谢意，同时对学校各级领导和有关部门的大力支持也致以深情谢意。由于编者水平有限，书中不足之处在所难免，敬请读者批评指正。

编　者

2015 年 5 月

目　　录

绪论 1
　一、本课程的性质和任务 1
　二、本课程的基本要求 1
　三、本课程的学习方法 2

第一章　制图的基本知识 3
　第一节　制图的基本规定 3
　　一、图纸幅面及其格式 3
　　二、绘图比例 6
　　三、字体 6
　　四、图线及其画法 8
　第二节　绘图工具和仪器的使用方法 10
　　一、图板、丁字尺 10
　　二、三角板 11
　　三、圆规和分规 11
　　四、铅笔 12
　　五、模板与擦图片 12
　第三节　平面几何作图 13
　　一、作平行线和垂直线 13
　　二、等分线段 13
　　三、圆周等分和正多边形 14
　　四、斜度和锥度 15
　　五、圆弧连接 16
　　六、椭圆的近似画法 17
　第四节　尺寸的组成及分类 18
　　一、尺寸的组成 18
　　二、尺寸的分类 19
　第五节　绘图方法和步骤 19
　　一、绘图前的准备工作 19
　　二、视图中的线段分析 20
　　三、画底稿 20
　　四、加深图形 22

第二章　立体的三视图 23
　第一节　投影的基本知识和三视图 23
　　一、投影的形成和分类 23
　　二、投影法的特性 24
　　三、三投影面体系的建立及三视图 25
　第二节　平面立体的三视图 27
　　一、棱柱的三视图 27
　　二、棱锥的三视图 28
　第三节　曲面立体的三视图 28
　　一、圆锥 29
　　二、圆柱 30
　　三、球 30
　第四节　切割体的三视图 31
　　一、切割体的相关概念和方法 31
　　二、切割体的三视图 31
　第五节　相交体的三视图 38
　　一、相交体三视图的作图方法 39
　　二、两回转体的相贯线 39
　　三、相贯线的简化画法 44

第三章　组合体的三视图 45
　第一节　概述 45
　　一、组合体的组合形式 45
　　二、形体分析法和线面分析法 48
　第二节　画组合体三视图 51
　　一、画组合体三视图的方法和步骤 51
　　二、过渡线的画法 52
　　三、叠加形成的组合体三视图画法 53
　　四、挖切形成的组合体三视图画法 56
　第三节　读组合体三视图 57
　　一、读图的基本要领 58
　　二、读叠加形成的组合体三视图的方法
　　　　和步骤 60

三、读挖切形成的组合体三视图的方法
　　和步骤 61
四、综合举例 63

第四章　尺寸标注 66
第一节　尺寸标注的基本知识 66
一、尺寸标注的基本规则 66
二、尺寸标注示例 66
三、尺寸标注中的常见错误 70
四、平面图形的尺寸标注 71
第二节　基本体的尺寸标注 72
一、立体的尺寸标注 72
二、切割体的尺寸标注 72
三、相交体的尺寸标注 73
四、平板类形体的尺寸标注 74
第三节　组合体的尺寸标注 75
一、组合体尺寸标注的基本要求 75
二、组合体尺寸标注的方法与步骤 80
三、组合体尺寸标注举例 80

第五章　机件常用的表达方法 83
第一节　视图 83
一、基本视图 83
二、向视图 84
三、局部视图 85
四、斜视图 86
五、几点说明及举例 87
第二节　剖视图 89
一、剖视图的概念和画法 89
二、用单一剖切面得到的剖视图及其
　　画法 94
三、用几个平行的剖切面得到的剖视图
　　及其画法 99
四、用几个相交的剖切面得到的剖视图
　　及其画法 100
五、用组合剖切面得到的剖视图及其
　　画法 102
第三节　断面图 102
一、基本概念 102

二、移出断面图 103
三、重合断面图 104
第四节　局部放大图和简化画法 105
一、局部放大图 105
二、简化画法(规定画法) 106
第五节　表达方法应用举例 111
一、弯架的表达方案分析 111
二、减速器箱体的表达方案分析 111

第六章　标准件和常用件 114
第一节　螺纹的规定画法和标注 115
一、螺纹的形成及其几何要素 115
二、螺纹的规定画法 117
三、螺纹的标记和标注 118
第二节　常用螺纹紧固件的规定画法和
　　标注 123
一、螺栓连接 125
二、螺柱连接 129
三、螺钉连接 131
第三节　键和销 134
一、键联接 134
二、销联接 136
第四节　滚动轴承 137
一、滚动轴承的分类 137
二、滚动轴承的代号及标记 139
三、滚动轴承的画法 139
第五节　齿轮的规定画法 140
一、圆柱齿轮的几何要素及其尺寸计算 141
二、圆柱齿轮的规定画法 142
三、圆锥齿轮、蜗杆和蜗轮画法简介 145
第六节　弹簧 146
一、圆柱螺旋压缩弹簧各部分的名称及
　　尺寸 147
二、圆柱螺旋压缩弹簧的规定画法 147
三、圆柱螺旋压缩弹簧的作图方法 148

第七章　零件图 150
第一节　概述 150
一、零件图的概念和作用 150

二、零件图的内容 150

第二节 零件图的表达方案和尺寸标注 152
　　一、零件图的表达方案 152
　　二、零件图的尺寸标注 155
　　三、典型零件的表达方案和尺寸标注
　　　　示例 158

第三节 零件上常见的工艺结构 165
　　一、铸造中的工艺结构 165
　　二、机械加工中的工艺结构 166

第四节 零件的表面粗糙度 168
　　一、粗糙度轮廓及其评定参数 168
　　二、表面粗糙度代号 169
　　三、表面粗糙度在图样中的注法 170

第五节 零件的极限与配合和几何公差
　　　　简介 172
　　一、零件的互换性 172
　　二、极限与配合的基本概念 172
　　三、极限与配合的标注和查表 178
　　四、几何公差简介 181

第六节 读零件图 184
　　一、读零件图的方法和步骤 184
　　二、读零件图举例 185

第八章　装配图 187

第一节 概述 187
　　一、装配图的概念及作用 187
　　二、装配图的内容 188
　　三、零部件序号及明细栏 189

第二节 装配图的视图表达方法 190
　　一、规定画法 191
　　二、特殊表达方法 191
　　三、简化画法 193

第三节 装配图的尺寸标注和技术要求 194
　　一、装配图的尺寸标注 194
　　二、装配图中的技术要求 195

第四节 装配结构的合理性 196

第五节 读装配图及由装配图拆画零件图 199
　　一、读装配图的方法和步骤 199
　　二、读装配图及拆画零件图 200

第六节 由零件图画装配图 208
　　一、了解部件的装配关系和工作原理 210
　　二、确定装配图的表达方案 210
　　三、画装配图 211

参考文献 215

绪　　论

一、本课程的性质和任务

图形是人类借以承载、交流信息的一种最重要和最基本的媒体之一，它的出现甚至比文字、符号还早。在漫漫历史长河中，作为人类表达、构思和交流思想感情的重要工具，图形随着人类社会的发展而发展，并在推动社会的文明和进步中起到了极其重要的作用。因此，以图形为基本研究对象的"图形学"可谓是一门最古老而又最现代的学科。随着图形、文字以及符号等交流工具在工程技术上的广泛应用，便出现了工程图样。

工程图样是工程技术中一种重要的技术资料，是工程技术人员表达技术思想的公共语言，是工程技术部门广泛使用的重要的技术交流工具。因此在工程技术界，无论是机械设计和制造、地质勘察与测量、仪器仪表的设计安装，还是工程施工与成本核算等，都需要使用工程图样。

工程制图课程，是一门既有系统理论又有较强实践性的专业技术基础课，在整个机械学科中处于基础地位。课程主要介绍制图基本知识、立体和组合体三视图、机件常用的表达方法、标准件和常用件、零件图、装配图，着重介绍国家最新颁布的制图标准和规范，讲解阅读和绘制机械图样的基本方法和规定，培养学生读图和制图的基本技能，强化制图基本功，提高学生的动手能力，增强其工程意识和规范意识。

本课程的主要任务是：

(1) 掌握制图相关的国家标准中的基本规定。

(2) 培养学生阅读和绘制机械图样的基本技能，树立工程意识。

(3) 使学生养成良好的学习方法，培养学生几何作图能力，空间想象能力、形象思维能力，分析问题与解决问题的能力及钻研精神和创新意识。

(4) 培养认真负责的工作态度、严谨细致的工作作风；培养协作精神和创业精神，提高综合素质。

较好地学习并掌握上述内容，是学生顺利完成后续专业基础课和专业课的基本前提和重要保证，也可为今后能够较出色地完成工作任务奠定良好的基础。

二、本课程的基本要求

(1) 了解本课程的地位、性质、任务，掌握科学的学习方法。

(2) 掌握绘图工具和仪器的正确使用方法及几何作图方法，遵照《机械制图》国家标准的相关规范和规定，做到作图准确、图线分明、字体工整、图面整洁。

(3) 掌握立体、组合体三视图的绘制和阅读的基本方法与步骤。

(4) 掌握平面图形、立体和组合体三视图尺寸标注的方法与步骤。

(5) 掌握图样中各种常用的表达方法，做到投影正确，视图选择恰当，表达方法简洁明了，尺寸完整、清晰、基本合理。

  (6) 能够正确绘制和阅读一般的零件图和装配图。

三、本课程的学习方法

  要想学好本课程，除了在思想上引起重视之外，还要掌握科学、有效的学习方法。

  (1) 在学习中，应当在掌握基本概念的基础上，遵守机械制图国家标准的规定和规范，采用正确的方法和步骤使用绘图工具和仪器作图；通过多阅读、多思考、多练习，熟能生巧，有意识地培养读图和绘图的基本技能。

  (2) 除课堂认真听讲外，还要独立完成与本书配套的《工程制图习题集》中的习题，来巩固所学知识，以检验学习能力的提高和知识掌握的情况。

  (3) 由于图样在生产建设中起着非常重要的作用，读图和绘图都不能出现任何差错，否则将造成不可估量的损失。因此，在做练习和作业时，应培养和坚持认真负责的工作态度和严谨细致的工作作风。

  (4) 在学习过程中，应刻苦认真，虚心求教，勤于思考，积极培养与提高自学能力及分析问题和解决问题的能力，切实提高解决综合问题的能力。

第一章　制图的基本知识

图样是工程界的共同语言，是进行技术交流的工具，也是机械设计与制造过程中必不可少的技术资料。因此，每一个工程技术人员都必须严格遵守《机械制图》、《技术制图》等国家标准中的相关规定，熟悉和掌握有关基本知识和技法，为后面的学习和应用打下基础。

第一节　制图的基本规定

一、图纸幅面及其格式

1. 图纸幅面

图纸面积规格的大小称为图纸幅面，简称图幅或幅面，其尺寸用 $B \times L$ 表示(B 为图纸的宽度，L 为图纸的长度)。绘制图样时，应优先采用表 1-1 中规定的基本幅面(第一选择)，必要时也允许将幅面的短边按其短边的整数倍加长(第二选择)。

表 1-1　图纸的幅面尺寸(GB/T 14689—2008)　　　　　　　　mm

基本幅面(第一选择)		加长幅面(第二选择)		加长幅面(第三选择)	
幅面代号	幅面尺寸 $B \times L$	幅面代号	幅面尺寸 $B \times L$	幅面代号	幅面尺寸 $B \times L$
A0	841×1189			A0 × 2	1189 × 1682
				A0 × 3	1189 × 2523
A1	594×841			A1 × 3	841 × 1783
				A1 × 4	841 × 2378
A2	420×594			A2 × 3	594 × 1261
				A2 × 4	594 × 1682
				A2 × 5	594 × 2102
A3	297×420	A3 × 3	420 × 891	A3 × 5	420 × 1486
		A3 × 4	420 × 1189	A3 × 6	420 × 1783
				A3 × 7	420 × 2080
A4	210×297	A4 × 3	297 × 630	A4 × 6	297 × 1261
		A4 × 4	297 × 841	A4 × 7	297 × 1471
		A4 × 5	297 × 1051	A4 × 8	297 × 1682
				A4 × 9	297 × 1892

一般来说，图幅的选用与表达对象的复杂程度有关。当表达对象形状复杂时，选择较大的图幅；当表达对象形状简单时，选择较小的图幅。

2. 图纸的格式

国家标准规定，每张机械图样中均应绘制图框和标题栏。

(1) 图框。图框是一个限定了作图区域的矩形线框，必须用粗实线绘制。其规定的格式分为留装订边和不留装订边两种，分别如图 1-1、图 1-2 所示，同一产品的图样只能采用其中一种格式。基本图幅的图框尺寸应符合表 1-2 中的规定，加长幅面的图框尺寸则按所选基本幅面大一号的图框尺寸确定。例如：A2×3 的图框尺寸，按 A1 的图框尺寸确定，即 e 为 20 或 c 为 10；而 A3×4 的图框尺寸，按 A2 的图框尺寸确定，即 e 为 10 或 c 为 10。

表 1-2　图框尺寸(GB/T 14689—2008)　　　　　　　　　　　mm

幅面代号	A0	A1	A2	A3	A4
$B \times L$	841×1189	594×841	420×594	297×420	210×297
a	25				
c	10			5	
e	20		10		

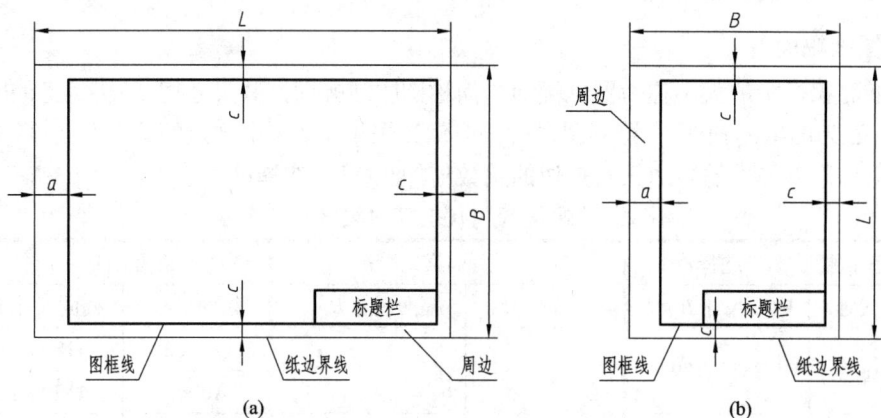

图 1-1　有装订边图纸的图框格式

(a) X 型图纸的图框格式；(b) Y 型图纸的图框格式

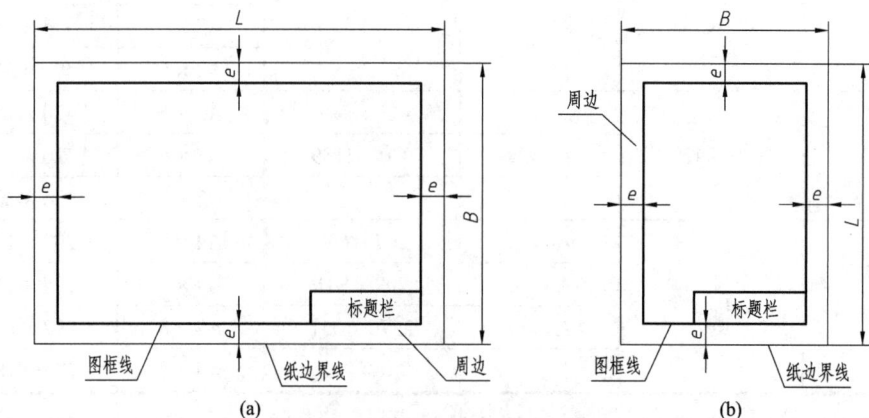

图 1-2　无装订边图纸的图框格式

(a) X 型图纸的图框格式；(b) Y 型图纸的图框格式

(2) 标题栏。标题栏是一个规范化的表格,用于表达与所绘图样相关的一些基本信息。因此,每张图纸上都必须画出标题栏。标题栏的格式和尺寸在国家标准(GB/T 10609.1—2008)中都有规定,如图1-3所示。制图作业中使用的"习题版"标题栏格式如图1-4所示。

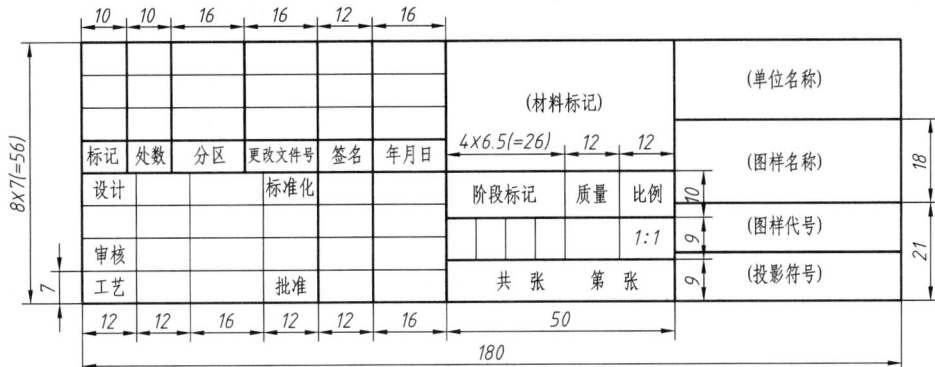

图 1-3 国家标准规定的标题栏格式

标题栏应位于图纸的右下角,其底边和右边分别与图框线的底边线、右边线重合,并尽量使看图的方向与看标题栏的方向一致。标题栏也可位于图纸的右上角,此时为了明确绘图与看图时图纸的方向,应在图纸的下边对中符号(用粗实线绘制)处画出一个方向符号。方向符号是一个用细实线绘制的等边三角形,如图1-5所示。

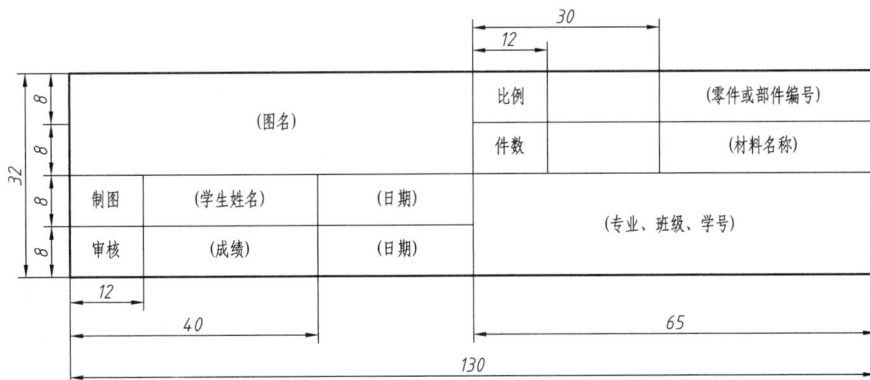

图 1-4 "习题版"标题栏格式

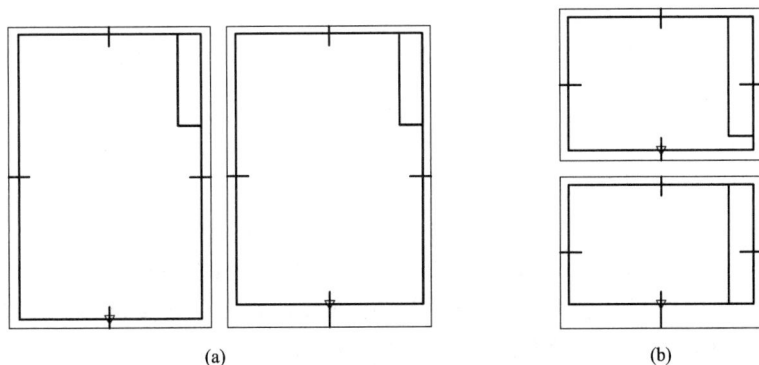

(a)   (b)

图 1-5 预先印制好的图纸上标题栏的方位

(a) X 型图纸;(b) Y 型图纸

二、绘图比例

绘图比例是指图样中机件要素的线性尺寸与实际机件相应要素的线性尺寸之比。绘图时应选用国家标准中规定的绘图比例，见表1-3。

在满足需要的情况下，应尽量采用1：1的比例，以便使图样直接反映机件的实际大小。对于大而简单的机件一般采用缩小比例；对于小而复杂的机件一般采用放大比例。但不论采用哪种比例绘制图样，在标注尺寸时一律标注机件的实际尺寸，并在标题栏的"比例"一栏中填写所选用的比例。

表1-3 国家标准规定的绘图比例系列(GB/T 14690—1993)

种类	优先选用的比例	必要时可以选用的比例
原值比例	1：1	
缩小比例	1：2　　　1：5 $1：1 \times 10^n$　$1：2 \times 10^n$　$1：5 \times 10^n$	1：1.5　　1：2.5　　1：3　　1：4　　1：6 $1：1.5 \times 10^n$　$1：2.5 \times 10^n$　$1：3 \times 10^n$ $1：4 \times 10^n$　$1：6 \times 10^n$
放大比例	2：1　　　5：1 $1 \times 10^n：1$　$2 \times 10^n：1$　$5 \times 10^n：1$	2.5：1　　　4：1 $2.5 \times 10^n：1$　$4 \times 10^n：1$

注：n 为正整数。

三、字体

在图样上除了表示机件形状的图形外，还需要用文字、数字和字母表示机件的大小、技术要求和其他内容。如果图样上的字体潦草，不仅会影响图样的清晰和美观，而且还会造成差错，给生产带来不必要的麻烦和损失。

因此，国家标准(GB/T 14691—1993)规定，在图样上书写字体时，必须做到：字体工整、笔画清楚、间隔均匀、排列整齐。字体的大小分为 20、14、10、7、5、3.5、2.5、1.8 等八种字号。字号的数值即为字体的高度，单位是毫米。

(1) 汉字。图样上的汉字应写成长仿宋体，并采用规范的简化字。长仿宋字的特点是：横平竖直、结构匀称、注意起落、填满方格。汉字的高度 h 不应小于 3.5 mm，其宽度一般为 $h/\sqrt{2}$ mm。为了保证字体大小一致和整齐，书写时可先画上格子，然后书写。

汉字的基本笔画及其笔法见表1-4。

(2) 字母和数字。书写字母和数字时可采用斜体或直体，常用斜体。斜体字的字头向右倾斜，与水平线成75°角。字母和数字分 A 型和 B 型。A 型字体用于机器书写，其笔画宽度为字高的 1/14；B 型字体用于手工书写，其笔划宽度为字高的 1/10。在同一图样中，只允许选用同一种字型的字体。

表 1-4　汉字的基本笔法

名称	点	横	竖	撇	捺	挑	折	勾
基本笔画及运笔法 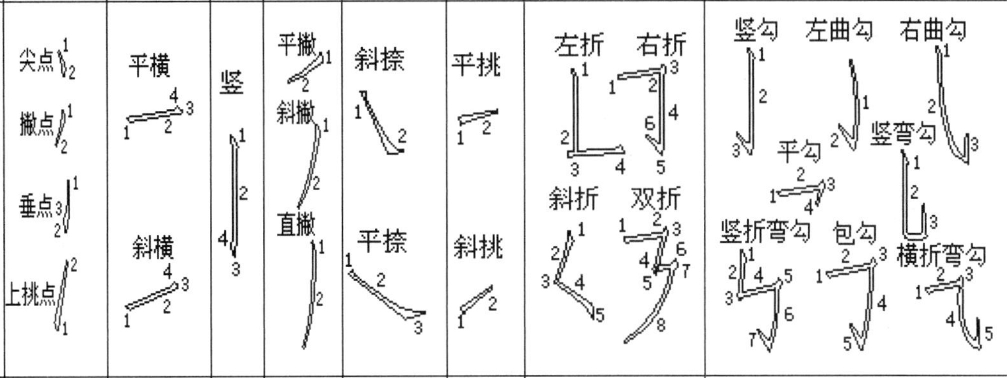	尖点　撇点　垂点　上挑点	平横　斜横	竖	平撇　斜撇　直撇	斜捺　平捺	平挑　斜挑	左折　右折　斜折　双折	竖勾　左曲勾　右曲勾　平勾　竖弯勾　竖折弯勾　包勾　横折弯勾
举例	方光　心活	左七　下代	十上	千月　八床	术分　建超	均公　技线	凹周　安及	牙子代买　孔马力气

阿拉伯数字书写示例:

A 型斜体　*0123456789*

B 型直体　**0123456789**

罗马数字书写示例:

A 型斜体　*I II III IV V VI VII VIII IX X*

B 型直体　**I II III IV V VI VII VIII IX X**

字母书写示例:

A 型大写斜体　*ABCDEFGHIJKLMNOPQRSTUVWXYZ*

B 型大写斜体　**ABCDEFGHIJKLMNOPQRSTUVWXYZ**

A 型小写斜体　*abcdefghijklmnopqrstuvwxyz*

B 型小写斜体　**abcdefghijklmnopqrstuvwxyz**

(3) 符号和单位。图样中的数学符号、物理量符号、计量单位符号及其他符号、代号,应分别符合相应规定;用作指数、分数、极限偏差、脚注等的数字及字母,一般应采用小一号的字体,如图 1-6 所示。

$$10^3 \quad S' \quad D_1 \quad Td \quad \varnothing 20^{+0.010}_{-0.023} \quad 8^{+1°}_{-2°} \quad \frac{3}{5}$$

$$m/kg \quad 460\ r/min \quad 220\ V \quad 380\ KPa$$

$$10JS(\pm 0.003) \quad 2\times\varnothing 8 \quad M24\text{-}6h \quad R8 \quad 5\%$$

$$\varnothing 25\frac{H6}{m5} \quad \frac{II}{2:1} \quad \frac{A}{5:1} \quad 6.3\diagup \quad 3.50$$

图 1-6　数字、字母、符号及单位书写示例

四、图线及其画法

1. 图线

机械图样中的视图全部是由不同宽度和样式的图线组成，而图线又是由线素构成的。如点、长度不同的画、画与画之间的间隔等都是构成图线的线素。图线宽度 d 的推荐系列为：0.18 mm、0.25 mm、0.35 mm、0.5 mm、0.7 mm、1 mm、1.4 mm、2 mm。为了满足机械图样的要求，《机械制图 图样画法 图线》(GB/T 4457.4—2002)中提供了九种图线，并对各种图线的宽度、用途甚至图线中各线素的长度都作了明确的规定，见表1-5、表1-6。

机械图样中采用粗、细两种线宽。在实际应用时，粗线宽度 d 优先采用 0.5 mm 或 0.7 mm；细线宽度为 $d/2$，即优先采用 0.25 mm 或 0.35 mm。

表 1-5　机械图样中常用的图线

图线名称	线　型	图线宽度	主要用途
粗实线	———————	d	可见轮廓线
细实线	———————	$d/2$	尺寸线、尺寸界线、剖面线、引出线、作图辅助线，等等
波浪线	〰〰〰	$d/2$	断裂处的边界线、视图与剖视图的分界线
双折线	⌁⌁⌁⌁	$d/2$	断裂处的边界线
细虚线	- - - - -	$d/2$	不可见轮廓线
粗虚线	▬ ▬ ▬ ▬	d	允许表面处理的表示线
细点画线	—·—·—·	$d/2$	轴线、对称中心线
粗点画线	▬·▬·▬·	d	有特殊要求的表面的表示线
双点画线	—··—··—	$d/2$	假想形体轮廓线、中断线

表 1-6　图线中的线素长度

线　素	线　型	线素长度	示　例
点	点画线、双点画线	$\leq 0.5d$	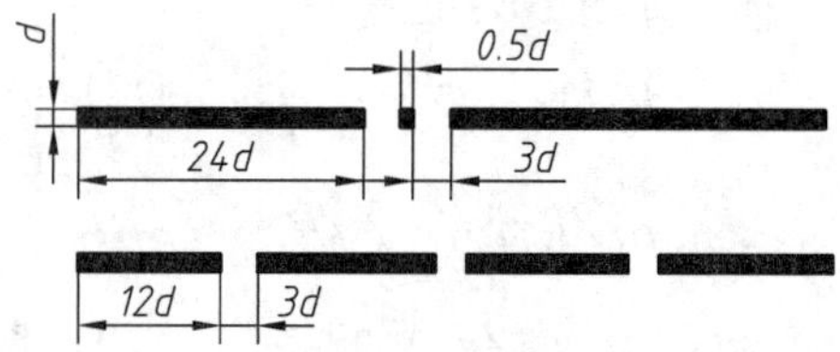
短间隔	虚线、点画线	$3d$	
画	虚线	$12d$	
长画	点画线、双点画线	$24d$	

由此可知：不同类型的图线，不仅名称和含义不同，而且其画法和用途也不同。为了能准确、清晰地表达形体和机械零部件，则必须正确使用并按规定画出视图中的所有图线。这是初学者很容易忽视的。

2. 图线的画法

(1) 同一张图样中，同一类图线的宽度应基本一致，同一类线素的长度也应各自大致相等。

(2) 两条平行线(包括剖面线)之间的距离应不小于粗线的两倍宽度，其最小距离不得小于 0.7 mm。

(3) 绘制圆的对称中心线、回转体的轴线、对称图形的对称线时，点画线应超出轮廓线 2～5 mm。点画线和双点画线首末两端应是线段而不是短画，圆心应是线段的交点。在较小的圆上绘制细点画线有困难时，可用细实线代替，如图 1-7 所示。

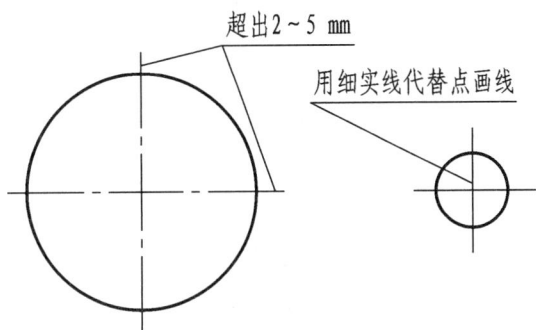

图 1-7　圆的对称中心线的画法

(4) 虚线、点画线和双点画线与其他图线相交时，都应在线段处相交。

(5) 当虚线处于粗实线的延长线上时，粗实线应画到分界点，而虚线应留有空隙。当虚线圆弧和虚线直线相切时，虚线圆弧的线段应画到切点，而虚线直线应留有空隙。

图 1-8 是关于图线画法的正、误对比。

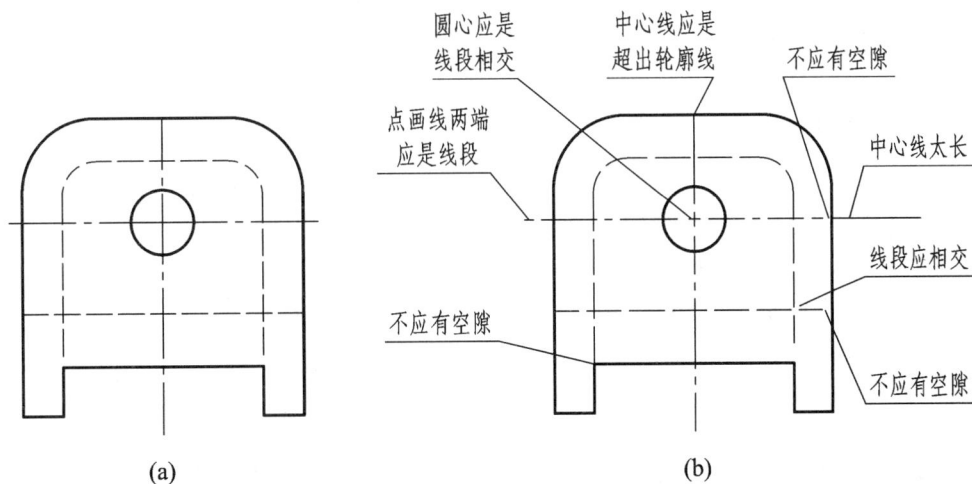

图 1-8　图线画法的正误对比

(a) 正确；(b) 错误

3. 图线的应用示例

图 1-9 为各种图线在机械图样中的应用举例。

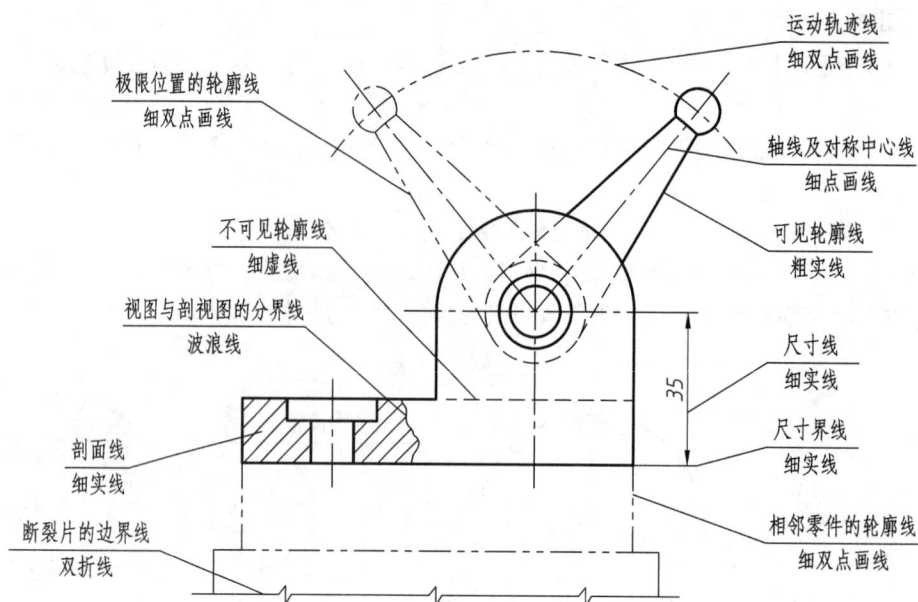

运动轨迹线
细双点画线

极限位置的轮廓线
细双点画线

轴线及对称中心线
细点画线

不可见轮廓线
细虚线

可见轮廓线
粗实线

视图与剖视图的分界线
波浪线

35

尺寸线
细实线

剖面线
细实线

尺寸界线
细实线

断裂片的边界线
双折线

相邻零件的轮廓线
细双点画线

图 1-9　图线应用示例

第二节　绘图工具和仪器的使用方法

手工绘图时，需使用绘图工具和仪器，如图板、丁字尺、三角板、圆规、分规等。正确使用绘图工具和仪器，并按照规定的方式方法作图，可保证图样的质量、提高绘图速度。下面介绍几种常用的绘图工具和仪器及其使用方法。

一、图板、丁字尺

图板是用于铺放和固定图纸的垫板，一般由胶合板制成，四周镶有硬木边。图板的工作表面必须平坦而光洁，软硬适中。图板一般为长方形，使用时横放。图板的左侧边为丁字尺的导边，必须平直光滑。常用的图板规格有 0 号(900 mm×1200 mm)、1 号(600 mm×900 mm)、2 号(450 mm×600 mm)，绘图时应根据图纸幅面的大小选择图板。

丁字尺是用来画水平线的工具，它由尺头和尺身组成，二者结合必须牢固。使用丁字尺画线时，左手扶住尺头，使其内侧边靠紧图板的左导边，用右手执笔沿尺身工作边从左向右画水平线，笔尖应紧靠尺身，笔杆略向右倾斜，用力要均匀，如图 1-10 所示。

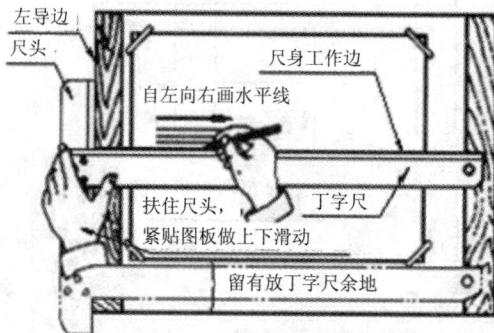

左导边
尺头

尺身工作边

自左向右画水平线

扶住尺头，
紧贴图板做上下滑动

丁字尺

留有放丁字尺余地

图 1-10　图板和丁字尺的使用

二、三角板

一副三角板包括一个 45°等腰直角三角板和一个 30°(60°)非等腰直角三角板,一般由透明塑料或有机玻璃板制成。三角板与丁字尺配合使用,可以绘制一系列不同位置的竖直线,如图 1-11(a)所示;也可以画出与水平线成 30°、45°、60°、15°和 75°等特殊角度的斜线,如图 1-11(b)、(c)、(d)、(e)所示。

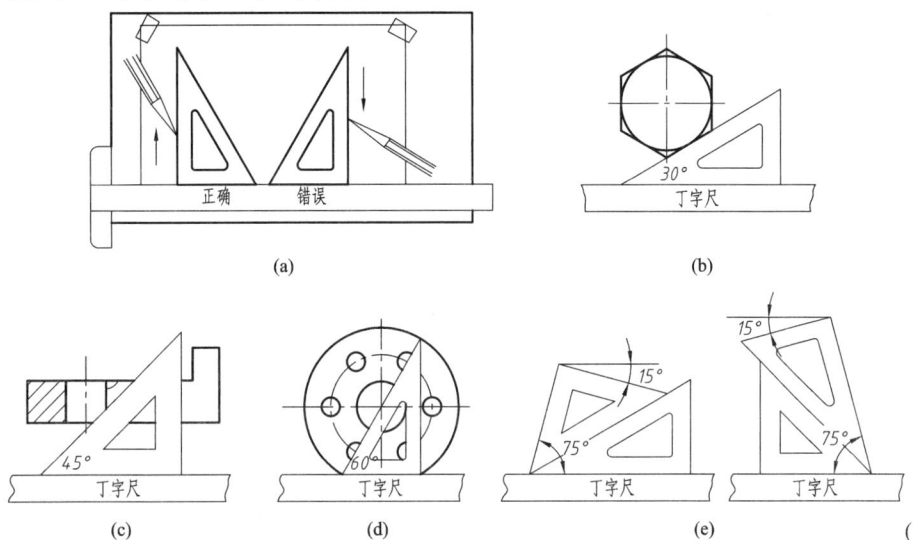

图 1-11　三角板与丁字尺配合使用

(a) 画竖直线;(b) 画 30°斜线;(c) 画 45°斜线;(d) 画 60°斜线;(e) 画 15°、75°斜线

三、圆规和分规

圆规是画圆和圆弧的专用工具。圆规的一条腿上装有带台阶的小钢针,用来定圆心,并防止针孔扩大;另一条腿上可安装铅芯用来画圆和圆弧,或者安装钢针代替分规,如图 1-12(a)所示。

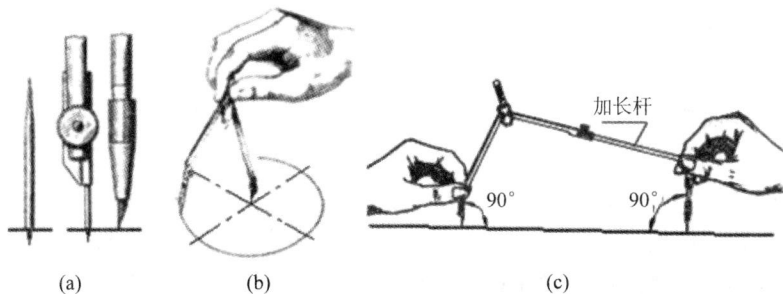

图 1-12　圆规的使用方法

(a) 圆规针脚;(b) 圆规的用法;(c) 加长杆的用法

用圆规画图时,应将定心钢针完全扎入纸内,圆规向前进方向稍微倾斜,并应使圆规的两针脚都与纸面保持垂直,如图 1-12(b)所示。画比较大的圆或圆弧时,还会用到加长杆,

如图 1-12(c)所示。

分规用于等分线段或量取线段长度。分规两脚在并拢后，两针尖应能对齐，如图 1-13(a) 所示。用分规等分线段长的正确方法，如图 1-13(b)所示。

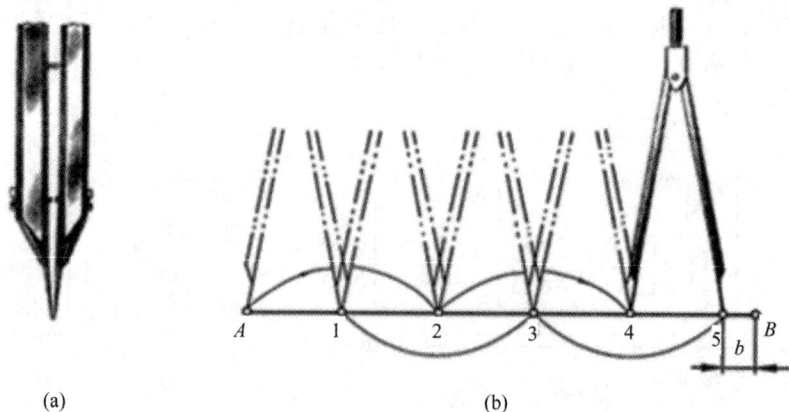

(a)   (b)

图 1-13 分规的用法

(a) 分规；(b) 分规等分线段

四、铅笔

在绘制工程图样时，一律用铅笔画线和书写文字符号。常用的绘图铅笔有 3H、2H、H、HB、B、2B 等型号，其中，较硬的铅笔一般用于画底稿；较软的铅笔一般用于加深。铅笔的削法及用法，如图 1-14、图 1-15 所示。

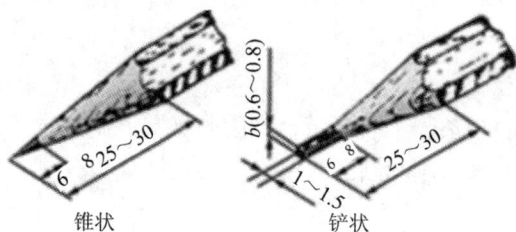

图 1-14 铅笔的削法   图 1-15 铅笔的用法

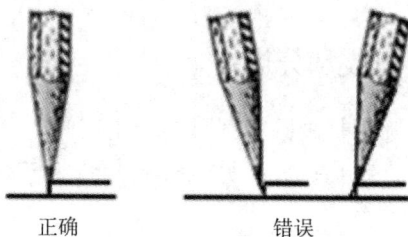

五、模板与擦图片

模板和擦图片一般都是由透明塑料或不锈钢制成的薄片，上面有直尺刻度和一些不同形状的小孔。利用模板上面的直尺刻度，可以代替直尺或三角板测量尺寸和画直线；利用上面各种形状的孔和槽，可以绘制机械图样中一些常用的图形符号，如锥度、斜度、表面粗糙度、箭头、基准符号、各种大小不等的圆，以及使用矩形孔书写文字等。利用擦图片盖在所画的图形上，可以擦去多余的或画错了的图线，并保护有用的图线不受影响。

如图 1-16 所示，是一块兼有模板与擦图片功能的模板。因此，使用模板和擦图片既可提高绘图速度，又能使绘出的图形符号整齐、美观、规范，提高绘图质量。

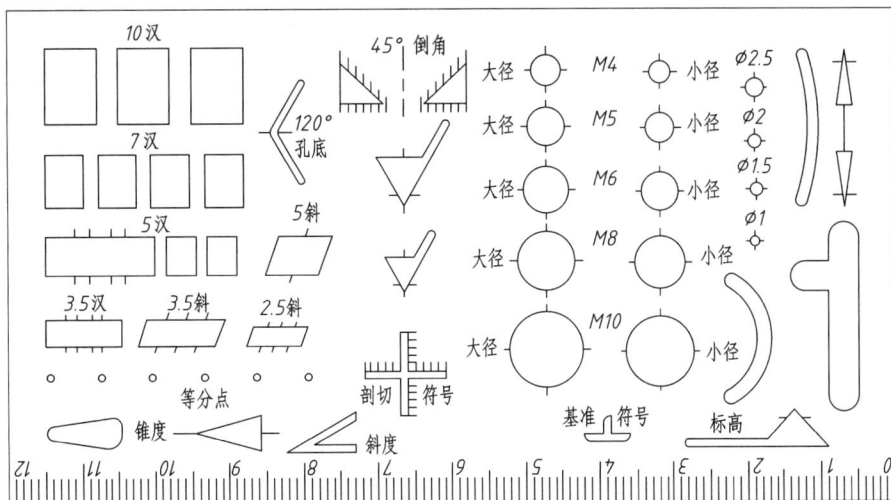

图 1-16　模板

第三节　平面几何作图

一、作平行线和垂直线

过定点作已知线段的平行线或垂直线，可按图 1-17(a)、(b)所示方法作图。

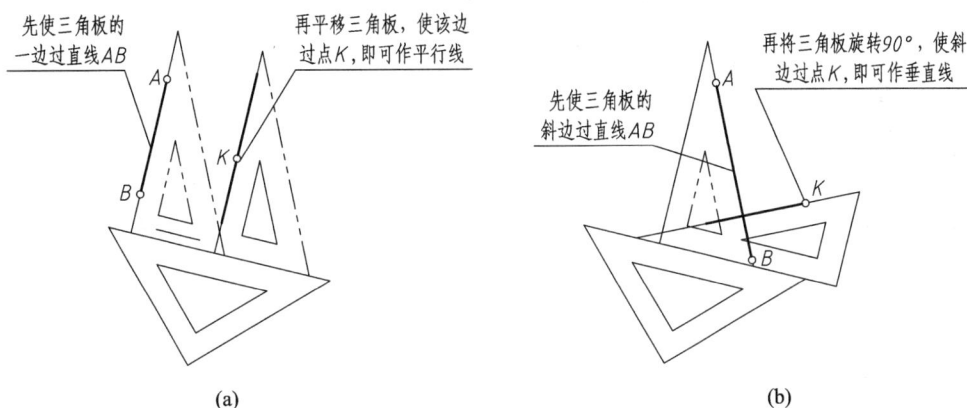

图 1-17　作已知直线的平行线、垂直线

(a) 作平行线；(b) 作垂直线

二、等分线段

等分已知线段的几何作图方法，如图 1-18 所示。以 AB 直线五等分为例。过端点 A 作一射线 AC，在 AC 线上用定长截取五等分，得五等分点 1、2、3、4、5；用直线连接端点 B 和 5 点；过各等分点 1、2、3、4 分别作 B5 的平行线并交直线 AB 于 1'、2'、3'、4' 点，这四点即为直线 AB 的五等分点。

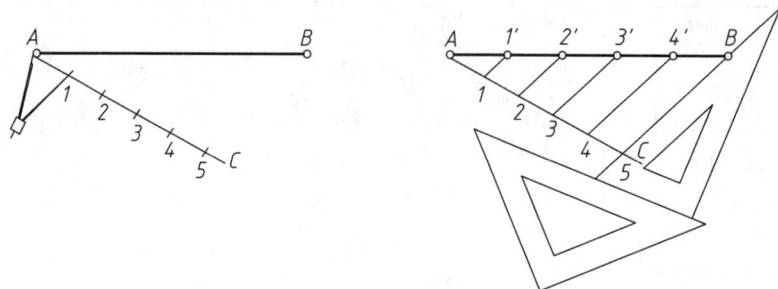

图 1-18　等分线段

三、圆周等分和正多边形

圆周等分和正多边形的作图方法，可见表 1-7。

表 1-7　圆周等分和正多边形的画法

等分	作　图　步　骤	说　明
三等分（内接正三边形）		(1) 用 60°三角板过 A 点画 60°斜线交圆周于 B 点； (2) 旋转三角板，同法画 60°斜线交圆周于 C 点； (3) 连 CB，则△ABC 即为正三角形
四等分（内接正四边形）		(1) 用 45°三角板斜边过圆心，交圆周于 1、3 两点； (2) 翻转三角板，仍使斜边过圆心，交圆周于 2、4 两点； (3) 依次连接 1、2、3、4、1 点，即得内接正四边形
五等分（内接正五边形）		(1) 以 A 为圆心，OA 为半径，画弧交圆于 B、C，连 BC 得 OA 中点 M； (2) 以 M 为圆心，M1 为半径画弧，得交点 K，1K 线段长为所求五边形边长； (3) 用 1K 长自 1 起截圆周得 2、3、4、5 点，依次连接，即得正五边形
六等分（内接正六边形）		方法一： 分别以 A 和 B 为圆心，原圆半径为半径画圆弧，交圆于 1、2、3、4 四点，连接 1、2、B、3、4、A、1，即得正六边形。 方法二： (1) 用 60°三角板自 1 作弦 12，右移三角板自 5 作弦 45。翻转三角板再作 34、16 两弦； (2) 连接 23、56，即得正六边形

续表

等分	作 图 步 骤	说 明
七等分（内接正七边形）		(1) 将直径 *AB* 分成七等分(若作 *n* 边形，可分成 *n* 等分)； (2) 以 *B* 为圆心，*AB* 为半径，画弧交 *CD* 延长线于 *K* 和 *K'* 点； (3) 自 *K* 和 *K'* 与直径上奇数点(或偶数点)连线，延长至圆周，即得各分点Ⅰ、Ⅱ、Ⅲ、Ⅳ、Ⅴ、Ⅵ、Ⅶ

四、斜度和锥度

1. 斜度

斜度是指一直线对另一直线或一平面对另一平面的倾斜程度，在图样中以∠1：*n* 的形式标注。图 1-19(a)是斜度∠1：6 的作图方法及注法：由 *A* 在水平线 *AB* 上取六个单位长度得 *D* 点，过 *D* 点作 *AB* 的垂线 *DE*，取 *DE* 为一个单位长度，连接 *A*、*E*。则直线 *AE* 相对于 *AB* 的斜度为 1：6。标注斜度时，符号"∠"的指向应与被注要素的斜度方向一致，图 1-19(b)是斜度符号的画法。

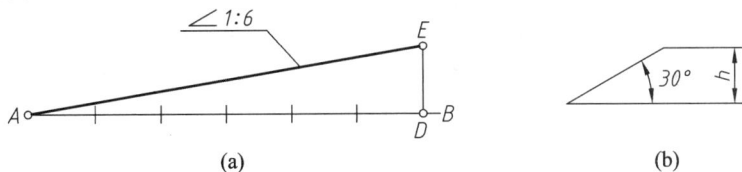

图 1-19 斜度

(a) 斜度的画法及标注；(b) 斜度符号

2. 锥度

锥度是指正圆锥的底圆直径与圆锥高度之比，在图样中以◁1：*n* 的形式标注。图 1-20(a)是锥度◁1：6 的作图方法及注法：由 *S* 在水平线上取六个单位长度得 *O*，过 *O* 点作 *OS* 的垂线，并上下各量取半个单位长度，得 *A*、*B* 两点。过 *A* 和 *B* 分别与 *S* 相连即得。标注锥度时，符号"◁"的指向应与被注要素的锥度方向一致，图 1-20(b)是锥度符号的画法。

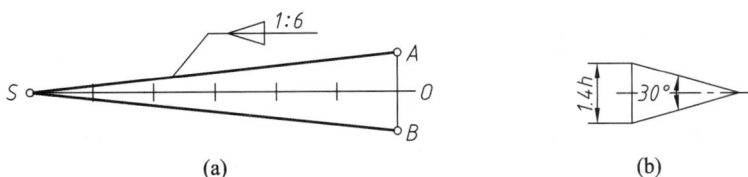

图 1-20 锥度

(a) 锥度的画法及标注；(b) 锥度符号

五、圆弧连接

所谓圆弧连接,是用一段圆弧连接两个相邻已知线段(直线或圆弧),使其光滑过渡。欲实现圆弧光滑连接,则必须利用几何作图准确地求出连接圆弧的圆心和它与两个已知线段的连接点(即切点)。其作图方法是:求连接圆弧的圆心;定出连接点的位置;在两连接点之间画出连接弧,见表1-8。

表1-8 圆 弧 连 接

形式	作 图	步 骤
圆弧 R 连接两已知直线		(1) 分别作与两已知直线 ab、cd 距离为 R 的平行线 a_1b_1 和 c_1d_1,其交点 O 即为连接圆弧的圆心; (2) 过 O 点分别作 ab、cd 的垂线,得垂足 T_1 和 T_2,即为两连接点; (3) 以 O 为圆心,R 为半径作圆弧,连接两直线于 T_1 和 T_2 两点,即完成作图
圆弧 R 连接两已知圆弧 R_1 和 R_2		(1) 分别以 O_1、O_2 为圆心,$R+R_1$ 和 $R+R_2$ 为半径画圆弧,得交点 O,O 点即为连接圆弧的圆心; (2) 连接 OO_1、OO_2,与已知圆弧分别交于 T_1、T_2,该两点即为连接点; (3) 以 O 为圆心,R 为半径作圆弧,连接两已知圆弧于 T_1、T_2 两点,即完成作图
		(1) 分别以 O_1、O_2 为圆心,以 $\lvert R-R_1 \rvert$ 和 $\lvert R-R_2 \rvert$ 为半径画圆弧,交于点 O,交点 O 即为连接圆弧的圆心; (2) 连接 OO_1、OO_2 并延长,与已知圆弧分别交于 T_1、T_2,该两点即为连接点; (3) 以 O 为圆心,R 为半径作圆弧,连接两已知圆弧于 T_1、T_2 两点,即完成作图
圆弧 R 连接已知圆弧 R_1 和直线		(1) 作直线 a_1b_1 平行于已知直线 ab,使其距离等于 R; (2) 以 O_1 为圆心,$R+R_1$ 为半径作圆弧与 a_1b_1 交于点 O,交点 O 即为连接圆弧的圆心; (3) 过 O 点作直线 ab 的垂线,得垂足 T_2,连接 OO_1 与已知圆弧交于 T_1,T_1 和 T_2 即为两连接点; (4) 以 O 为圆心,以 R 为半径在 T_1 与 T_2 之间作圆弧,即完成作图

六、椭圆的近似画法

椭圆是一种绘图时常遇到的平面曲线，工程上一般都用近似方法作椭圆。这里介绍两种常用的画法：同心圆法和四心圆法。

1. 同心圆法

所谓同心圆法，是先利用两个同心圆求出椭圆上一定数量的点，然后将这些点用曲线板光滑地连接起来。已知椭圆的长轴 AB 和短轴 CD，用同心圆法作椭圆的方法步骤如图 1-21 所示。

(1) 以 O 为圆心，分别以长轴 AB 和短轴 CD 为直径作圆，并将两圆各进行 12 等分；

(2) 过大(小)圆上的各等分点作短轴的平行线，再过小(大)圆上的各等分点作长轴的平行线，两组平行线的交点即为椭圆上的点；

(3) 将上述所求交点用曲线板依次光滑地连成曲线，即得近似椭圆。

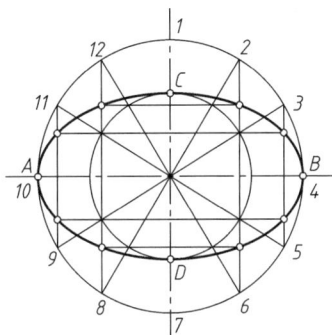

图 1-21　用同心圆法作椭圆

2. 四心圆法

所谓四心圆法，是先求出画椭圆所需的四个圆心和半径，再用四段圆弧近似地代替椭圆。已知椭圆的长轴 AB 和短轴 CD，用四心圆法作椭圆的方法步骤如图 1-22 所示。

(1) 连接 A、C 两点，取 $CE_1 = OA - OC$；

(2) 作 AE_1 的中垂线，与椭圆的两轴交于 O_1、O_2 点，再取其对称点 O_3、O_4；

(3) 分别以 O_1、O_2、O_3、O_4 为圆心，以 O_1A、O_2C、O_3B、O_4D 为半径作圆弧，拼成近似椭圆，四段圆弧的连接点为 K、N、N_1、K_1。

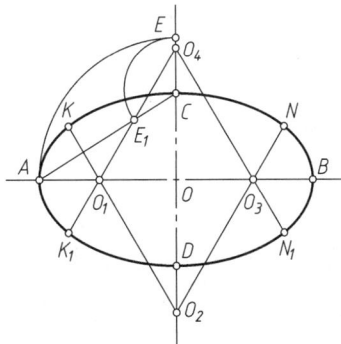

图 1-22　用四心圆法作椭圆

第四节　尺寸的组成及分类

在机械图样中，图形只能表达机件的结构形状，而机件的大小则要通过尺寸来确定。尺寸标注是图样中必不可少的也是非常重要的一部分内容，因此，《机械制图》国家标准(GB/T 4458.4—2003)中对尺寸注法进行了明确的规定。

一、尺寸的组成

一个完整的尺寸一般应由尺寸数字、尺寸线、尺寸界线和尺寸终端(箭头或斜线)四部分组成，如图 1-23 所示。

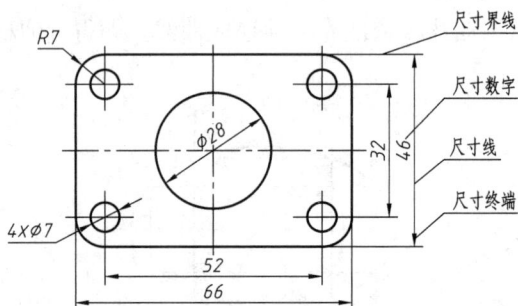

图 1-23　尺寸的组成

(1) 尺寸数字。按标准字体书写尺寸数字，如图 1-23 所示。在同一图样上，字体高度应当一致；水平方向的尺寸，数字须标注在尺寸线的上方、字头向上，而竖直方向的尺寸，数字须标注在尺寸线的左侧、字头向左；当数字在图中遇到图线时须将图线断开；如将图线断开后对表达图形造成影响，则需重新考虑尺寸的标注位置。

(2) 尺寸线。尺寸线用细实线绘制，如图 1-23 所示。尺寸线既不能用其他图线代替，也不得与其他图线重合或画在其他图线的延长线上。在标注线性尺寸时，尺寸线应平行于所标注的线段；当有几条相互平行的尺寸线时，大尺寸应排在小尺寸的外侧，尺寸线间隔不小于 7 mm，不能出现交叉。在圆或圆弧上标注直径或半径时，尺寸线或尺寸线的延长线应通过圆心。

(3) 尺寸界线。尺寸界线从图形的轮廓线、轴线、中心线处引出，用细实线绘制。也可利用轮廓线、轴线、中心线作为尺寸界线，如图 1-23 所示。尺寸界线一般应与尺寸线垂直，必要时才允许倾斜。当需在光滑过渡处标注尺寸时，应该用细实线将轮廓线延长，从它们的交点处引出尺寸界线，如图 1-24 所示。

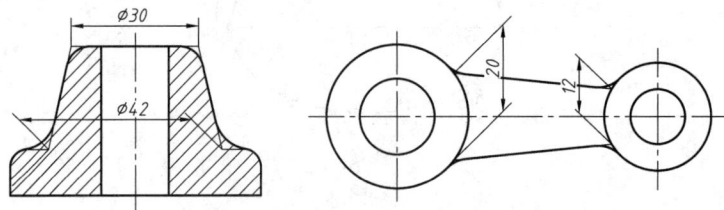

图 1-24　尺寸界线与尺寸线斜交时的尺寸标注

（4）尺寸终端。尺寸终端一般有三种结构形式：箭头、45°细斜线和圆点，如图1-25所示。其中，箭头适用于各种类型的工程图样；45°细斜线适用于建筑图样，这时，尺寸线与尺寸界线必须相互垂直；圆点用来标注狭小部位的尺寸。机械制图中常采用箭头作为尺寸终端。

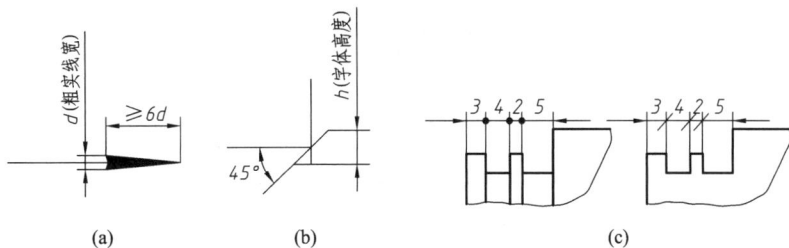

图1-25　尺寸终端的画法与应用

(a) 箭头的画法；(b) 45°细斜线的画法；(c) 尺寸终端的应用

二、尺寸的分类

为了研究问题方便，尺寸经常有不同的分类方法。

（1）如果按尺寸的性质划分，可分为线性尺寸和角度尺寸。如：代表长方体的长度尺寸、宽度尺寸、高度尺寸，还有圆的直径尺寸、圆弧的半径尺寸等，都是线性尺寸；而代表两直线的夹角尺寸、圆弧的圆心角尺寸等，都是角度尺寸。

（2）如果按尺寸的作用划分，尺寸分为定形尺寸、定位尺寸。其中：

定形尺寸用于确定形体中各要素形状大小的尺寸。例如：直线的长度尺寸、圆和圆弧的直径或半径尺寸、角度尺寸等。在图1-23中，$4 \times \phi 7$、$R7$、$\phi 28$、66、46等均为定形尺寸。

定位尺寸用于确定形体中各要素之间相对位置的尺寸，它一般把形体中的某一几何要素作为参照基准，以确定其他几何要素的相对位置。在图1-23中，52和32就是确定四个圆心位置的定位尺寸。

第五节　绘图方法和步骤

为了提高绘图的速度和质量，在绘图时除了能正确使用绘图工具外，还必须能够分析视图中线段的性质，并掌握绘图的基本方法和步骤。

一、绘图前的准备工作

1. 准备工具

准备好绘图所用的工具，如图板、图纸、丁字尺、圆规、三角板、铅笔、橡皮等；按线型要求削好铅笔，在圆规上装好已打磨好的铅芯；将双手及所有用具擦拭干净。

2. 固定图纸

使光线从图板的左前上方照射，并把备好的绘图工具放在桌面上便于取放的位置。

选定图纸幅面，将图纸正面(比较光滑的一面，或用橡皮擦拭后不发毛的那面)朝上平放在图板的左下方，图纸下边与图板底边的距离稍大于丁字尺宽度。然后，用胶带纸把图纸的四个角固定在图板上，如图 1-26 所示。

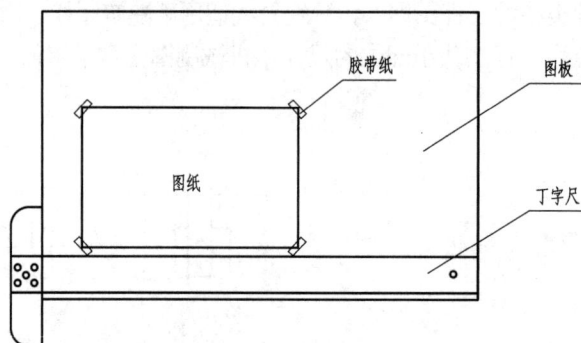

图 1-26　固定图纸

二、视图中的线段分析

视图中，圆弧连接部分的尺寸标注、作图步骤都与参与连接的线段类型有关，因此，在画图或标注尺寸前，应对这些线段加以分析。根据所提供的尺寸多少，可将圆弧连接部分的线段分为已知线段、中间线段和连接线段。

1. 已知线段

有齐全的定形尺寸和定位尺寸，作图时可直接按所给尺寸画出的线段叫做已知线段。在图 1-27 中，直径为 $\phi 5$ 的圆、半径为 $R10$ 和 $R15$ 的圆弧，都是已知线段。

2. 中间线段

缺少一个定位尺寸，必须依靠其一端与另一线段相切才能画出的线段叫做中间线段。在图 1-27 中，半径为 $R50$ 的圆弧就是中间线段，因为它缺少左右方向的定位尺寸。

3. 连接线段

缺少两个定位尺寸，必须依靠线段的两端与另外两个线段相切才能画出的线段叫做连接线段。在图 1-27 中，半径为 $R12$ 的圆弧就是连接线段，因为它左右方向和上下方向的定位尺寸都没有。

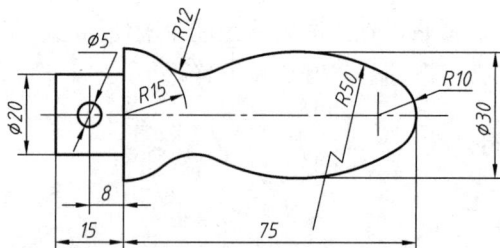

图 1-27　手柄

由此可知，在画圆弧连接部分的线段时，如包含有已知线段、中间线段和连接线段，则应先画已知线段，再画中间线段，最后画连接线段。

三、画底稿

用较硬的 H 或 2H 铅笔，在图纸上用细线轻轻地画出图样底稿。现以图 1-27 所示的手柄视图为例，说明其画底稿的一般步骤。

1. 画图框线和标题栏

如图 1-28(b)、(c)所示，按照国家标准中规定的格式和尺寸，在图纸上画好图框线和标题栏。在学生完成作业时，可以使用"习题版"的标题栏。

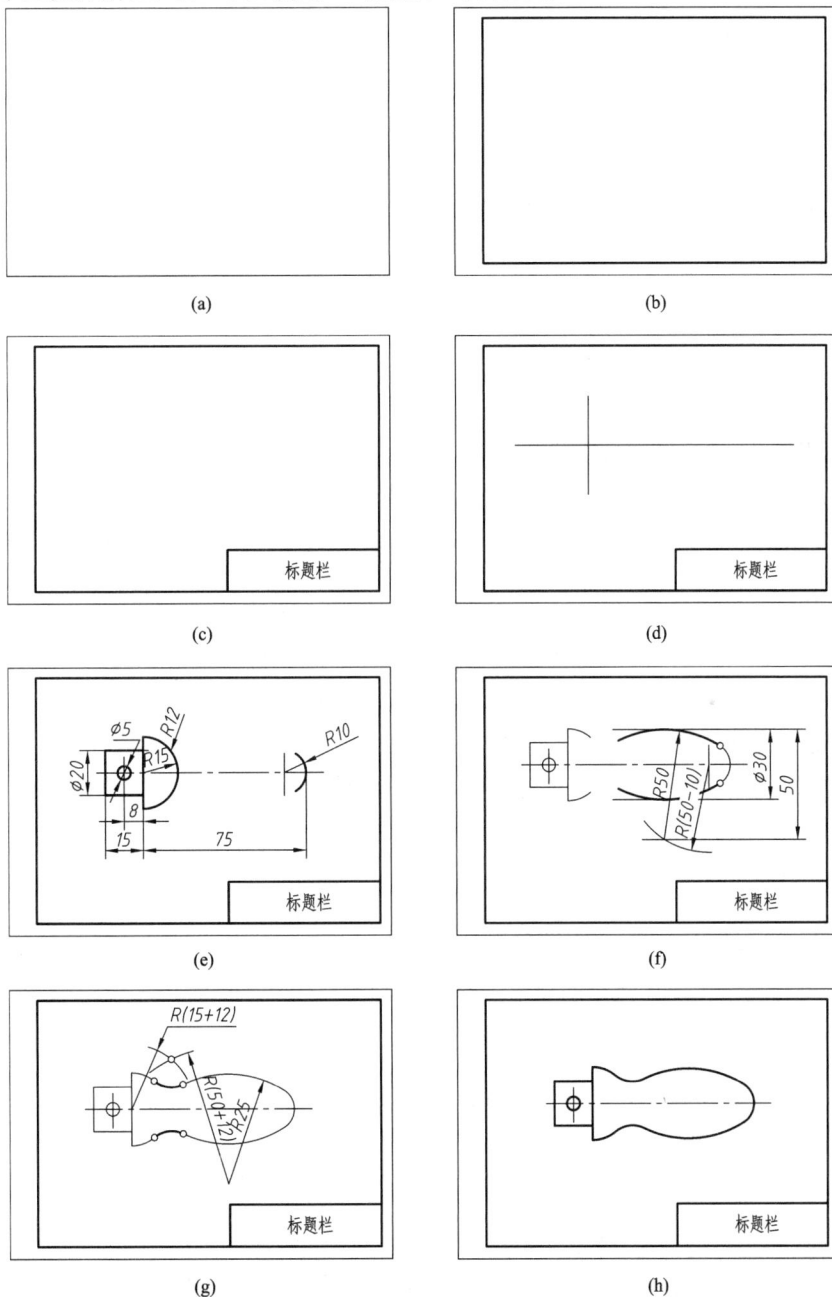

(a)

(b)

(c)

(d)

(e)

(f)

(g)

(h)

图 1-28　手柄的作图步骤

(a) 准备工作；(b) 画图框；(c) 画标题栏；(d) 画基准线；

(e) 画已知线段；(f) 画中间线段；(g) 画连接线段；(h) 加深图形

2. 布置图形

如图 1-28(d)所示，根据图幅的大小和图形的复杂程度，选择标准的绘图比例，并在图纸的适当位置画出图形的基准线，即完成布图。

3. 画出图形

按照前面对视图的分析，先画出已知线段，然后画出中间线段，最后再画出连接线段。对于一时无用的且不妨碍作图的线段，可暂时不必擦除，如图 1-28(e)、(f)、(g)所示。要求方法正确、作图准确。

4. 标注尺寸

尺寸标注的方法和步骤在第四章中详细介绍。

5. 检查

对整个图形底稿和尺寸标注进行检查，改正错误，擦除多余的图线，准备加深。

四、加深图形

完成图样底稿后，经过认真检查、校对，确认无差错时即可加深。

在加深图形时，用头部削成铲形的 B 或 HB 铅笔加深粗实线；用头部削成锥形的 H 铅笔加深细虚线、细点画线；一般细实线一次画成，不用加深；用圆规加深圆和圆弧，其铅芯应比画直线的铅芯软一级。在加深过程中，要用力均匀，并使加深的图线均匀分布于底稿线的两侧。加深后的图形，应做到线型正确、粗细分明、线段连接光滑、图面整洁。

加深图线的方法和次序与画底稿的方法和次序完全不同。加深图线的一般原则是：

(1) 先加深细线(包括细点画线、细双点画线、细虚线)，后加深粗线。

(2) 先加深圆和圆弧，后加深直线。

(3) 先加深小圆和小圆弧，后加深大圆和大圆弧。

(4) 自上而下依次加深所有的水平线，由左向右依次加深所有的竖直线，从左上方开始依次加深所有的倾斜线。

(5) 填写标题栏，最后检查全图，如有错误，及时改正(图线密集的地方借助擦图片擦除，再修改)。结果如图 1-28(h)所示。

第二章 立体的三视图

立体是由面闭合而成的形体，组成立体的面称为立体表面。立体按其表面的性质可分为平面立体和曲面立体。工程中常见的各种构件，如图 2-1 所示的球阀等，均可视为由平面立体和曲面立体构成。本章只讨论立体(如棱柱、棱锥、圆柱、圆锥、球等)的三视图画法。

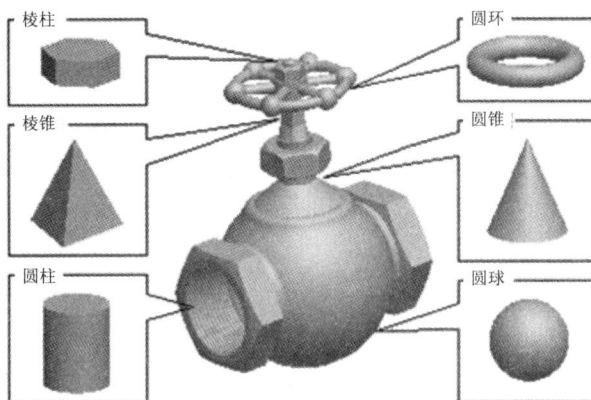

图 2-1 球阀

第一节 投影的基本知识和三视图

形体在太阳光、灯光等光源的照射下会产生影子。在此现象的启示下，假设光源发出的光线能透过形体，则形体表面的顶点、棱线就会在选定的平面上投下影子，产生的平面图形即为投影，如图 2-2 所示。

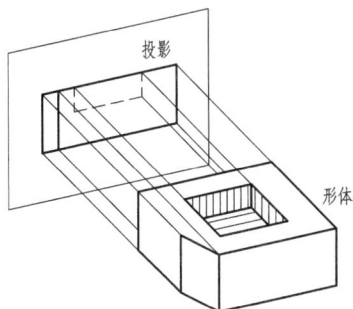

图 2-2 形体的投影

一、投影的形成和分类

如图 2-3 所示，预设一平面 P，在平面 P 与光源 S 之间放置一形体，如三角形 ABC，那么在光线的照射下，平面 P 上就会产生该三角形的投影 abc。这里，平面 P 称为投影面；光源 S 称为投射中心；SA、SB、SC 称为投射线；投射线与投影面交点的集合 $\triangle abc$ 称为 $\triangle ABC$ 在投影面 P 上的投影。这种对影子和形体之间的几何关系进行科学研究和抽象，形成的在平面上表示空间形体的方法，称为投影法。

按照投射线是否彼此平行进行划分，可把投影法分为中心投影法和平行投影法两大类。

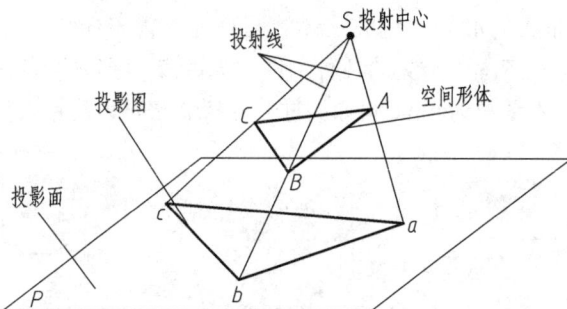

图 2-3　投影过程及中心投影法

1. 中心投影法

如图 2-3 所示，在对形体进行投影时，如果所有的投射线都从投射中心出发，这种投影法称为中心投影法。用中心投影法产生的形体投影，称为中心投影。中心投影通常用来绘制形体的富有视觉感的立体图，也称透视图。

2. 平行投影法

如图 2-4 所示，若光源移到无穷远处，投射线可视为相互平行，S 称为投射方向，这种投射线相互平行的投影方法，称为平行投影法。

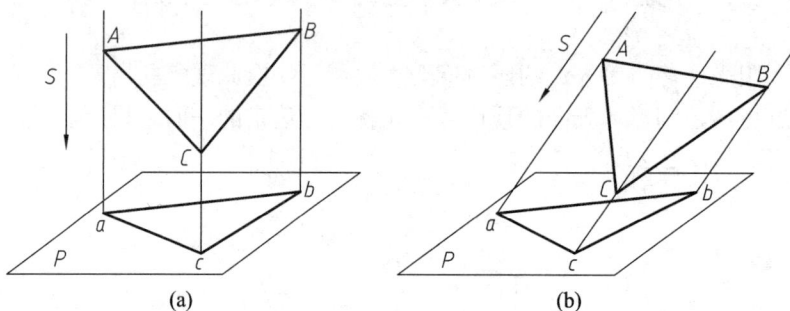

图 2-4　平行投影法

(a) 正投影法；(b) 斜投影法

根据投射线是否与投影面垂直，平行投影法又分为正投影法和斜投影法，如图 2-4 所示。当投射线彼此平行并垂直于投影面时，称为正投影法，所得的投影称为正投影；当投射线彼此平行但与投影面倾斜时，称为斜投影法，所得的投影称为斜投影。

二、投影法的特性

很显然，无论是中心投影法还是平行投影法，都有如下性质：

(1) 具备三个要素：形体、投射线和投影面。

(2) 在投影面和投射中心或投射方向确定之后，形体上每一点必有其唯一的一个投影与之对应。

(3) 形体上一点的一个投影不能唯一确定其空间位置。因为空间一点沿投射线方向移动，该点的投影不变。

对于正投影法，还具有如下的基本性质：

(1) 真实性：当平面几何图形平行于投影面时，投影反映其实形，如图 2-5(a)所示。

(2) 积聚性：当平面几何图形垂直于投影面时，投影积聚为点或直线，如图 2-5(b)所示。

(3) 类似性：当平面几何图形倾斜于投影面时，投影为原图形的类似形，即直线的投影为直线、N 边形的投影为 N 边形、圆的投影为椭圆，如图 2-5(c)所示。

鉴于正投影的上述特性，工程中一般用多面正投影来表示空间形体。故在今后的叙述中，把"正投影"简称为"投影"。

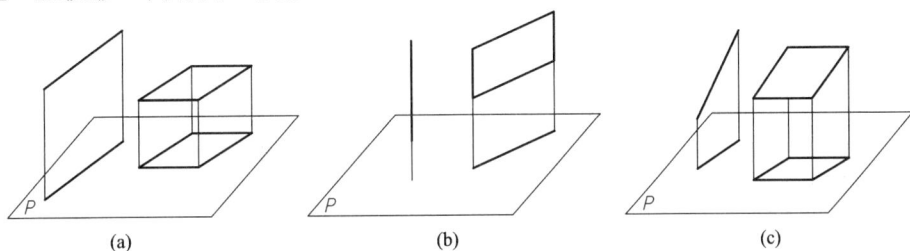

图 2-5　正投影的性质

(a) 真实性；(b) 积聚性；(c) 类似性

三、三投影面体系的建立及三视图

1. 三投影面体系的建立

如图 2-6 所示，在空间设立三个相互垂直的投影面：水平放置的投影面称为水平投影面，用 H 表示；正立放置的投影面称为正立投影面，用 V 表示；侧立放置的投影面称为侧立投影面，用 W 表示。两投影面的交线称为投影轴：水平投影面与正立投影面的交线称 X 投影轴；水平投影面与侧立投影面的交线称 Y 投影轴；正立投影面与侧立投影面的交线称 Z 投影轴。三投影面的交点则为原点，用 O 表示，这样就建立了三投影面体系。

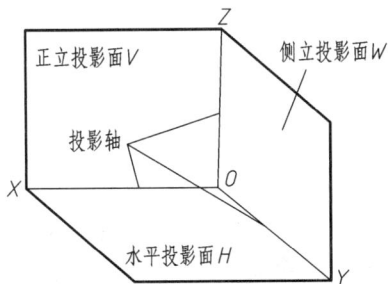

图 2-6　三投影面体系

2. 三视图的形成

物体分别向三个投影面投影所得到的投影图称为三视图。物体从前向后投影，即为正立投影面的投影图，它反映物体的主要形状特征，称为主视图；物体从上向下投影，即为水平投影面的投影图称为俯视图；物体从左向右投影，即为侧立投影面的投影图称为左视图。主视图、俯视图和左视图简称三视图，如图 2-7(a)所示。

为了将上述得到的三个视图摊在一个平面上，在获得物体的三视图时必须遵照如下规定：保持正立投影面 *V* 不动，将水平投影面 *H* 绕 *X* 轴向下旋转 90°，使之与主视图所在的平面共面；同时，将侧立投影面 *W* 绕 *Z* 轴向右旋转 90°，使之与主视图所在的平面共面。工程上并不要求画出投影面和投影轴，这样就得到了物体的三视图，如图 2-7(b)所示。

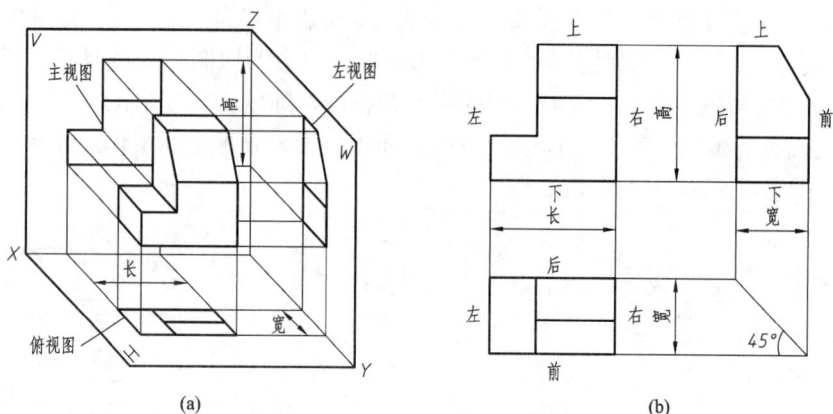

(a)   (b)

图 2-7 三视图的形成及其特性

(a) 三视图的形成；(b) 三视图

3. 三视图的特性

三视图不仅能够反映物体的轮廓形状，而且能够反映物体各部分之间在上下、左右、前后方向上的相对位置。如图 2-7(b)所示，主视图反映物体各部分在上下和左右方向的相对位置；俯视图反映物体各部分在左右和前后方向的相对位置；左视图反映物体各部分在上下和前后方向的相对位置。即为：① 主、俯视图显左右；② 主、左视图分上下；③ 俯、左视图定前后。由此可知，一个物体的主视图、俯视图和左视图之间具有"三等"特性：① 主、俯视图长对正；② 主、左视图高平齐；③ 俯、左视图宽相等，前后须对应。

另外，由于任何一个物体都是由若干个表面闭合而成的，而物体的每一个视图都是由若干条线段和封闭线框组成的，因此，在物体的表面与视图中的线段或线框之间必然存在着一一对应关系，如图 2-8 所示。请大家自行分析该物体及其三视图的关系和特性。

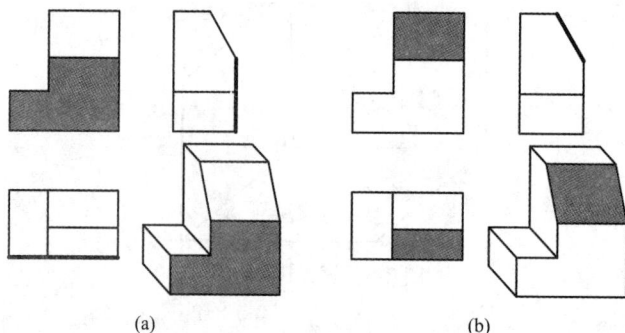

(a)   (b)

图 2-8 物体与其三视图的对应关系

(a) 物体上的表面之一；(b) 物体上的表面之二

第二节　平面立体的三视图

一、棱柱的三视图

画平面立体的三视图，需把平面立体放置在上述的三投影面体系中，然后分别对三个投影面投影，画出其三视图。由于平面立体的各个表面均为平面多边形，因此，画平面立体的视图就是画组成平面立体的所有平面多边形的视图。遵照国家标准规定，视图中的可见轮廓线用粗实线绘制，不可见轮廓线用细虚线绘制。当粗实线与细虚线重合时，应画粗实线。下面将结合如图 2-9(a)所示的正五棱柱，介绍平面立体三视图的绘制方法和步骤。

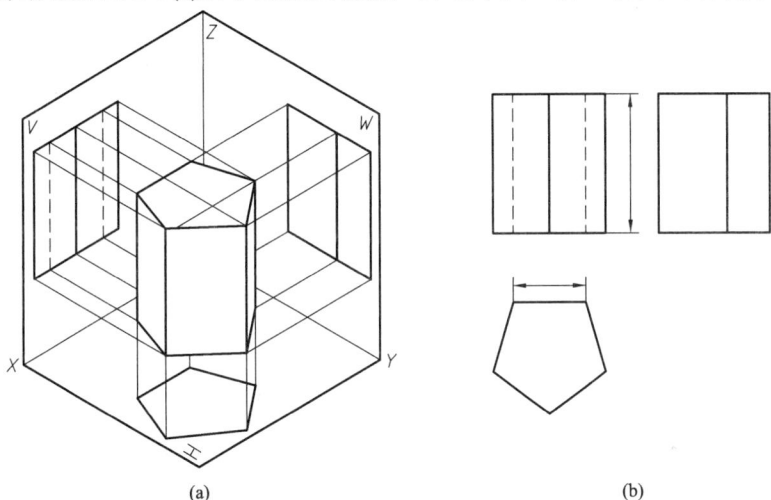

图 2-9　正五棱柱的三视图

(a) 正五棱柱；(b) 三视图

(1) 对立体进行分析。在绘制视图前，需要先对平面立体进行分析。分析该立体由多少个平面围成，各个表面之间处于什么位置关系，然后选择一个最理想的摆放位置将该立体放置在三投影面体系中，如图 2-9(a)所示。

(2) 确定立体的理想位置。立体在三投影面体系中的摆放位置不同，将影响绘制三视图的难易程度，因此需要选择一个最为理想的观察位置。一般情况下，为了做到作图简单、方便阅读，故在确定立体的摆放位置时，首先应将立体摆正、放平，使更多的立体表面能够在视图中反映实形；其次应使立体在三视图中尽可能地少出现细虚线。

例如：在图 2-9 中，正五棱柱的上下底面在俯视图中反映实形，其后侧面在主视图中反映实形，再加上正五棱柱的五个侧面在俯视图中都具有积聚性，所以说如此摆放正五棱柱是比较理想的。

(3) 绘制立体的三视图。按照三视图的"三等"特性，把平面立体各表面的三视图一一画出，并使用规定的线型表明轮廓线的可见性，即得到了该平面立体的三视图。

(4) 检查三视图。对于初学者来说，经常出现的错误是：① 作图不准确，导致三视图之间不满足"三等"关系；② 部分线型不对，出现了粗实线与细虚线使用混乱；③ 有多余图线或被遗漏的图线，等等。因此在完成三视图之后还必须进行认真检查，如发现错误，必须及时更正。

二、棱锥的三视图

如图 2-10 和图 2-11 是根据平面立体三视图的绘制方法和步骤绘出的正三棱锥的三视图。比较图 2-10 和图 2-11 就不难发现，虽然两种情况下棱锥的底面在俯视图中都反映其实形，在左视图中都有一个侧面具有积聚性，但图 2-10(b)所示的三视图中没有出现细虚线，所以图 2-10(a)所示的正三棱锥摆放位置较好。

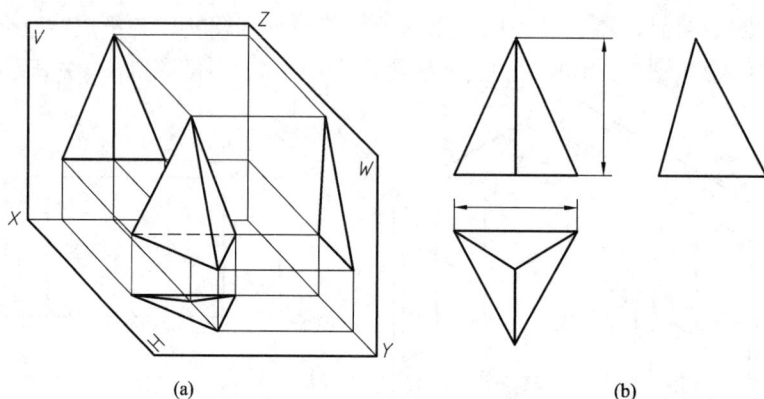

(a)   (b)

图 2-10　正三棱锥的三视图(一)

(a) 正三棱锥；(b) 三视图

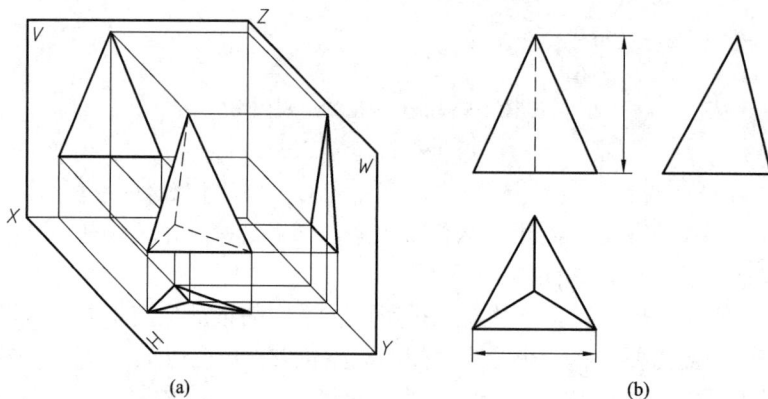

(a)   (b)

图 2-11　正三棱锥的三视图(二)

(a) 正三棱锥；(b) 三视图

第三节　曲面立体的三视图

画曲面立体的三视图就是画组成该曲面立体的所有表面的视图。由于构成曲面立体的表面中既有曲面又可能有平面，因此，在曲面立体的三视图中可能存在着两种不同含义的图线。一种是轮廓线，即平面的轮廓线；另一种是转向轮廓线，即曲表面相对于某一投影面可见部分与不可见部分的分界线,如图 2-12 所示。除此之外,在绘制曲面立体的三视图时,必须用细点画线先画出各视图的中心线。本节所介绍的曲面立体均是回转形成的,因此,它们也称为回转体。

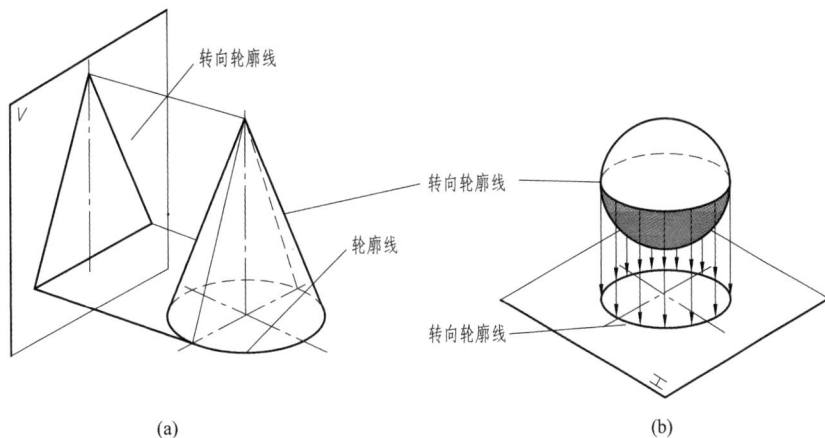

图 2-12 曲面立体投影的有关概念

(a) 圆锥上的轮廓线和转向轮廓线;(b) 球上的转向轮廓线

一、圆锥

下面就以图 2-13(a)所示的正圆锥为例,介绍曲面立体三视图的绘制方法和步骤。

(1) 对立体进行分析。在绘制视图前,也需要先对曲面立体进行分析。分析该立体的表面哪些是平面,哪些表面是曲面。

(2) 确定立体的理想摆放位置。一般情况下,回转体的理想位置是:一种是将回转体的回转轴垂直于投影面放置;另一种是使回转体上的平面平行于投影面放置,这些平面就会在某一视图中反映其实形。

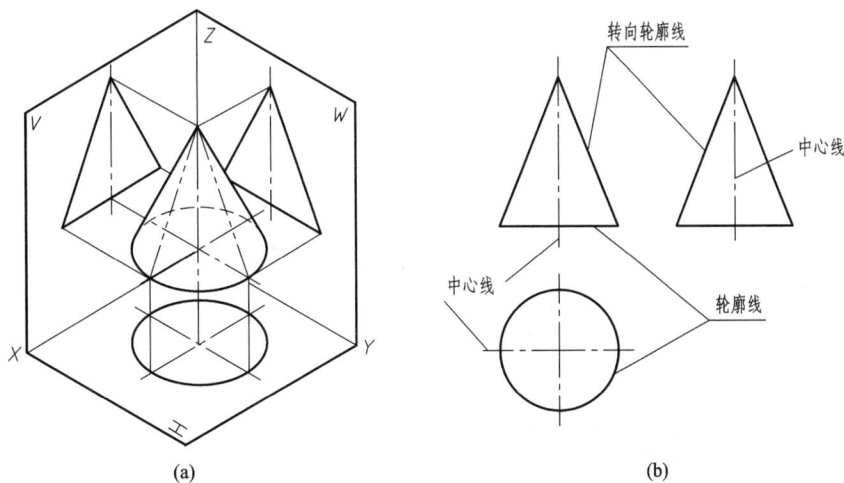

图 2-13 圆锥的三视图

(a) 圆锥;(b) 三视图

(3) 绘制立体的三视图。按照三视图的"三等"特性,先用细点画线画出三个视图的中心线，再画曲面立体的三视图，并判定视图中轮廓线的可见性，如图 2-13(b)所示为圆锥的三视图。

(4) 检查三视图。初学者在绘制曲面立体三视图时经常出现的错误是：① 作图不准确，导致三视图之间不满足"三等"关系；② 线型使用混乱；③ 缺少中心线等等。

二、圆柱

如图 2-14 所示，根据曲面立体三视图的绘制方法和步骤绘出了圆柱的三视图。

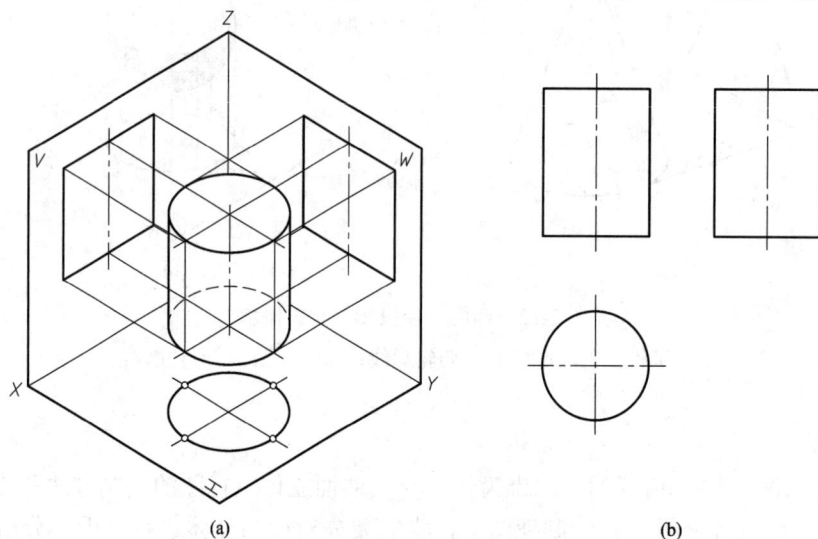

图 2-14　圆柱的三视图

(a) 圆柱；(b) 三视图

三、球

如图 2-15 所示，根据曲面立体三视图的绘制方法和步骤绘出了球的三视图。

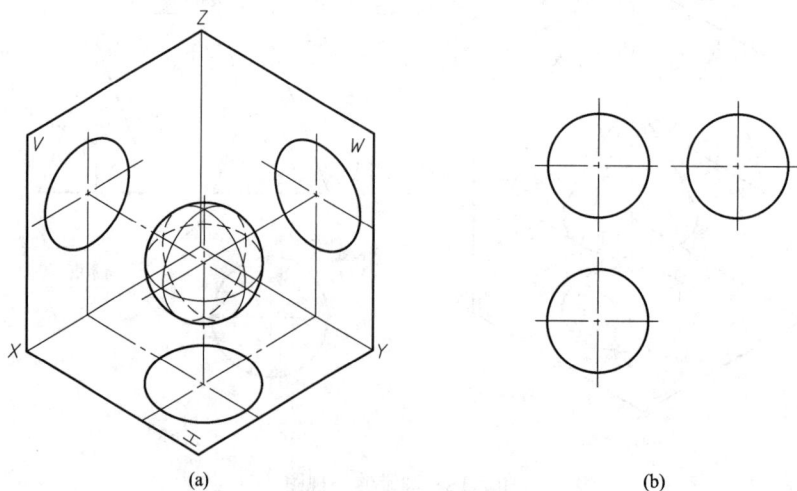

图 2-15　球的三视图

(a) 球；(b) 三视图

第四节 切割体的三视图

一、切割体的相关概念和方法

1. 切割体的相关概念

当一个立体被若干个平面切割去一部分后，所剩余部分的形体叫做切割体。如图 2-16 所示，用于切割形体的平面称为截平面，截平面与形体表面的交线称为截交线，由截交线围成的平面图形，称为断面。。因此，切割体就是由原来的立体表面与断面封闭起来的实体。

2. 绘制切割体三视图的方法步骤

绘制切割体的三视图是在立体三视图的基础上来完成的，一般方法和步骤是：

(1) 形体分析。明确被截切立体的类型，即被截切的立体是平面立体还是曲面立体。

(2) 断面分析。分析截平面的个数、截切方法，各截平面都与立体的哪些表面相交，截交线是直线还是曲线，从而得出断面的基本形状。

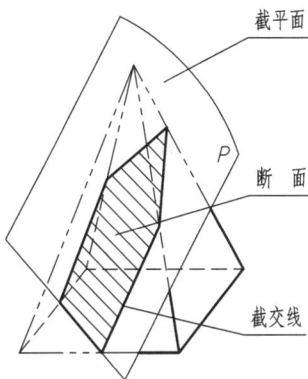

图 2-16 与切割体有关的概念

(3) 作出立体三视图。遵照三视图之间的"三等"关系，作出原有立体的三视图，并分析和表明可见性。

(4) 作出切割体三视图。经过前面的分析和作图后，需要先求出构成整个断面的各段截交线，进而得到该断面的三视图；然后以断面为界，去除形体上被切割掉的部分，剩余的部分就是切割体的三视图。

(5) 判别可见性。立体被切割后，剩余部分的可见性有可能会发生变化。因此需要对三视图中的图线重新判别可见性，并根据判断的正确结果最终完成切割体的三视图。

(6) 检查。应该把作图结果进行全面检查，但主要是检查三视图中是否有多线或漏线的情况，是否有线型错误等。一旦发现错误，应当及时改正。

上述六个步骤都很重要，缺一不可。但前两步的分析是基础和前提，第三步是根本，第四步和第五步是关键，而最后一步是保证。

二、切割体的三视图

1. 用平面切割平面立体

当用单一平面切割平面立体时，在切割体上产生的断面是一个平面多边形，该多边形的顶点是截平面与平面立体的棱线(或边)的交点，其各边是截平面与平面立体表面的交线。具体来说，截平面与平面立体的几个表面相交，其断面就是几边形，如图 2-16 所示。

【例 2-1】 请作出如图 2-17 所示的斜三棱锥被截去锥顶之后，所剩部分的三视图。

(1) 形体分析。该斜三棱锥共有四个表面，包括一个底平面和三个侧平面。

(2) 断面分析。截平面 P 与三棱锥的三个侧面相交，必产生三段交线，故其断面是一个三边形。由于该断面的三个顶点就是截平面与立体三条棱线的交点，因此，需要先求出这三个交点，再用直线连接起来，就会得到断面的三视图。

(3) 作出斜三棱锥的三视图。按照前面介绍的方法和步骤，画出三棱锥的三视图底稿，如图 2-18(a)所示。(注：为了使图形清晰美观，在三视图底稿中仍然将可见轮廓线用粗实线绘制，不可见轮廓线用细虚线绘制，而只有辅助线才使用细实线。这一点以后将不再一一说明，希望读者在学习时务必注意。)

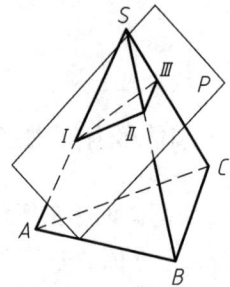

图 2-17 平面截切三棱锥

(4) 作出断面的三视图 先求出截平面与三棱锥三条棱线的交点 I、II、III，然后用直线依次连接，即得断面的三视图，如图 2-18(b)、(c)所示。由此可见，断面在俯视图和左视图中反映其类似形。

(5) 作出切割体的三视图 以断面为界，去除形体上被切割掉的部分，并重新判别相关图形的可见性，即得切割体的三视图，如图 2-18(d)所示。

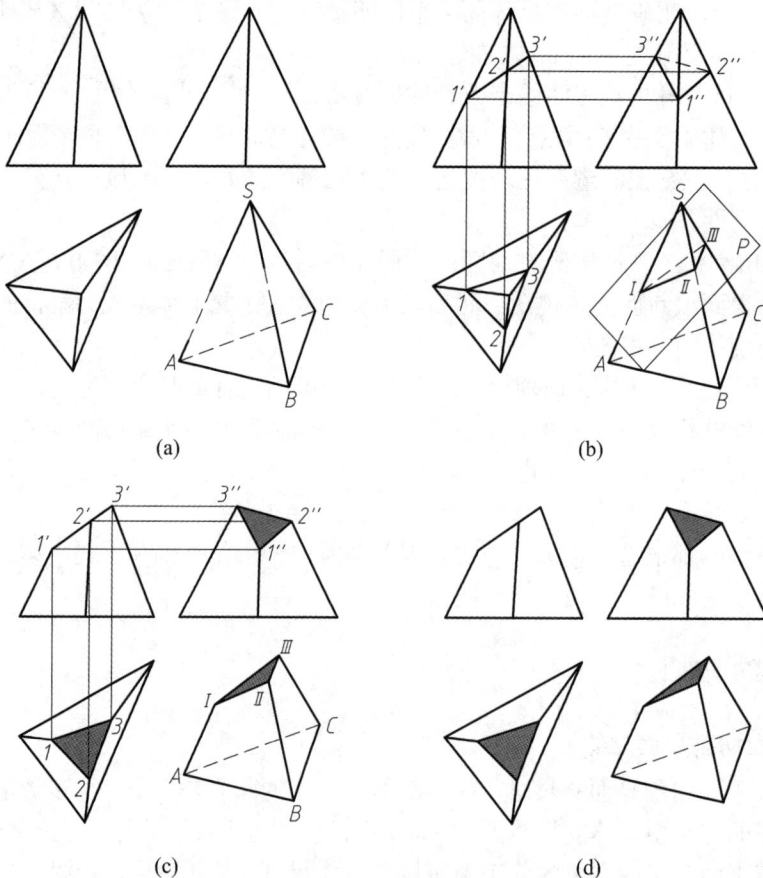

(a)

(b)

(c)

(d)

图 2-18 被截切斜三棱锥的三视图

(a) 斜三棱锥的三视图；(b) 求截交线；(c) 求断面的三视图；(d) 作图结果

【例 2-2】　如图 2-19(a)所示，已知某截切体的主视图和俯视图，请补出其左视图。

(1) 形体分析。根据给出的主视图和俯视图进行分析可知，该切割体是一个棱线竖直放置的正五棱柱被一平面切去了一部分而得到的。

(2) 断面分析。截平面与正五棱柱的四个侧面、一个顶面相交，应产生五段交线，故其断面是一个五边形；该五边形的五个顶点分别是截平面与正五棱柱上五条棱线(顶面上有两条边棱、侧面上有三条侧棱)的交点，如图 2-19(b)所示。又由于截平面在主视图中具有积聚性，因此，其断面应在俯视图和左视图中反映类似形，即都应是五边形。

图 2-19　补作切割体的左视图

(a) 已知两视图；(b) 切割体

(3) 作出正五棱柱的左视图。按照三视图的"三等"特性，先画出该正五棱柱的左视图底稿，如图 2-20(a)所示。

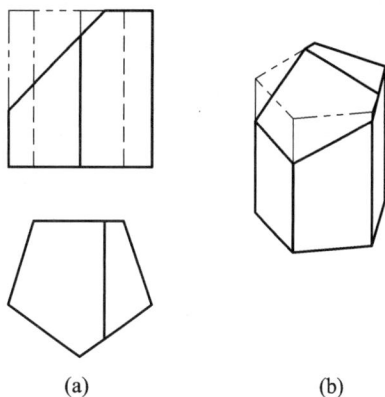

(a)　　　　　　　　　　　　　　　　(b)

(c)　　　　　　　　　　　　　　　　(d)

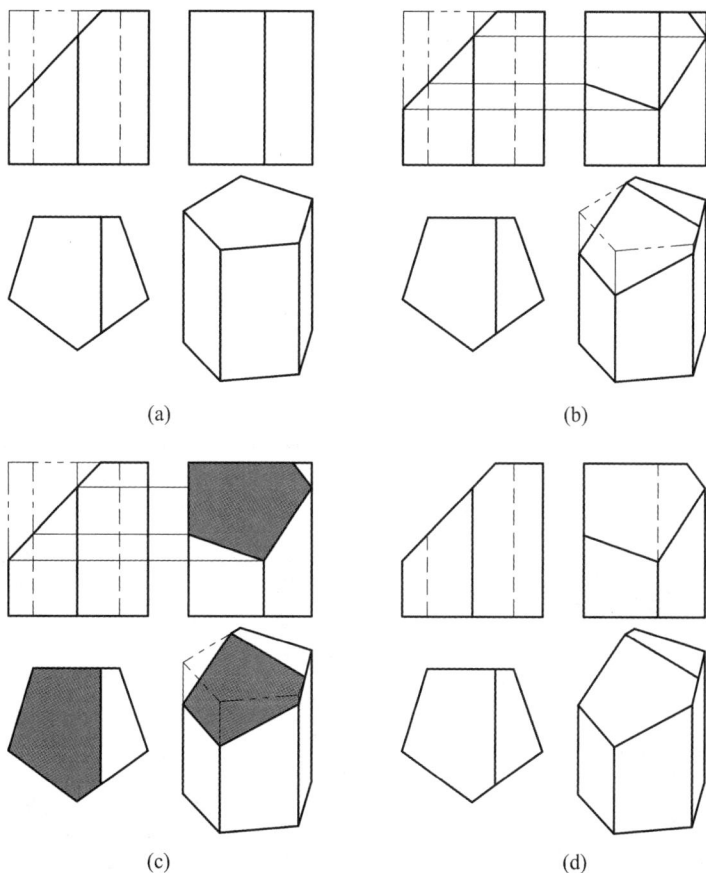

图 2-20　被截切正五棱柱的三视图

(a) 求正五棱柱的左视图；(b) 求截交线；(c) 求断面的左视图；(d) 作图结果

(4) 作出断面的左视图。按照三视图的"三等"特性，先求出断面的五个顶点在左视图中的位置，然后用直线依次连接，即得到断面的左视图，如图 2-20(b)、(c)所示。

(5) 完成切割体的左视图。去除形体上被切割掉的部分，并重新判别左视图的可见性，即得到切割体的三视图，如图 2-20(d)所示。

2. 用平面切割曲面立体

当用单一平面切割曲面立体时，在切割体上产生的断面是一个平面图形，该图形可能是由曲线或直线围成的，也可能是由曲线和直线共同围成的。其断面形状到底如何，将由曲面立体的类型以及截平面与曲面立体的相对位置决定。

(1) 平面截切圆球。当平面截切圆球时，无论截平面如何截切，最后在切割体上得到的断面都是圆平面。当截平面与投影面平行时，所得断面视图反映断面实形；当截平面与投影面垂直时，所得断面视图具有积聚性，为一直线，直线的长度等于圆的直径；当截平面与投影面倾斜时，所得断面视图为椭圆，如图 2-21 所示。

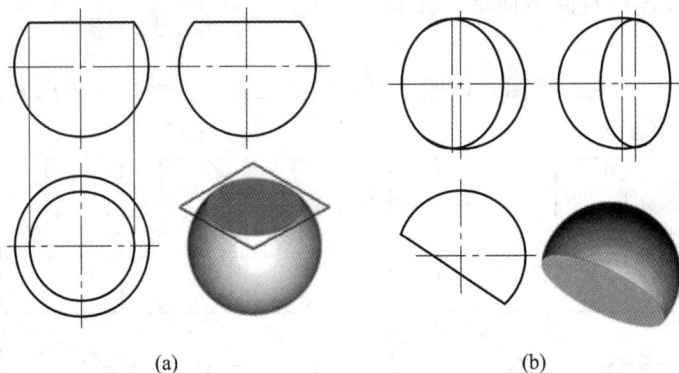

(a)　　　　　　　　　　　(b)

图 2-21　被截切圆球的三视图

(a) 反映断面的真实性和积聚性；(b) 反映断面的积聚性和类似性

(2) 平面截切正圆柱。截平面与圆柱的相对位置不同，其断面形状有矩形、圆形、椭圆形三种情况，见表 2-1。

表 2-1　平面截切正圆柱

截平面位置	截平面与圆柱轴线平行	截平面与圆柱轴线垂直	截平面与圆柱轴线斜交
切割体			
三视图			
断面	矩形断面	圆形断面	椭圆形断面

(3) 平面截切正圆锥。当平面截切正圆锥时，其断面形状有圆形、椭圆形、三角形等

五种情况，见表 2-2。

表 2-2 平面与圆锥的截交线

截平面的位置	截平面与圆锥轴线垂直 ($\upsilon = 90°$)	截平面与圆锥轴线相交 ($\upsilon > \alpha$)	截平面与圆锥轴线相交 ($\upsilon = \alpha$)	截平面与圆锥轴线平行或相交 ($0° \leq \upsilon' \alpha$)	截平面通过圆锥的锥顶 ($0° \leq \upsilon' \alpha$)
切割体					
三视图					
断面	圆形断面	椭圆形断面	抛物线形断面	双曲线形断面	三角形断面

由此可以归纳出切割体三视图的画图方法和步骤：首先需要分析曲面立体的类型，并作出该立体的三视图；然后分析截平面与曲面立体的相对位置，确定断面的形状，进而求出断面的三视图；最后作出切割体的三视图，并判断其可见性，完成全图。其中，能否正确地求出切割体上的断面，是整个作图过程的关键。

在组成断面的轮廓线中，如果是直线，则需要先求出直线的两个端点，再用直线连接这两个端点即可；如果是椭圆、抛物线、双曲线等曲线，则需要在尽可能的情况下求出曲线上的所有特殊点，这些特殊点包括曲线上最高、最低、最左、最右、最前、最后点，以及曲面转向轮廓线上的点，它们决定了断面的形状和大小；必要时，也可以再求些一般点。最后把求出的所有点用曲线光滑地连接起来，并表明可见性即可。

【例 2-3】 如图 2-22 所示，已知某截切体的主视图和左视图，请补出其俯视图。

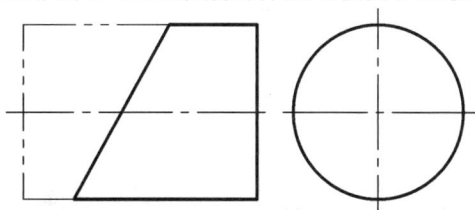

图 2-22 补作切割体的俯视图

(1) 形体分析。根据给出的主视图和左视图可知，该切割体是一个轴线横放的圆柱被一平面切去了一部分而得到的。

(2) 断面分析。由于截平面与圆柱轴线斜交，故其断面为一个椭圆形断面。该断面的左视图是一个圆，其俯视图是一个椭圆，因此需要先求出椭圆上所有的特殊点，然后用曲线光滑地连接成椭圆。

(3) 补出圆柱的俯视图。该圆柱的俯视图底稿如图 2-23(a)所示。

(4) 补出断面的俯视图。先求出断面上的最右点 A、最左点 B、最前点 C、最后点 D 这四个特殊点，然后可利用"四心圆"法作出椭圆，即得到断面的俯视图，如图 2-23(b)、(c)所示。

(5) 完成切割体的俯视图。去除形体上被切割掉的部分，并重新判别俯视图的可见性，即得到切割体的三视图，如图 2-23(d)所示。

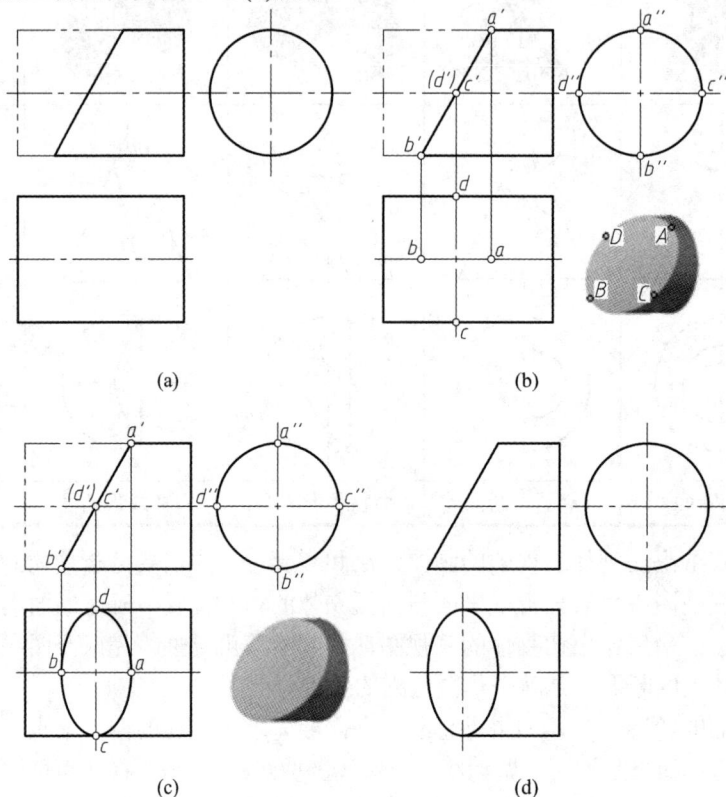

(a)　　　　　　　　　(b)

(c)　　　　　　　　　(d)

图 2-23　被截切圆柱的三视图

(a) 补出圆柱的俯视图；(b) 求断面上的特殊点；(c) 求断面的俯视图；(d) 作图结果

【例 2-4】　如图 2-24 所示，试补全切割圆锥体的俯视图。

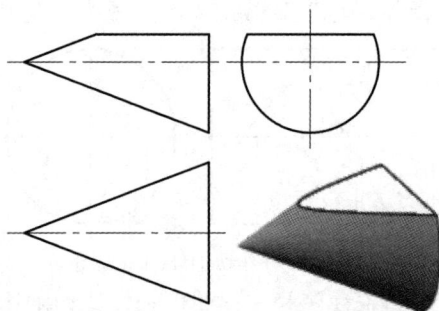

图 2-24　补全切割圆锥体的俯视图

(1) 形体分析。根据给出的三视图和立体图得知，该切割体是一个轴线横放的圆锥被一平面切去了一部分而得到的。

(2) 断面分析。由于截平面与圆锥轴线平行，故其断面为一个双曲线形断面。该断面在俯视图将反映其实形。由于双曲线是一条平面曲线，故需要先求出双曲线上的若干个点，然后用曲线光滑地连接起来即可。

(3) 补全圆锥的主视图和左视图。为了方便作图，需要把圆锥的主视图和左视图补全(用细双点画线表示)，如图 2-25(a)所示。

(4) 求双曲线上的点。先求出双曲线上的三个特殊点，有最左点 A、最前点 B、最后点 C。显然，如果只通过这三个点画出双曲线是非常困难的，因此还需要补充若干个一般点。如图 2-25(b)所示，选取某一合适位置，在圆锥面上作一个垂直于圆锥轴线的圆，该圆在左视图中反映实形，在主视图和俯视图中均积聚为一条直线。这时，可在三视图中求出该圆与截平面交点 D、E 的位置。这样就得到了双曲线上的五个点，必要时可以利用本方法求出更多的一般点。

(5) 补出断面的俯视图。将上一步求出的所有点(包括特殊点和一般点)用曲线光滑地连起来，并判别其可见性，即得到断面的俯视图，如图 2-25(c)所示。

(6) 完成切割体的三视图。擦去视图中所有的作图辅助线，并检查无误后，即得到切割体的三视图，如图 2-25(d)所示。

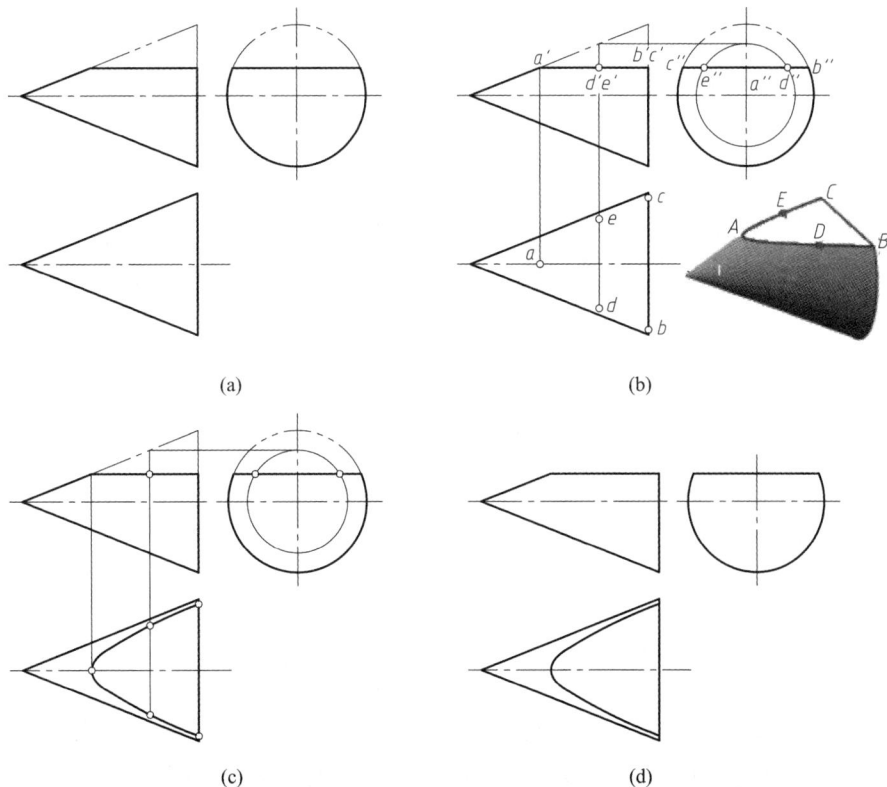

(a)

(b)

(c)

(d)

图 2-25　被截切圆锥的三视图

(a) 补全圆锥的主、左视图；(b) 求断面上的点；(c) 求断面的俯视图；(d) 作图结果

3. 多个平面切割立体

如果立体被多个平面所切割，除了依据上面所分析的作图方法和步骤，做出每个断面的截交线外，还必须做出断面之间的交线。如图 2-26 的触头、图 2-27 的接头和开槽半球所示。

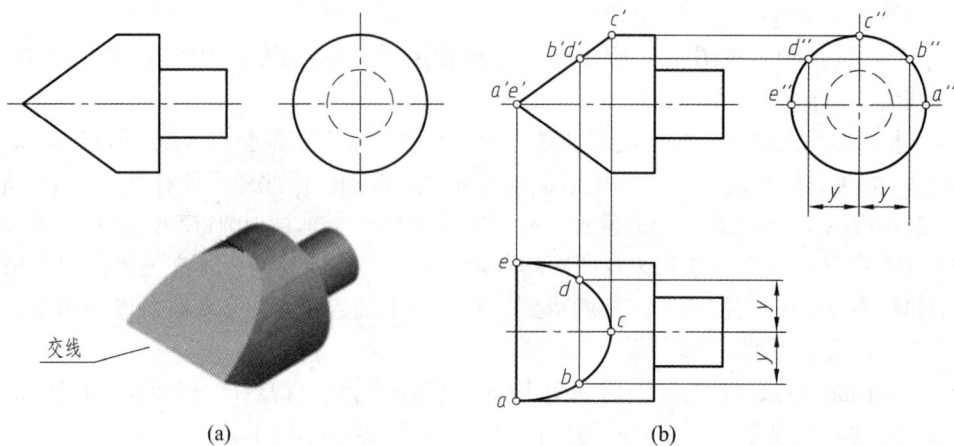

图 2-26　补出触头的俯视图

(a) 已知条件；(b) 作图过程

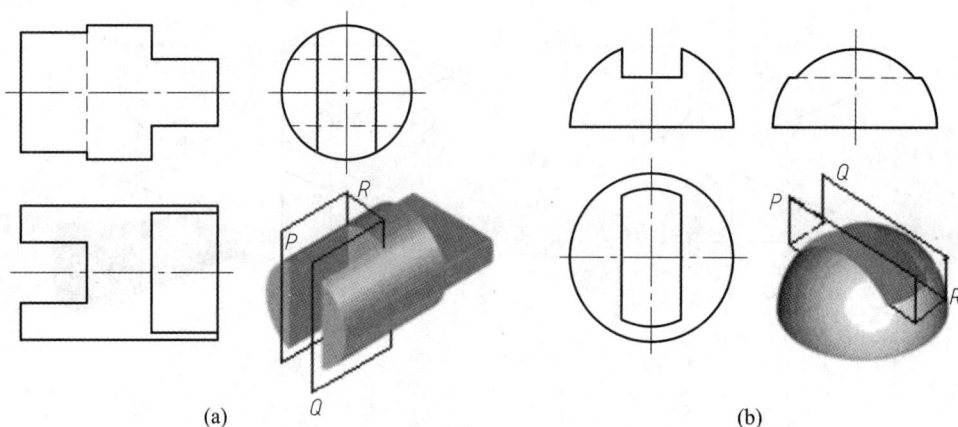

图 2-27　两种常见的相交体及其三视图

(a) 接头及其三视图；(b) 开槽半球及其三视图

第五节　相交体的三视图

在工程中，经常会遇到两立体相交的情况。由两个立体相交(或在立体上切槽，或在立体上穿孔)而构成的物体称为相交体，相交体表面产生的交线称为相贯线。因此，两立体相交也称为两立体相贯，图 2-28 分别是两平面立体相交、平面立体与曲面立体相交、两曲面立体相交的情况，下面只讨论常见的两曲面立体相交。

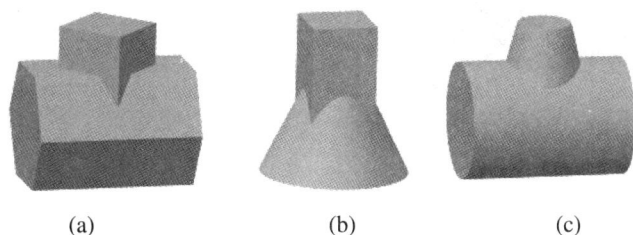

图 2-28 相交体

(a) 两平面立体相交；(b) 平面立体与曲面立体相交；(c) 两曲面立体相交

一、相交体三视图的作图方法

绘制相交体三视图是在立体三视图的基础上来完成的。因此，绘制相交体三视图的一般方法步骤是：

(1) 形体分析。明确两相贯立体的类型、相对位置，进而确定相贯线的空间形状。注意，相贯线的形状不同，求相贯线的方法可能不同。

(2) 作出立体的三视图。遵照三视图之间的"三等"关系，分别作出参与相贯的两立体的三视图，并分析和表明可见性。

(3) 求相交体表面的相贯线。相贯线是两相交立体表面的共有线，也是两相交立体表面的分界线；相贯线上的点是两相交立体表面的共有点。在求相贯线时，应当充分利用立体表面在视图中的积聚性、真实性进行作图，这样可以提高作图的速度和正确性。

(4) 判别可见性，完成全图。把作图结果进行全面检查，尤其要注意检查三视图中是否有多线或漏线的情况，其可见性是否正确，等等。一旦发现错误，应当及时改正，保证最后得到的三视图正确和完整。

由此可见，要想画出相交体三视图，就必须求出相交体表面的相贯线。

二、两回转体的相贯线

当两回转体相交时，其相贯线在一般情况下为封闭的空间曲线，特殊情况下是一条平面曲线，或者是直线，如图 2-29 所示。

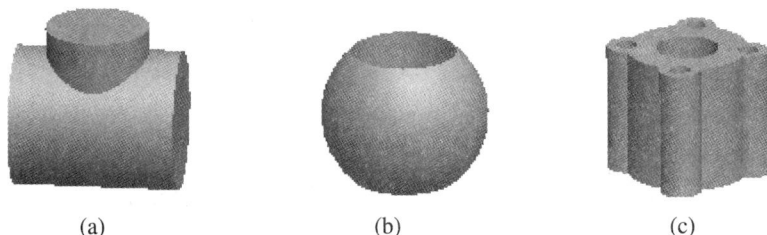

图 2-29 两回转体相交时的相贯线

(a) 空间曲线；(b) 平面曲线；(c) 直线

1. 相贯线的特殊情况

(1) 两回转体同轴相贯，其相贯线是垂直于公共轴线的圆(相贯线圆对投影面的相对位置不同，其投影可能是圆、直线或椭圆)，如图 2-30 所示。

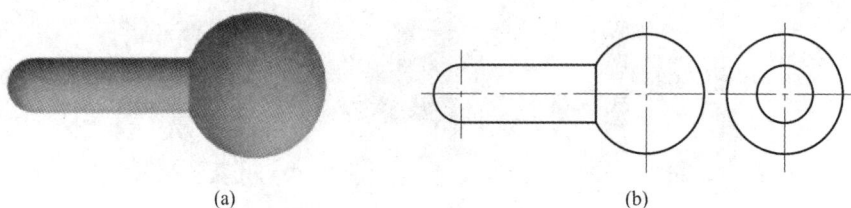

(a)

(b)

图 2-30　两同轴回转体的相贯线

(a) 立体图；(b) 主视图和左视图

(2) 两圆柱轴线平行或两圆锥共顶相贯，其相贯线为直线，如图 2-31 所示。

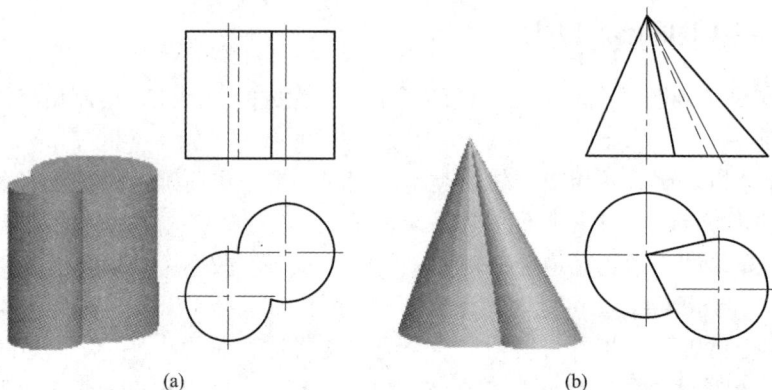

(a)

(b)

图 2-31　两圆柱轴线平行或两圆锥共顶时的相贯线

(a) 两圆柱轴线平行；(b) 两圆锥共顶

(3) 两回转体轴线相交且表面外公切于球面时，如圆柱与圆柱、圆柱与圆锥、圆锥与圆锥等，其相贯线为两个相交的椭圆，在两个回转体的轴线所平行的投影面上，椭圆积聚为两条相交直线，作图时，将两回转体转向轮廓线的交点连接即可，如图 2-32 所示。

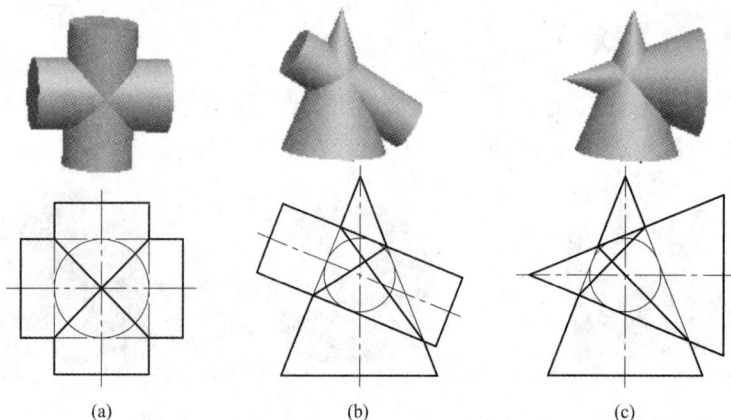

(a)

(b)

(c)

图 2-32　两二次回转曲面公切于球时的相贯线

(a) 圆柱与圆柱；(b) 圆柱与圆锥；(c) 圆锥与圆锥

2. 相贯线的一般情况

一般情况下，求相贯线的问题即为求两回转体表面上一系列公共点的问题。先求出相贯线上的所有特殊点(要求出全部)，必要时再求出若干个一般点；最后将求出的所有点光滑地连起来，并判别其可见性，即得到相贯线的三视图。特别说明的是，当作图要求不高时，可以只求出所需的特殊点并进行连线，而不必再求任何一般点，故这是一种非常实用的做法。

【例 2-5】　如图 2-33 所示，试求两正交圆柱的相贯线。

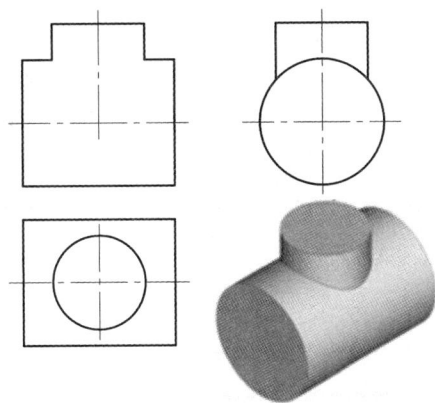

图 2-33　求两圆柱相贯时的相贯线

(1) 形体分析。如图 2-33 所示的相交体是由两个轴线正交、直径不等的圆柱相贯形成的，其相贯线是一条封闭的空间曲线。

(2) 视图分析。缘于圆柱面在某个视图中的积聚性，相贯线在俯视图中已知，是一个圆，在左视图中也已知，是一段圆弧。因此，只需画出主视图中的相贯线即可。

(3) 求相贯线上的特殊点。相贯线上的特殊点包括：最左(最高)点 A、最右(最高)点 B、最前(最低)点 C、最后(最低)点 D。先在俯视图中定出 a、b、c、d，并在左视图中定出 a'' (b'')、c''、d''，这样就可以在主视图中定出 a'、b'、c' (d')，如图 2-34(a)所示。

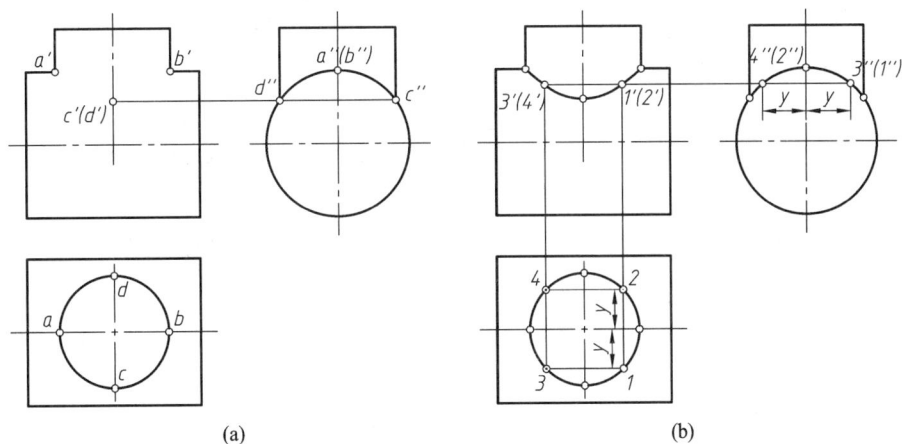

图 2-34　两正交圆柱的相贯线

(a) 求特殊点；(b) 求一般点，并完成全图

(4) 求相贯线上的一般点。与求特殊点的方法一样，先在俯视图中定出 1、2、3、4，并在左视图中定出 1'' (3'')、4'' (2'')，进而在主视图中定出 1' (2')、3' (4')，如图 2-32(b)所示。

(5) 求相贯线，完成全图。将前面求得的所有点用曲线光滑地连接起来，并判别其可见性，即得到所求的相贯线，如图 2-34(b)所示。最后，把作图辅助线和不应有的图形擦去，检查并完成全图，即得到两圆柱相贯的三视图。

两个圆柱轴线垂直相交所形成的相交体，在工程上经常以如图 2-35 所示的形式出现。虽然这三种形式得到的形体不同，但它们由此产生的相贯线的形状都是一样的，自然其作图方法也完全一样，只是相贯线的可见性可能不同。

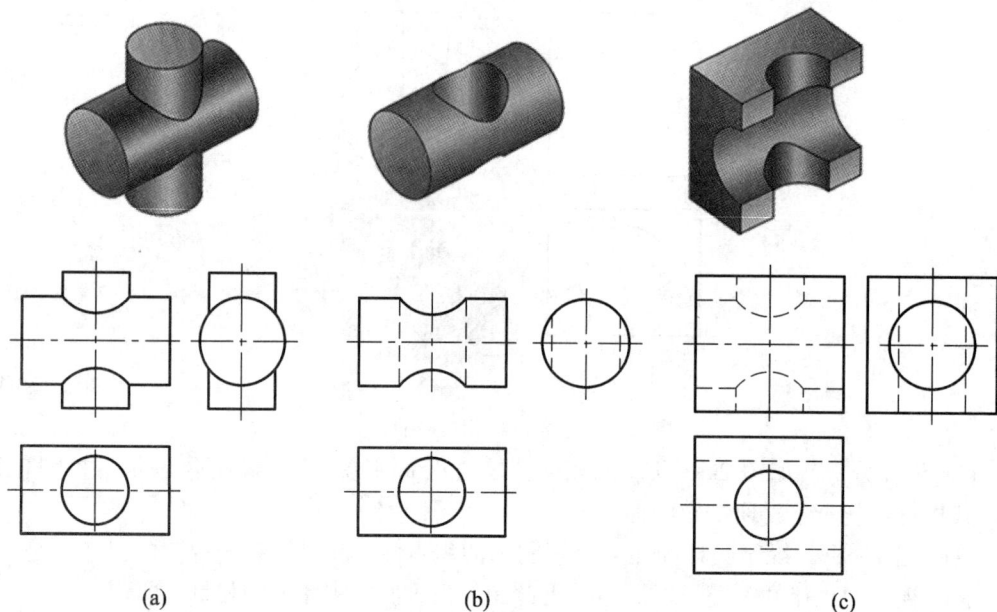

图 2-35　两圆柱相贯线的常见情况

(a) 两圆柱相贯；(b) 圆孔与圆柱相贯；(c) 两圆孔相贯

另外，通过分析和作图还可以发现，当直径不相等的两圆柱正交时，在平行于两圆柱轴线的投影面上，其相贯线表现为曲线，该曲线向着直径尺寸较大的回转体轴线一侧弯曲；当两圆柱直径相等时，相贯线则表现为直线(椭圆的积聚性)，如图 2-36 所示。

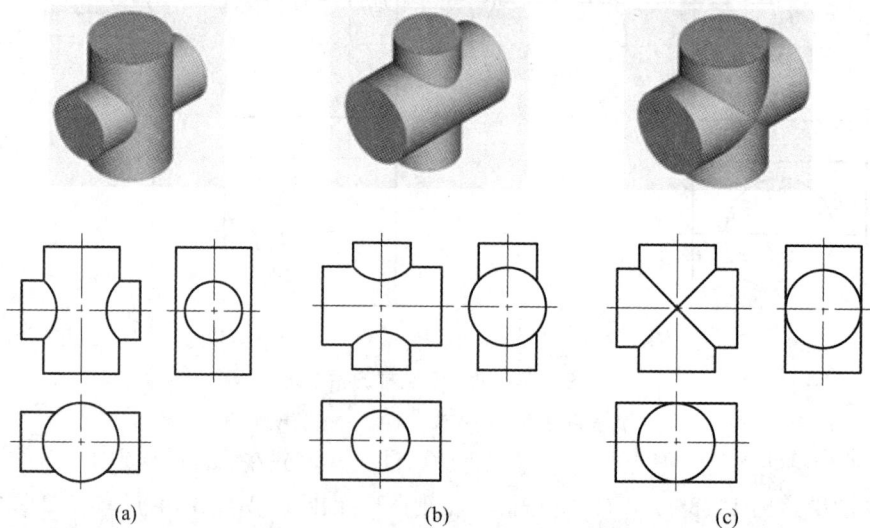

图 2-36　两圆柱大小对相贯线的影响

(a) 竖直圆柱直径较大；(b) 水平圆柱直径较大；(c) 两圆柱直径相等

【例 2-6】　如图 2-37 所示，求作圆柱与圆锥正交时的相贯线。

(1) 形体分析。水平圆柱的一端完全贯入圆锥内部，其相贯线为一前后对称的封闭空间曲线。相贯线上特殊点有：最低(最左)点 A、最高点 B、最前点 C、最后点 D、最右点 E 和 F。

(2) 视图分析。圆柱面在左视图中具有积聚性，故相贯线在左视图中已知，是一个圆，在主视图和俯视图中均为曲线，需求出，如图 2-37 所示。

(3) 求相贯线上的特殊点。如图 2-38(a)所示，根据左视图中的 a''、b''，可以直接在主视图中求出 a'、b'，进而在俯视图中作出 a、b；过左视图中的 c''、d'' 作截平面 P，与圆柱面的截交线为最前、最后两条素线、与圆锥面的截交线为水平圆，该圆在俯视图中反映实形，故可先定出 c、d，进而可求出 c'、d'。

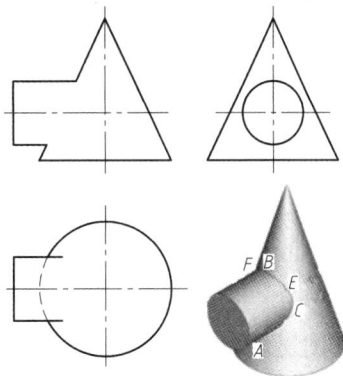

图 2-37　求作圆柱与圆锥正交时的相贯线

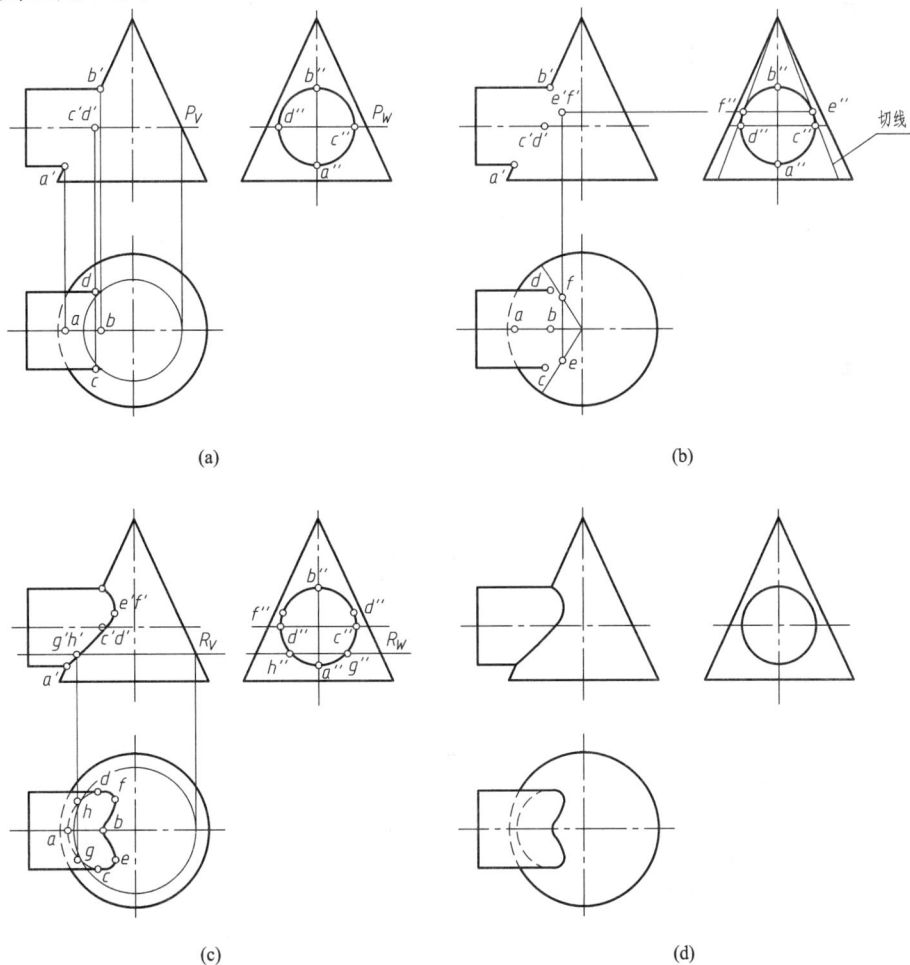

(a)

(b)

(c)

(d)

图 2-38　求圆柱与圆锥正交时的相贯线

(a) 求特殊点；(b) 求最右点；(c) 求一般点；(d) 作图结果

(4) 求相贯线上的最右点。在左视图中，过锥顶作圆的两条切线，切点分别为 e''、f''；由于相贯线上的最右点 E、F 分别位于圆锥面上的两条素线上，故在俯视图中分别作出这两条素线，即可定出 e 和 f，进而可求出 e' (f')，如图 2-38(b)所示。

(5) 求相贯线上的一般点。在适当位置作截平面 R，与圆柱面的截交线为两条素线、与圆锥面的截交线为水平圆，在俯视图中作出这两素线与水平圆的交点，即为 h、g，利用宽相等在左视图中求出 h''、g''，进而可求出 h'、g'，如图 2-38(c)所示。

(6) 完成全图。分别在主视图和俯视图中，将上述所求各点用曲线光滑连接，并判别可见性即求得相贯线。最后，检查并加深全图，作图结果如图 2-38(d)所示。

三、相贯线的简化画法

(1) 在不引起误解时，相贯线可以简化成圆弧。如图 2-39 所示，两圆柱正交且轴线平行于 V 面，其相贯线的主视图可以用与大圆柱半径相等的圆弧来代替。圆弧的圆心在小圆柱的轴线上，圆弧通过两圆柱转向轮廓线的两个交点，并向大圆柱的轴线方向弯曲。

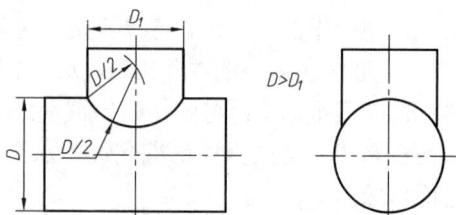

图 2-39　用圆弧代替相贯线

(2) 对于轴线垂直偏交且平行于 V 面的两圆柱相贯，相贯线可以简化为直线，如图 2-40 所示。

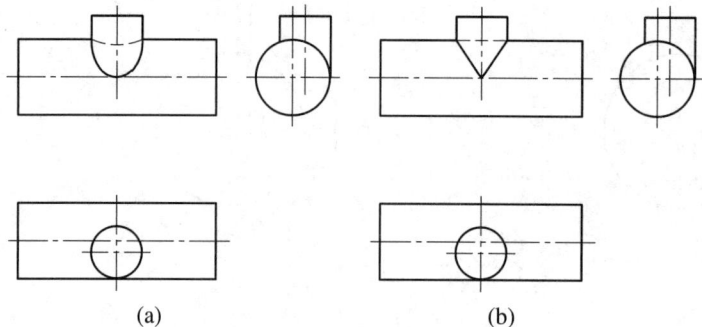

(a)　　　　　　　　　　　　(b)

图 2-40　用直线代替相贯线

(a) 简化前；(b) 简化后

(3) 两圆柱正交，且直径相差悬殊时，相贯线可以用转向轮廓线代替，如图 2-41 所示。

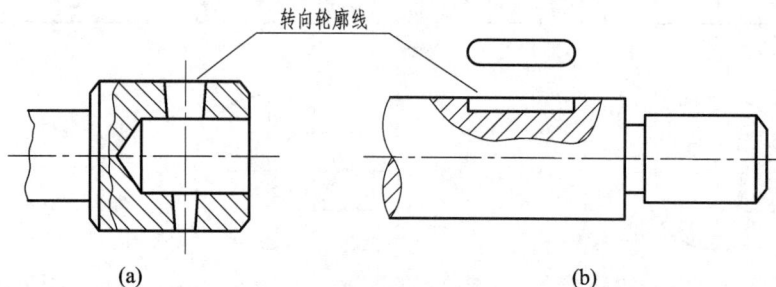

转向轮廓线

(a)　　　　　　　　　　　　(b)

图 2-41　用转向轮廓线代替相贯线

(a) 圆柱穿孔；(b) 圆柱切槽

第三章　组合体的三视图

前面已经对立体的三视图进行了研究，这些立体统称为基本立体，简称基本体。而在日常生活或工程实践中，往往还有一些复杂的物体。这种由若干个基本体按照一定的方式方法组合而成的复杂物体称为组合体。本章主要介绍绘制和阅读组合体三视图的基本方法。

第一节　概　　述

一、组合体的组合形式

既然组合体是由若干个基本体按照一定的方式方法组合而成的，那么，在绘制或阅读组合体视图时就必须分析和研究组合体的组合形式。组合体的组合形式分为叠加和挖切两大类，如图 3-1 所示。

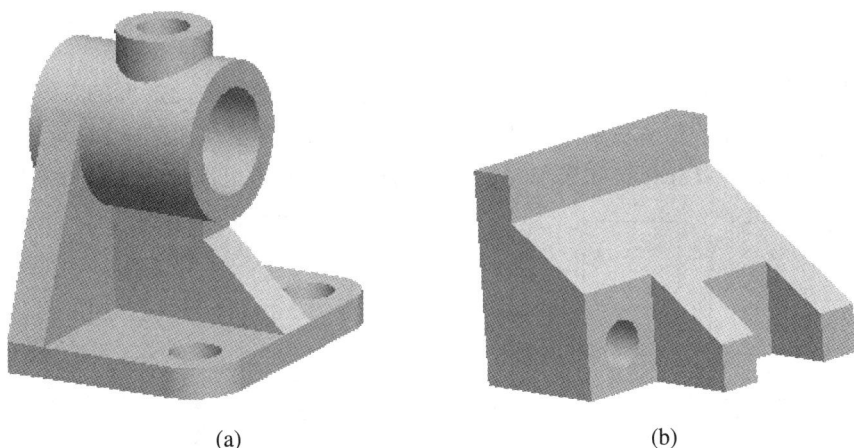

(a)　　　　　　　　　　　　　　　(b)

图 3-1　组合体的组合形式

(a) 叠加；(b) 挖切

1. 叠加

所谓叠加，是在基本体的基础上又叠加了一个或几个基本体，它们在叠加时存在着一定的相对位置关系，其表面之间也存在着一定的连接关系。这种连接关系通常有相错、共面、相切和相交四种形式。

(1) 相错叠加。如图 3-2 所示，当两个基本体叠加时，如果彼此之间存在着若干表面没有共面而是相互错开，则称为相错叠加。相互叠加的两个基本体相应表面之间存在有分界线，反映在视图中则是两个相邻的线框。

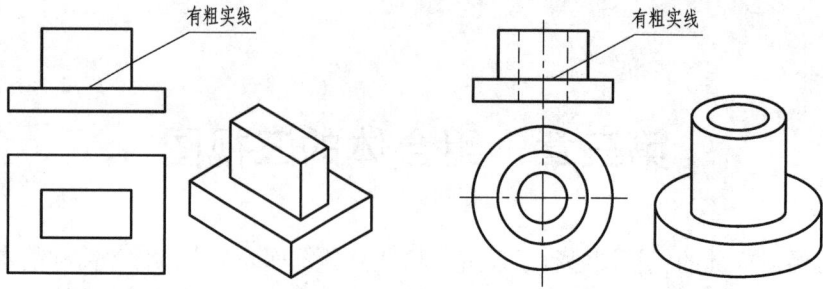

图 3-2　相错叠加

(2) 共面叠加。如图 3-3 所示，当两个基本体叠加时，如果彼此之间的若干表面恰好共面而不是相互错开，则称为共面叠加。相互叠加的两个基本体相应表面之间没有分界线，反映在视图中则是一个封闭的线框(不考虑线框中可能存在的细虚线)。

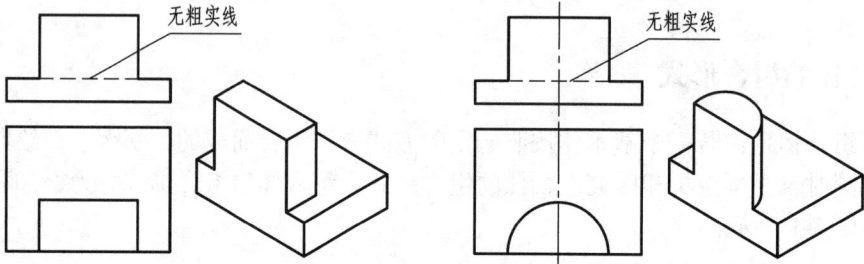

图 3-3　共面叠加

(3) 相切叠加。如图 3-4 所示，当两个基本体叠加时，如果彼此之间的若干表面恰好相切，则称为相切叠加。由于在两个基本体相切处的表面是光滑过渡的，所以在相应表面的连接处没有分界线，反映在视图中也是一个封闭的线框(不考虑线框中可能存在的细虚线)。

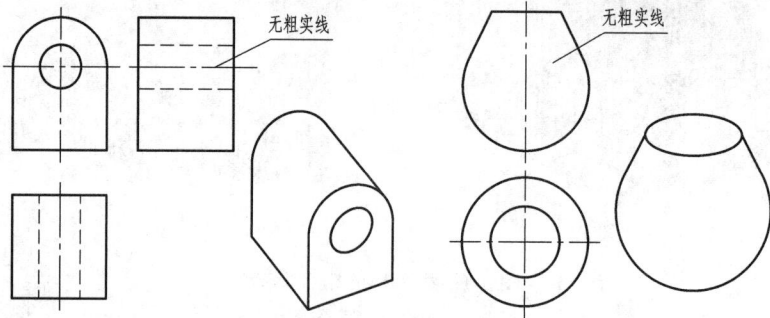

图 3-4　相切叠加之一

在绘制组合体三视图时，如图 3-5 所示，是 V 形板和圆柱筒相切叠加，在主视图和左视图中，相切的表面不画分界线(图中无粗实线处)，V 形板的上表面的线，需准确求出切点位置，才能确定该视图中相关线段的长度或端点位置。

(4) 相交叠加。当两个基本体叠加时，如果两基本体的若干表面相交，即相交叠加。两个基本体的相交表面处将产生交线(即前面提到的截交线或相贯线)，此交线既是两基本体表面的共有线，也是区分两基本体表面的分界线。在绘制组合体三视图时，则必须正确画出这些交线，如图 3-6 所示。

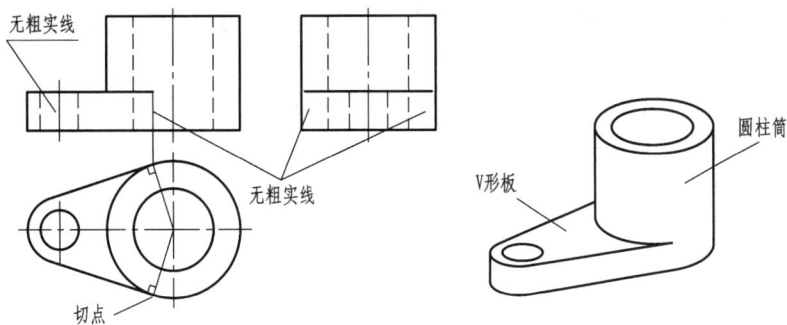

图 3-5 相切叠加之二

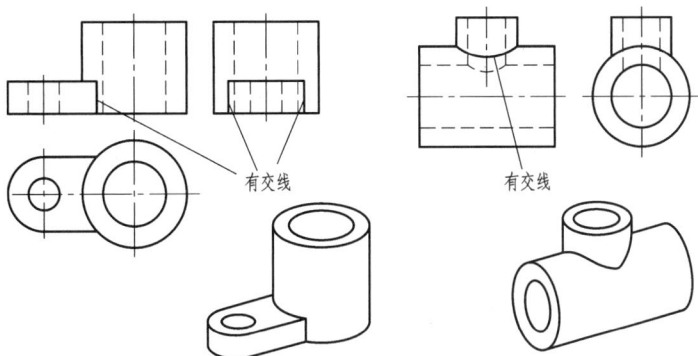

图 3-6 相交叠加

2. 挖切

所谓挖切，是在原基本体的基础上又切去一部分或者挖去一部分，挖切又可分为切割和穿孔两种形式。

(1) 切割。当基本体被若干个平面或曲面切割后，在基本体的表面上会产生各种形状的交线(称为截交线)，如图 3-7、图 3-8 所示。在绘制组合体三视图时，必须分别画出所有的截交线，并正确判别其可见性。

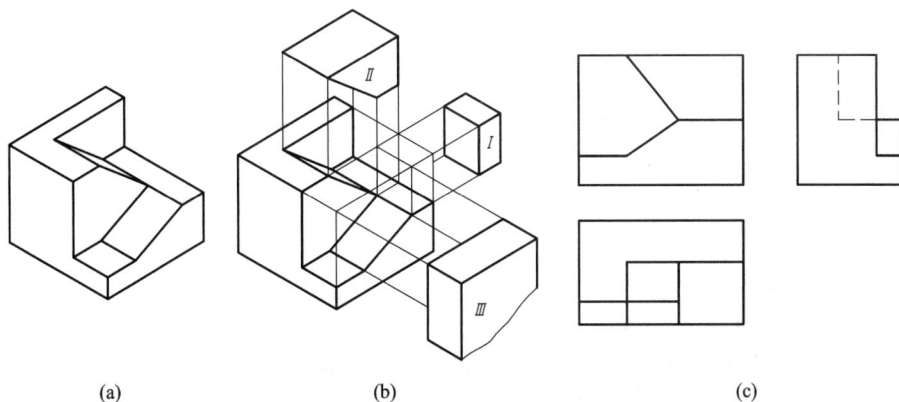

图 3-7 切割式组合体

(a) 组合体；(b) 切割形式；(c) 三视图

(2) 穿孔。当基本体被穿孔后，在基本体的表面上也会产生不同形状的交线(称为相贯线),如图 3-9 所示。在绘制组合体三视图时,也必须分别画出所有的相贯线,并正确判别其可见性。

值得说明的是,一个比较复杂的基本体往往既有叠加又有挖切,是两种方式的混合。例如,图 3-8 所示的组合体中,长方体与四棱台属于叠加,四棱台上方的"燕尾"槽属于挖切;图 3-9 所示的组合体中,圆柱与圆锥属于叠加,圆柱与圆柱孔属于挖切,最后在组合体的左上角切去一块,属于挖切,等等。

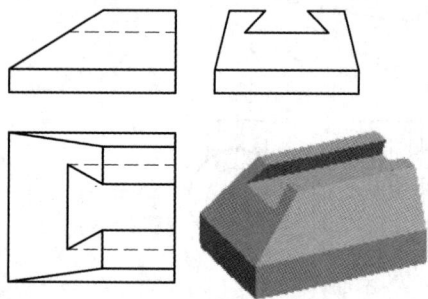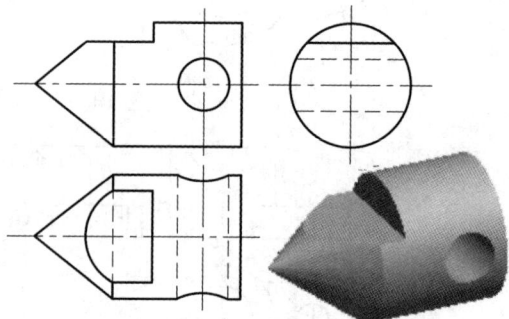

图 3-8 切割

图 3-9 穿孔

二、形体分析法和线面分析法

在绘制和阅读组合体三视图时,经常要用到两个非常重要的方法,一个是形体分析法,一个是线面分析法。

1. 形体分析法

所谓形体分析法,就是假想把组合体分解为若干个基本体,然后分析这些基本体的形状、相对位置和组合形式,从而想象出该组合体的完整形状。

如图 3-10(a)所示的组合体,是一个简化的轴承座,它可以被视为由五个基本体组合而成,因此可假想地被分解为五个基本体,包括底板、下支撑板、后支撑板、大圆柱筒和小圆柱筒等。其中,底板位于组合体的底部,起垫板的作用;大圆柱筒位于组合体的上部,用于包容轴承;下支撑板与底板相错叠加,与大圆柱筒相交,起支撑作用;后支撑板与底板的后端面共面叠加,左右两侧面与大圆柱筒相切,也起支撑作用;小圆柱筒与大圆柱筒相交叠加,两外圆柱面和两内圆柱面分别有相贯线,如图 3-10(b)所示。

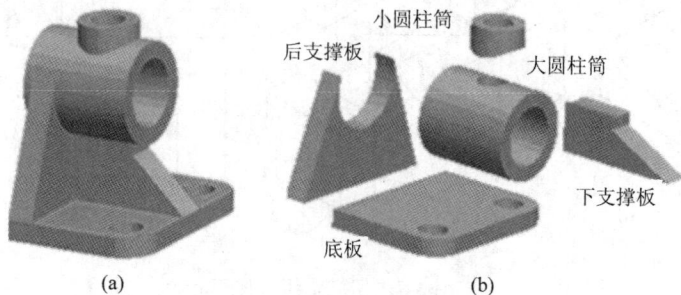

(a)   (b)

图 3-10 组合体的形体分析

(a) 组合体;(b) 形体分析

在运用形体分析法时一般应注意三点：

(1) 要把复杂的组合体合理地分解为若干个基本形体，以有利于问题简单化。例如，对于如图 3-11(a)所示的组合体，第一种分解结果有三个形体，第二种分解结果有五个形体，显然前者好于后者，如图 3-11(b)、(c)所示。

(2) 要正确地分析各基本形体的形状、相对位置和组合形式，以便于分析两形体表面之间的连接关系，正确绘制其视图。如图 3-12 所示，就是由于在形体分析时错误地认为：小孔与水平圆柱筒的外壁相贯产生了相贯线，才导致了三视图中出现了多余的图线。

(3) 该方法只是假想地把组合体进行分解，形体仍是一个完整的组合体，而不是产生了多个形体。这一点，一些初学者很容易忽略，需要引起注意。

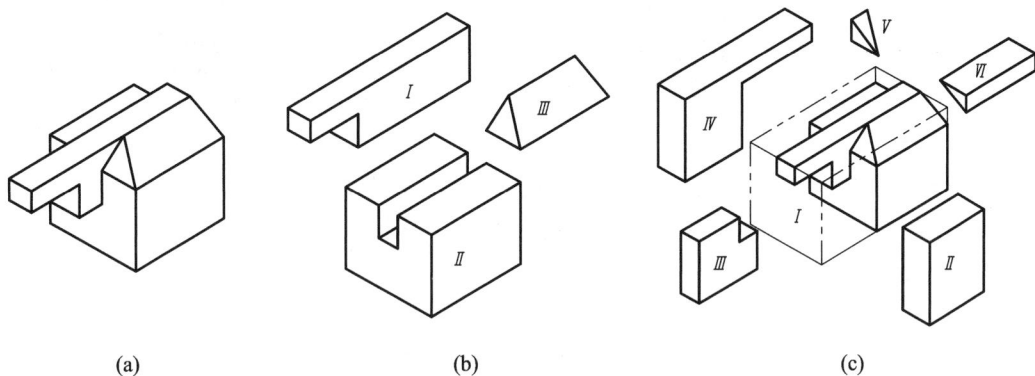

图 3-11　组合体的分解形式

(a) 组合体；(b) 分解形式之一；(c) 分解形式之二

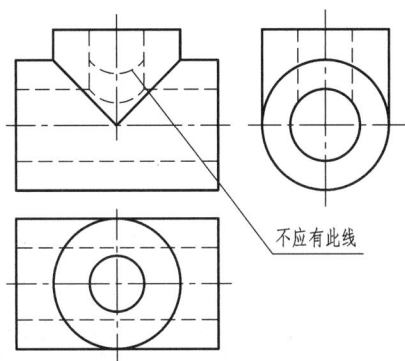

图 3-12　三视图中有多余图线

2. 线面分析法

当组合体上某些部分经多次切割，组合体表面上会出现一些交线，形体特征已变得不再明显。这时，应在运用形体分析法的基础上，再应用线面分析法。

所谓线面分析法，就是在运用形体分析法的基础上，对组合体中一些比较复杂的局部，结合线、面分析，如分析形体的表面形状、面与面的相对位置、表面之间的交线等，来帮助想象出该组合体的完整形状。

每一个视图都是由图线(粗实线或虚线)和由图线围成的封闭线框组成的。进行线面分析，实质上就是分析视图中一些图线和线框的含义。搞清这些图线和线框的含义，对画图和读图是很有帮助的。

(1) 图线的含义。视图中的每条图线，可能是下面的三种情况之一：① 组合体上平面或曲面的积聚性；② 组合体上两个面的交线；③ 组合体上曲面的转向轮廓线。

如图 3-13(a)所示，图线 a' 代表圆锥面与圆柱面的交线；图线 b' 代表圆柱面的转向轮廓线；图线 c' 代表正六棱柱顶面的积聚性；图线 d' 代表正六棱柱两侧面的交线；图线 e 代表圆柱面的积聚性，等等。

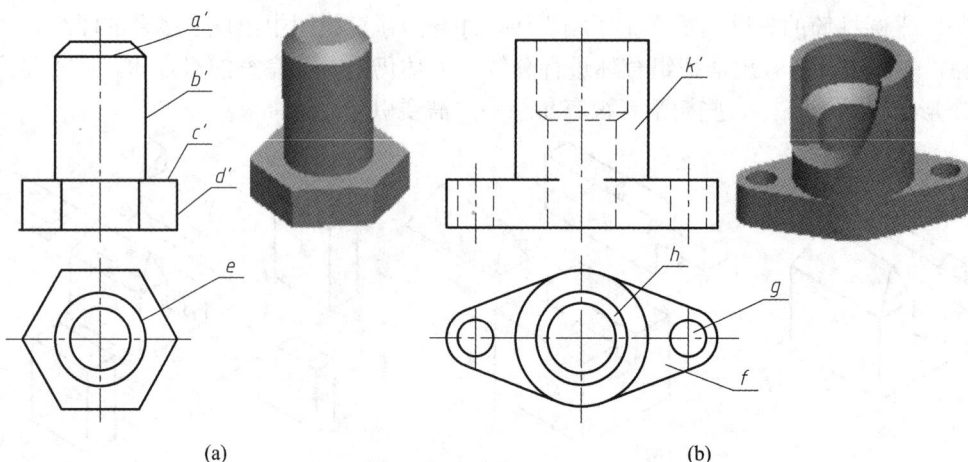

图 3-13　视图中的图线与线框的含义

(a) 图线的含义；(b) 线框的含义

(2) 线框的含义。在视图中，一个封闭的线框(包括虚线或由虚线和实线共同围成的封闭线框)，可能是下面的三种情况之一：① 组合体上某个平面或曲面；② 组合体上一个孔洞；③ 组合体上两个或两个以上相切表面。

如图 3-13(b)所示，线框 f 代表底板的顶面；线框 g 代表小圆孔；线框 h 代表圆锥面；线框 k' 代表相切的表面，等等。

3. 两种方法的比较

形体分析法和线面分析法是在绘制和阅读组合体三视图时经常使用的两种方法。这两种方法各有特点、各有侧重，相辅相成，互为补充，具体见表 3-1。

表 3-1　形体分析法与线面分析法的比较

项　　目	形体分析法	线面分析法
适用对象	以叠加为主的组合体	以挖切为主的组合体
使用次序	在先	在后
使用范围	整个组合体	组合体中的复杂局部
分析对象	形体	线面
分析内容	形体的基本形状 形体的相对位置 形体的组合方式	表面的基本形状 表面的相对位置 表面之间的交线
最终目的	想象出组合体的完整形状	

第二节　画组合体三视图

一般情况下，组合体要比简单体复杂得多。所以在画组合体三视图时，必须掌握一定的画图方法，并按步骤完成作图。

一、画组合体三视图的方法和步骤

1. 画组合体三视图的方法

为了保证作图正确，提高作图速度，在画组合体三视图时，应注意以下几点：

(1) 画图的顺序很关键。一般情况下，应先画基准线，后画三视图；先画主要形体，后画次要形体；先画主要轮廓，后画局部细节；先画代表可见轮廓的粗实线，后画代表不可见轮廓的细虚线；先画反映实形或积聚的图线，后画截交线和相贯线。

(2) 画图的方法很重要。一般情况下，应按照组合体的组合形式逐一画出每一个基本体的三视图；要尽可能地把同一基本体的三视图联系起来画，这样既能保证三个视图之间的"三等"，又能提高画图速度。

(3) 底稿和检查不可少。为保证视图正确，图面整洁，便于修改，必须先用细线画好底稿，经检查确无差错时，再用规定的线型按顺序加深。

2. 画组合体三视图的步骤

(1) 形体分析。利用形体分析法和线面分析法再结合自己的空间想象力，把组合体各部分的结构形状和组合形式分析清楚，直到能把组合体完全想象出来。

(2) 选择主视图。由于主视图反映组合体的主要轮廓形状特征，在三个视图中处于核心地位，因此，主视图选择的合理与否对组合体是否能表达得简洁完整，对画图是否简单方便都是至关重要的。主视图确定后，其他两个视图也随之确定。

选择主视图，实际上就是选择组合体的摆放位置和观察方向。其中，摆放位置一般按组合体的自然位置进行选择(称为自然原则)，观察方向应使主视图最能反映组合体的形体特征(称为特征原则)。如图 3-14 所示的茶杯，自然摆放后，无论从 B 向还是从 C 向观察这个茶杯，都很难与茶杯联系起来；如果从 A 向观察结果就一目了然，说明 A 向视图能更好地反映茶杯的特征。因此，应当选择 A 方向作为茶杯主视图的观察方向。

其次，应使三视图中尽可能地少出现细虚线(称为实体原则)。因为细虚线表示不可见轮廓线，太多的细虚线往往不便于绘图、读图和标注尺寸。

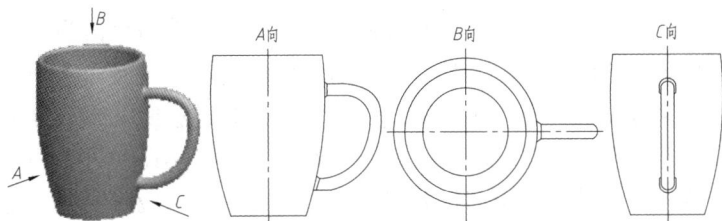

图 3-14　选择主视图的观察方向

当上述"三原则"发生冲突时，应以特征原则优先。但具体情况应具体分析，如图 3-15 所示的板类组合体，图 3-15(a)是把反映形体特征的视图作为主视图，图 3-15(b)是把反映其厚度的视图作为主视图，显然后者较好，因为组合体的摆放位置更自然。

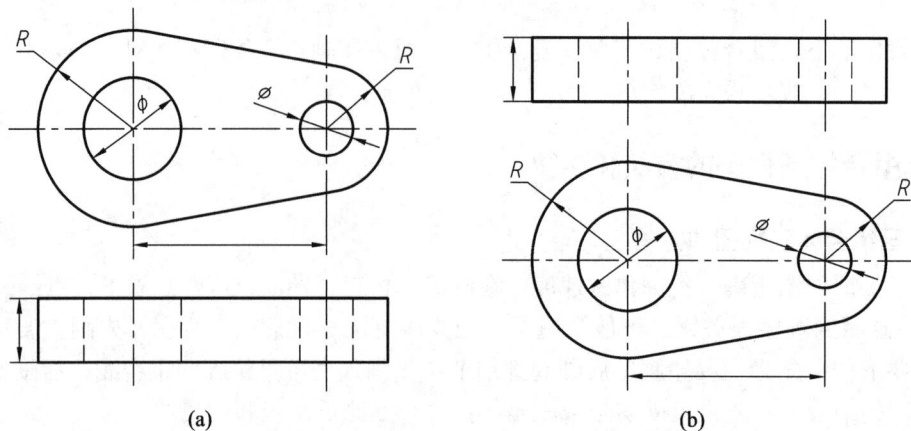

图 3-15　主视图选择原则

(a) 主视图反映形体特征；(b) 俯视图反映形体特征

(3) 选图幅、定比例、布置视图。根据所画组合体的大小及复杂程度，选定合适的标准图幅和绘图比例，并按尺寸画好图框和标题栏，尽可能采用 1∶1 的比例。根据组合体三个视图的大小和相互位置关系，将三视图合理地布置在图纸上；各视图之间应留出标注尺寸的位置。然后，在图纸上画出各视图的主要基准线或定位线，即完成视图的布置。

(4) 画三视图底稿。基于形体分析并按照三视图之间的"三等"特性，运用正确的画图方法逐个画出各基本体三视图的底稿，做到准确作图。

(5) 认真检查。完成底稿后，一定要认真检查。对模棱两可的地方，应反复探究；对表达不当甚至错误的地方，应当坚决改正；对于作图时用过的辅助线，应当趁机逐一擦去。否则，后面就不好擦除和修改了。

(6) 标注尺寸。遵照正确的方法和要求为组合体三视图标注尺寸(在第四章中介绍)。标注尺寸时一定要认真，尽量不出现错误。

(7) 加深底稿、完成全图。确认视图中没有错误时，用规定的线型按顺序加深，最后，按要求填写标题栏，完成全图。

二、过渡线的画法

实际上，有些组合体是由铸造机件经过简化得到的。对于铸件，为了满足铸造工艺的要求，铸件表面有交线的地方一般不是尖角，而是用铸造圆角过渡。由于圆角的影响，致使铸件表面的交线变得不很明显，这种交线在工程上称为过渡线。国家标准规定，过渡线用细实线绘制，当过渡线不可见时，则用细虚线绘制，如图 3-16 所示。

在图样中，当需要画过渡圆角和过渡线时，过渡线的两端应画到其理论位置，即两曲面转向轮廓线之延长线的交点处，因而在两端留有间隙。如图 3-16(a)所示的三通管，其两个外圆柱面都是铸造面，其相交处的相贯线应画成过渡线；而两个圆柱孔是经切削加工后形成的机加工面，孔壁上的相贯线则不能画成过渡线。图 3-16(b)是两个轴线垂直且等直径的圆柱体相交，图 3-16(c)是同轴的圆柱与球相交，由于它们的表面都是铸造面，相交处都有过渡圆角，因此要画成过渡线。

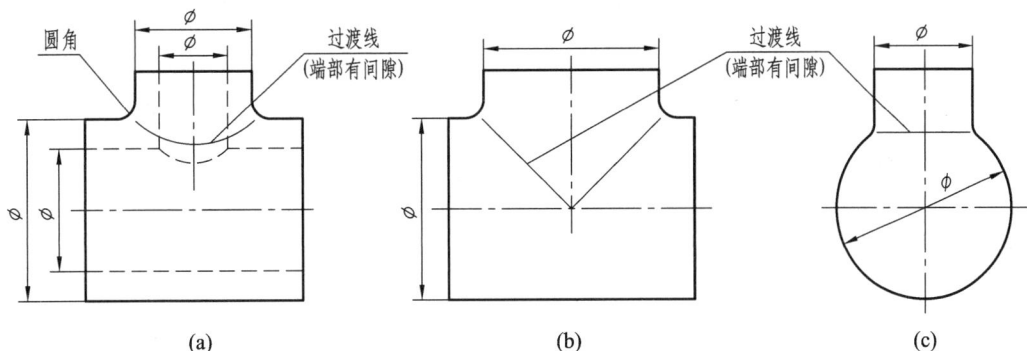

图 3-16　过渡线的画法

(a) 三通管；(b) 等直径圆柱相交；(c) 圆柱与球同轴相交

图 3-17 是三个不同断面形状的平板与圆管相交时，其过渡线的画法示例。

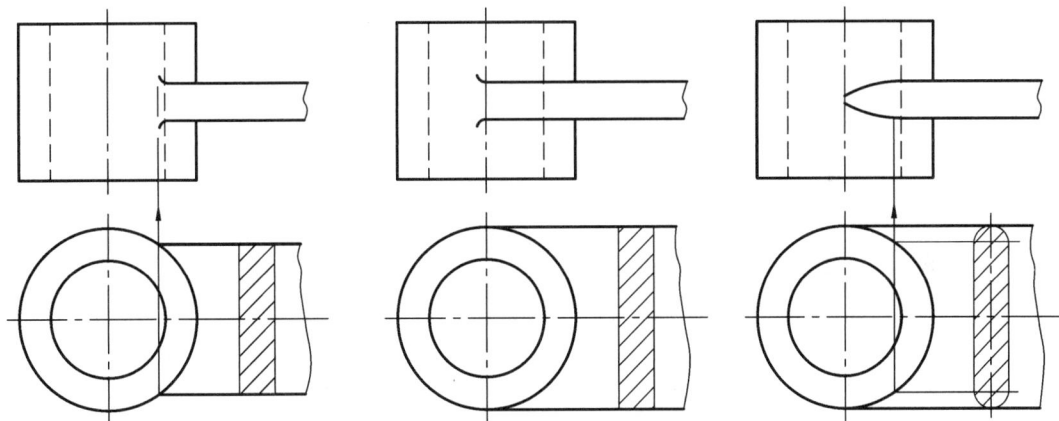

图 3-17　过渡线画法示例

三、叠加形成的组合体三视图画法

如图 3-18(a)所示的支座是一个以叠加为主的组合体。在画该组合体三视图时，首先进行形体分析，把组合体结构形状和组合方式分析清楚，在此基础上选择作图基准线并布置视图，然后按照三视图的"三等"特性逐一画出各基本体的三视图底稿，待检查无误后，再按规定的线型加深。其具体的绘图方法与步骤如下。

1. 形体分析

图 3-18(a)所示的支座，由底板(有两个圆柱形通孔)、圆柱筒、斜撑板和肋板等四部分组成，其中，底板位于组合体的下部，起垫板的作用，它的右、后、上方是一圆柱筒；斜

撑板与底板的后侧面共面叠加，上侧面与圆柱筒相切，右端与肋板相交叠加；肋板与底板的右侧面共面叠加，其上面与圆柱筒相交，起支撑作用，如图 3-18(b)所示。

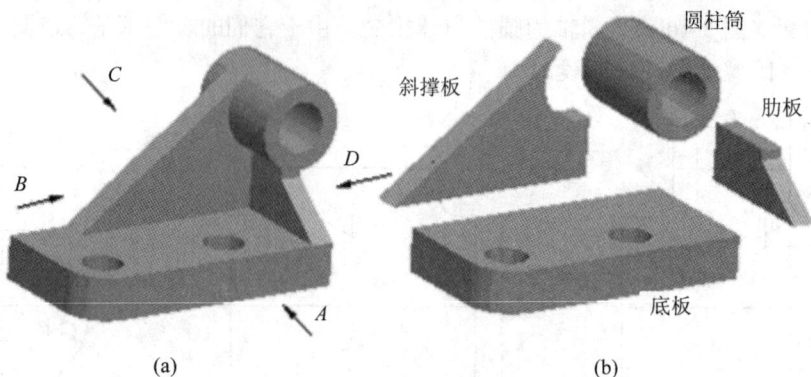

图 3-18　支座的形体分析

(a) 支座；(b) 形体分析

2. 选择主视图

该支座的摆放位置如图 3-18(a)所示，其符合自然位置原则。

图 3-19 是支座从前后左右四个不同方向观察得到的视图。应用实体原则可以发现，"*A*"向视图优于"*C*"向视图，"*B*"向视图优于"*D*"向视图；再针对"*A*"向视图和"*B*"向视图，使用特征原则和实体原则进行分析比较：如果把"*A*"向作为主视图，其左视图为"*B*"向视图；如果把"*B*"向作为主视图，其左视图为"*D*"向视图。因此应当选择"*A*"向视图作为支座的主视图。主视图确定后，其他视图也随之确定。

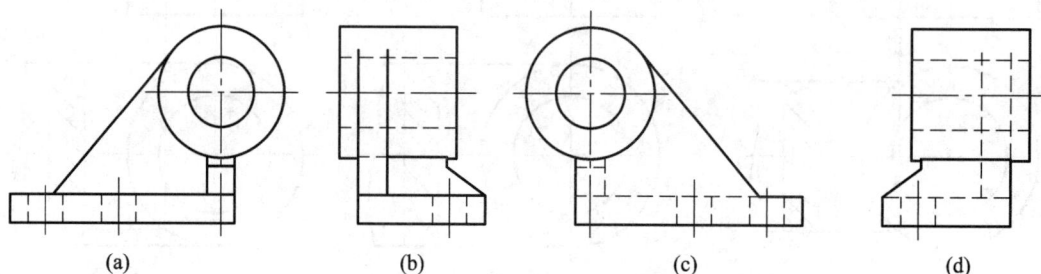

图 3-19　主视图的选择

(a) "*A*"向视图；(b) "*B*"向视图；(c) "*C*"向视图；(d) "*D*"向视图

3. 选图幅、定比例、布置视图

根据组合体的大小及复杂程度，选定合适的标准图幅和绘图比例，画好图框和标题栏。然后，在图纸上画出各视图的主要基准线或定位线，如图 3-20(a)所示。

4. 画三视图底稿

按照三视图之间的"三等"特性，逐一画出各基本体三视图的底稿。在画图时，要一个基本体一个基本体地画，要三个视图一起画，如图 3-20(b)、(c)、(d)、(e)所示。

5. 检查

完成底稿后，一定要认真检查。特别是要注意检查两个基本体的结合部位，如果有截交线、相贯线或者分界线，检查是否画出，在视图中是否可见？相切或共面处无图线，底稿中若画错了，应当及时改正。

6. 加深底稿、完成全图

待确认视图中没有错误时，用规定的线型按顺序加深。最后，按要求填写标题栏，完成全图，如图 3-20(f)所示。

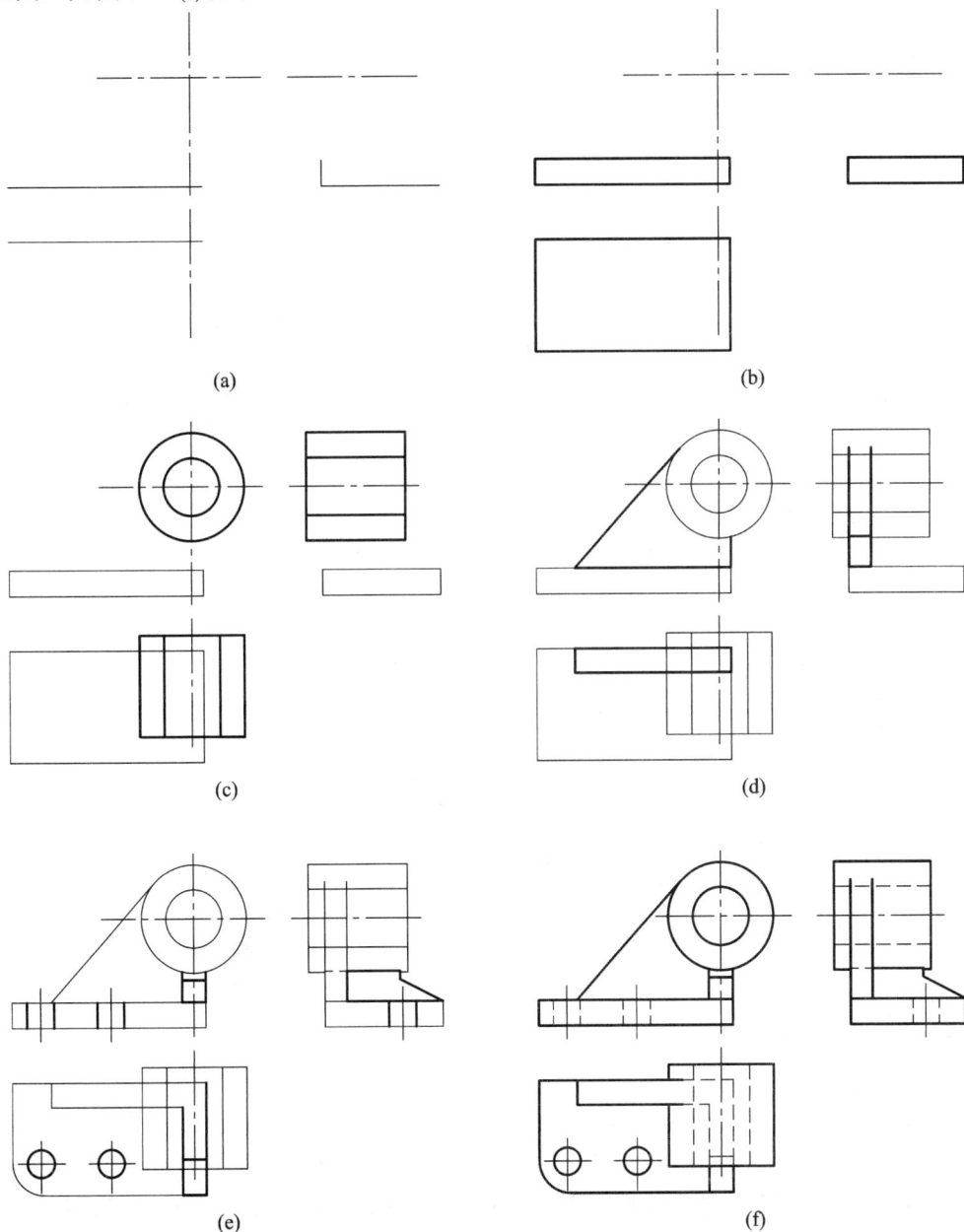

图 3-20　以叠加为主的支座三视图的画图步骤

(a) 画基准定位线；(b) 画底板；(c) 画圆柱筒；

(d) 画斜撑板；(e) 画肋板和小孔；(f) 按规定线型加深图线

四、挖切形成的组合体三视图画法

如图 3-21 中所示的组合体是一个以挖切为主的组合体。类似这样的组合体，一般应在形体分析的基础上，先把未挖切前的完整形体的三视图画出来，再画出各个切块和穿孔的三视图，最后再根据各部分的组合方式进行检查，补画遗漏的图线，擦去多余的图线并加深。其具体的绘图方法与步骤如下。

1. 形体分析

图 3-21(b)所示的切块，可看作是由图 3-21(a)所示的长方体经多次挖切和穿孔以后形成的。首先，切去一个较大的四棱柱Ⅰ， 然后切去了一个小四棱柱Ⅱ、再切去一个小四棱柱Ⅲ，因此出现了许多截交线。最后，从切去小四棱柱的位置贯穿了一个圆柱形通孔。

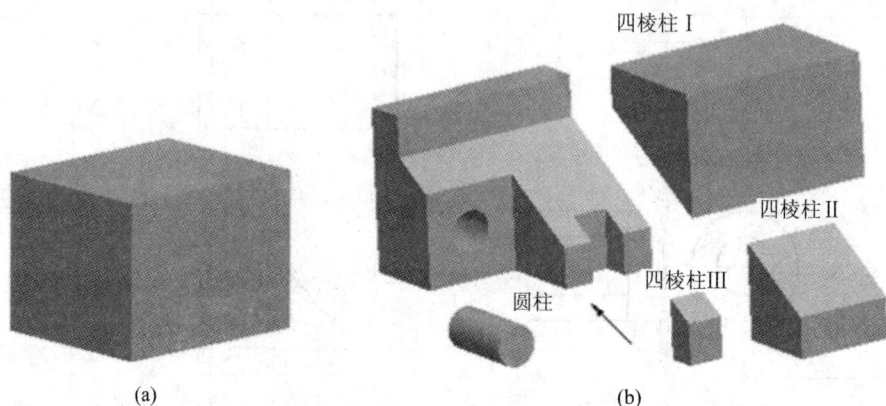

图 3-21   切块的形体分析

(a) 长方体；(b) 形体分析

2. 选择主视图

当切块以图 3-21(b)所示的位置摆放时，选择图中箭头所示的方向为主视图的观察方向(考虑特征原则)比较好。确定了主视图之后，其他视图也随之确定。

3. 选图幅、定比例、布置视图

按照前面介绍的方法，选定合适的标准图幅和绘图比例。根据组合体三个视图的大小合理布图，在图纸上画出各视图的主要基准线或定位线，如图 3-22(a)所示。

4. 画三视图底稿

按照三视图之间的"三等"特性，应先画出长方体的三视图，如图 3-22(b)所示；然后再逐个切去四棱柱Ⅰ、四棱柱Ⅱ和四棱柱Ⅲ，如图 3-22(c)、(d)、(e)所示。一般情况下，"先画积聚，再画截交"，所以在图 3-22(c)中应先画四棱柱Ⅰ的左视图；在图 3-22(d)、(e)中应分别先画四棱柱Ⅱ和四棱柱Ⅲ的俯视图。最后画出圆柱孔的三视图，如图 3-22(f)所示。

5. 检查并加深

完成三视图底稿后必须进行认真检查并改正错误，然后按照已介绍过的方法和顺序用规定的线型加深，完成后的切块三视图如图 3-22(g)所示。

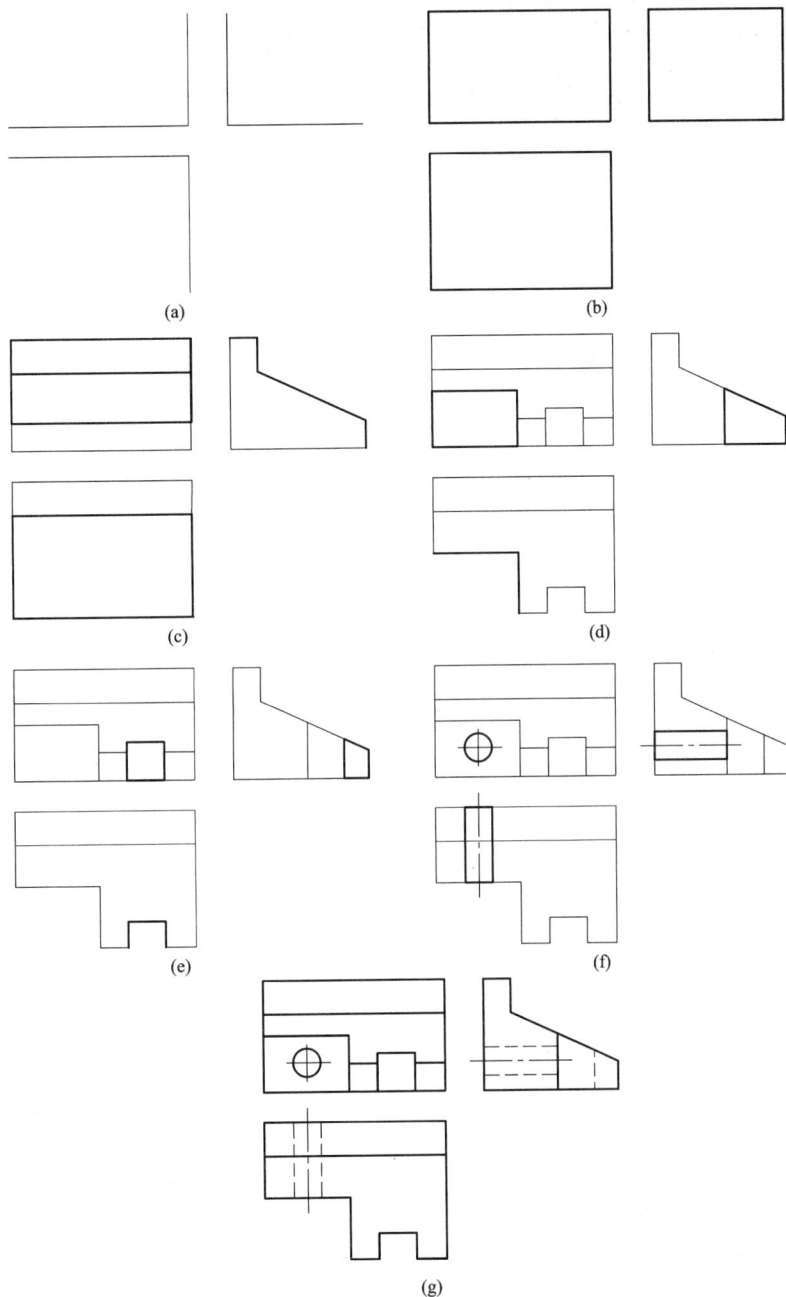

图 3-22　以挖切为主的组合体三视图的画图步骤

(a) 画基准定位线；(b) 画长方体；(c) 切去四棱柱Ⅰ；(d) 切去四棱柱Ⅱ；

(e) 切去四棱柱Ⅲ；(f) 穿孔；(g) 按规定线型加深图线

第三节　读组合体三视图

画图是把组合体的空间结构形状用视图画在图纸上，而读图则是根据已画出的三视图并运用三视图特性，想象出组合体的空间形状。读图是画图的逆过程。要能够正确、迅速地读懂视图，必须掌握读图的基本要领和基本方法，培养空间想象能力和构思能力，并通过不断实践，探索规律，掌握技巧，逐步提高读图能力。

一、读图的基本要领

1. 从主视图入手，三个视图联系起来看

组合体的复杂程度不同，在表达它们的结构形状时所需的视图数量也就不同。球和圆柱这样的基本体，在尺寸标注的帮助下只需一个视图就能确定其形状；而大多数组合体则需要多个视图才能够表达清楚，其中一个视图只能反映组合体的一个侧面。在读组合体三视图时，一般都从反映形体特征的主视图入手，把三个视图联系起来看，运用三视图之间的"三等"关系，构思出组合体完整形状。

如图 3-23 所示的一组视图，尽管其主视图完全相同，但俯视图不同，则说明它们是四个不同的组合体；在图 3-24 中，尽管它们的主、俯视图都相同，但左视图不同，这也说明它们是几个不同的组合体。可见，仅凭一个或两个视图往往无法确定其完整形状。因此，切忌只根据个别视图就下结论。

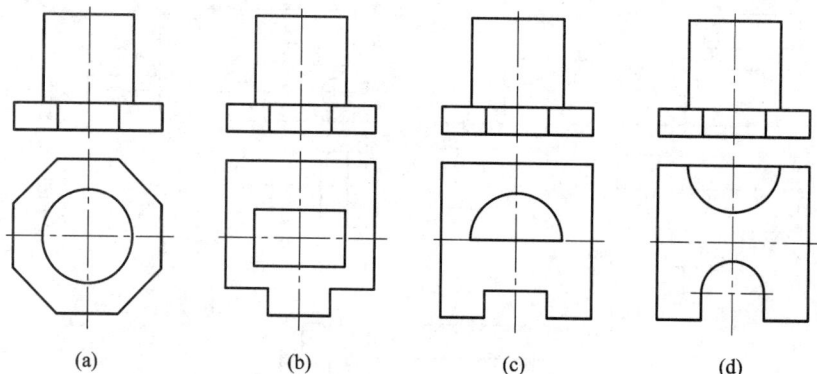

图 3-23　由两个视图确定组合体形状

(a) 组合体 1；(b) 组合体 2；(c) 组合体 3；(d) 组合体 4

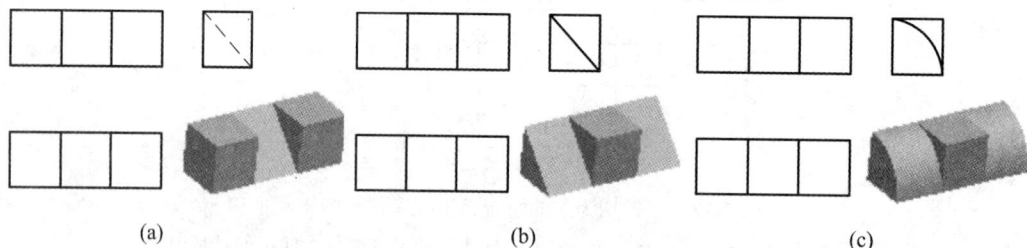

图 3-24　由三个视图确定组合体形状

(a) 组合体 1；(b) 组合体 2；(c) 组合体 3

2. 弄清视图中图线与线框的含义

每一个视图都是由若干图线和封闭线框组成的，弄清这些图线和线框的含义，就能够读懂三视图，想象出组合体的形状。

前面曾提到过，一个封闭的线框代表一个表面，或者代表一个孔洞。而两个相邻的封

闭线框则可能是两个相交的表面、相互错开的两个表面，或者是一个表面和一个孔洞，如图 3-25 所示。

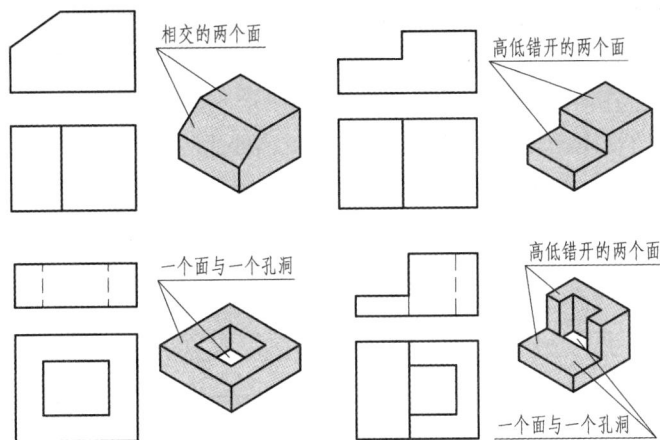

图 3-25　视图中相邻两线框的含义

3. 善于构思组合体的形状

读图的目的是要构思出组合体的空间形状。因此，在确切弄清视图中各图线和线框含义的基础上，运用构形方法和形体分析法，借助于一些生活常识或读图经验，充分发挥个人的空间想象力，构思出组合体的形状。这一点对于快速准确地读懂视图是非常关键的。

图 3-26 是三个视图的外轮廓，根据组合体的"三等"投影关系构思一个组合体。

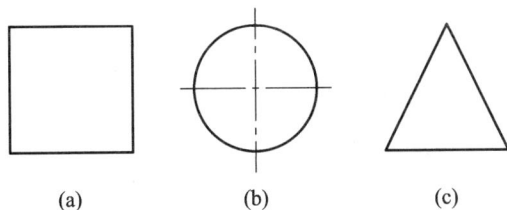

(a)　　　　　　(b)　　　　　　(c)

图 3-26　由视图构思组合体

分析图 3-26(a)，该组合体可能是棱柱、圆柱。

分析图 3-26(b)，该组合体可能是圆柱、圆锥、球。　综合为圆柱

分析图 3-26(c)，该组合体可能是圆锥、棱柱、棱锥。　综合为圆锥

三个视图综合考虑后为圆柱被两平面截切的组合体。如图 3-27 所示。

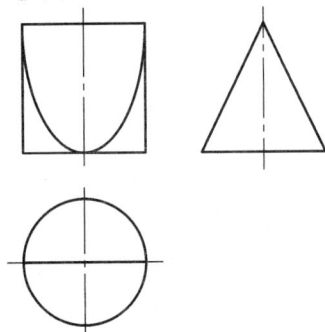

图 3-27　构思组合体形状

4. 将想象中的组合体与给定视图反复对照

即使是一个比较简单的组合体三视图,要想马上把它读懂并构思出组合体的形状也并非易事,中间可能需要经过多次反复,有时会走一些弯路。以如图 3-28(a)所示的两视图为例,在构思该组合体的形状时,能很容易地看出该组合体由上下两部分组成,其最初的想象结果可能如图 3-28(b)所示,也可能如图 3-28(c)所示,甚至会有其他的可能。但无论怎样,只要想象结果与给定视图比较后发现二者不符,就需要进行修正。这样经过数次反复后,直到构思出如图 3-28(d)所示的结果并与已知的两视图完全相符,才算真正读懂了给定的视图。

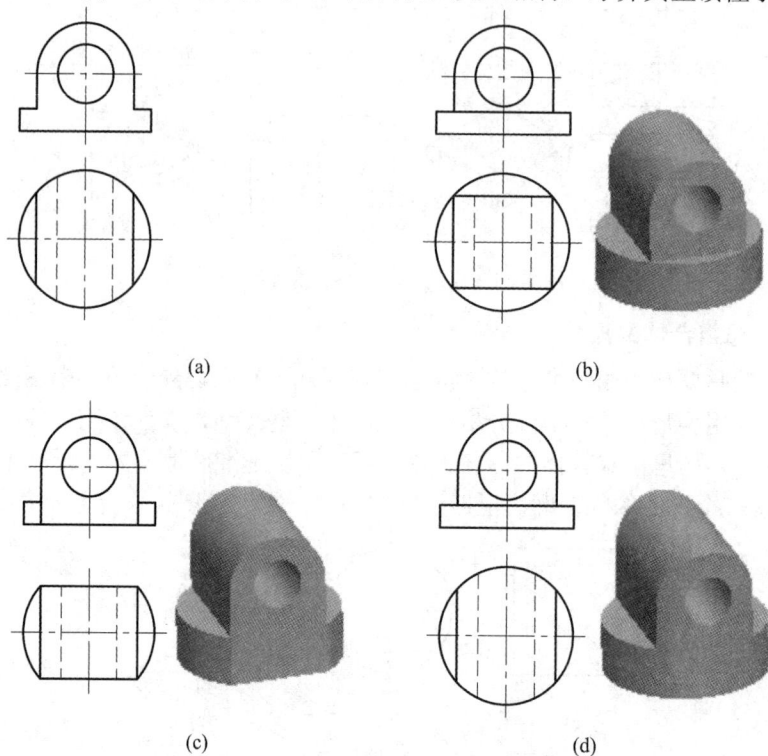

(a)   (b)

(c)   (d)

图 3-28 将构思结果与组合体视图反复对照

(a) 已知主、俯视图; (b) 想象的结果与原视图不符;

(c) 修正后的结果与原视图仍不符; (d) 最终结果与原视图完全符合

因此,读图的过程是一个把构思结果与给定视图进行反复对照的过程,也是一个不断修正构思结果、不断逼近正确结果的过程。该过程贯串整个读图的始终,一直到构思结果与给定视图完全相符为止。

二、读叠加形成的组合体三视图的方法和步骤

在读以叠加为主的组合体三视图时,多使用形体分析法。即:一般应先从主视图着手,把视图分解为几个封闭的线框,并按照"三等"关系在其他视图中找到其对应的部分,初步想象出每一部分所代表的形体的形状、相对位置及其组合方式,然后再按照组合体的组合方式综合想象出该组合体的整体形状。将这一读图方法概括为口诀就是:分线框、对视图,识形体、定位置,综合起来想形体。

下面以图 3-29(a)所示的组合体三视图为例，说明读图的具体方法和步骤。

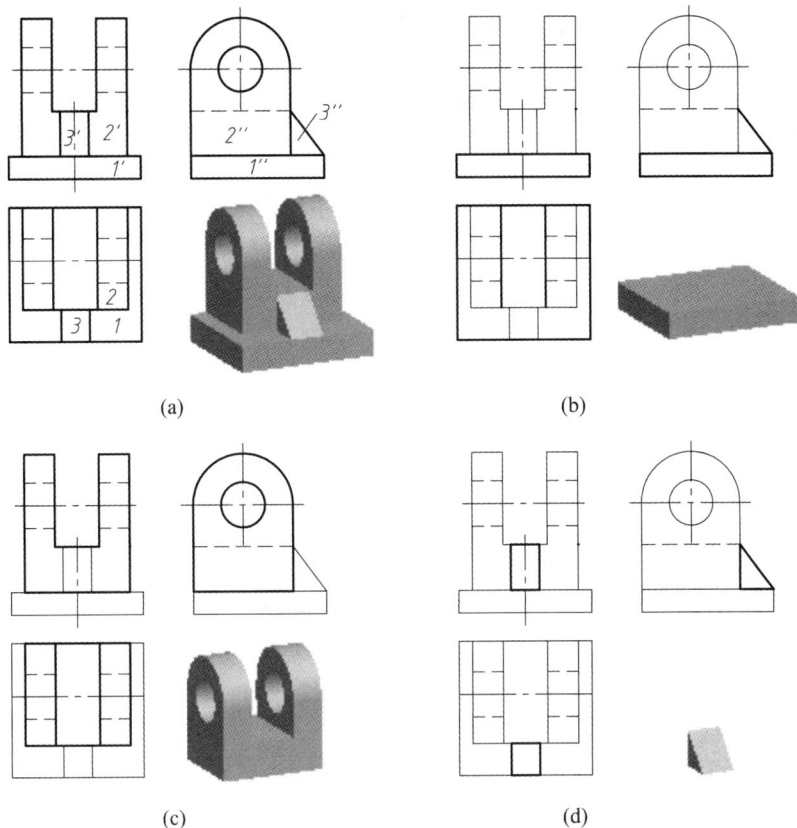

图 3-29 读以叠加为主的组合体三视图

(a) 组合体及三视图；(b) 构思出形体Ⅰ；(c) 构思出形体Ⅱ；(d) 构思出形体Ⅲ

1. 分线框、对视图

先从主视图入手，将主视图划分为 1'、2'、3' 三个线框。按照三视图的"三等"关系，在其他视图(俯视图和左视图)中找出与主视图中线框 1'、2'、3' 相对应的部分，1、2、3 和 1"、2"、3"，如图 3-29(a)所示。

2. 识形体、定位置

根据前面划分的各个部分，想象出各部分所代表形体的空间形状，并确定出彼此的相对位置和组合方式，如图 3-29(b)、(c)、(d)所示。

3. 综合起来想整体

确定各个形体及其相对位置后，需将它们按照事先确定的组合方式组合起来，构思出整个组合体的结构形状，并将最后的结果与给定视图进行对照，直到二者完全符合为止，如图 3-29(a)所示。

三、读挖切形成的组合体三视图的方法和步骤

在阅读以挖切为主的组合体三视图时，一般应在运用形体分析法的基础上，再使用线

面分析法进行读图。即：通过分析视图中一些图线及封闭线框的含义，来分析形体表面的形状、表面之间的相对位置、表面与表面的交线等，从而想象出组合体的形状。将线面分析法也概括为一条口诀就是：分线框、对视图，识线面、定位置，综合起来想形体。

下面以图 3-30(a)所示的组合体三视图为例，说明读图的具体方法和步骤。

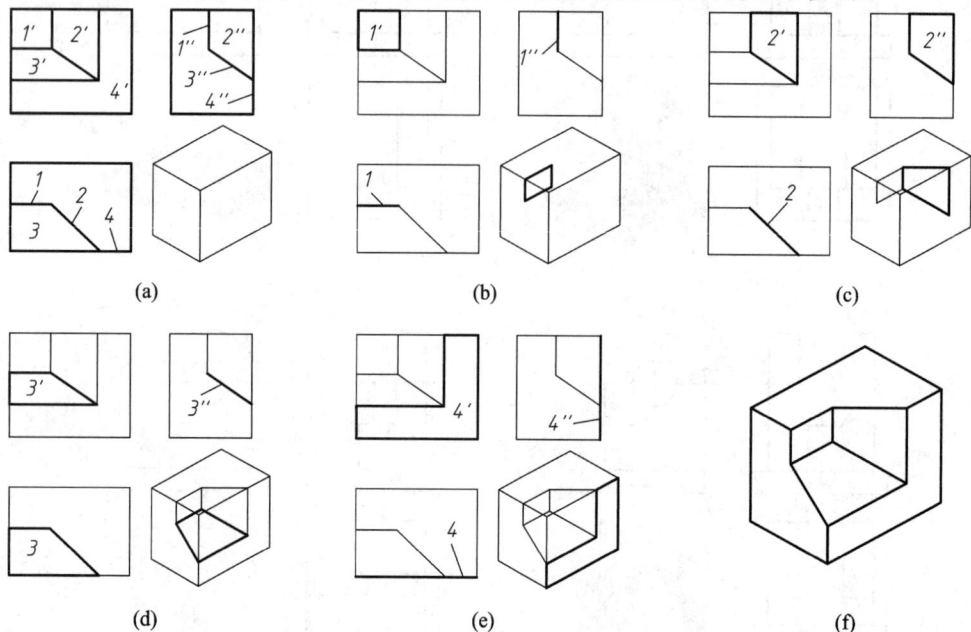

图 3-30　读以挖切为主的组合体三视图

(a) 分线框、对视图；(b)、(c)、(d)、(e) 识线面、定位置；(f) 构思出组合体

1. 分线框、对视图

根据如图 3-30(a)所示的三视图可初步看出，该组合体是由一个长方体被几个平面切割而成的。其主视图可分为四个线框 1'、2'、3'、4'。其中，线框 1'、4' 在左视图与俯视图中均分别对应一直线；线框 2' 在俯视图中对应一直线，在左视图中对应一四边形；而线框 3' 在俯视图中对应一四边形，在左视图中对应一直线，如图 3-30(b)、(c)、(d)、(e)所示。

2. 识线面、定位置

根据上一步的分析，可确定出各表面的形状及其相对位置。线框 1' 所代表的是一平面，它位于长方体左上偏后，如图 3-30(b)所示；线框 2' 所表示的也是一平面，它位于长方体的中间从左上方向右前方铅垂切下，如图 3-30(c)所示；线框 3' 所表示的是一个斜平面，它位于长方体的左边由后向前下方切下，如图 3-30(d)所示；线框 4' 所表示的是一平面，是长方体的前侧面，如图 3-30(e)所示。

3. 综合起来想整体

综合上述分析，即可想象出组合体的整体形状，如图 3-30(f)所示。

当组合体三视图比较复杂时，往往需要对其中的主视图、俯视图以及左视图分别划分线框，并综合进行分析。例如，对于如图 3-31(a)所示的组合体三视图，就可以采用这种读图方法构思出它的形状。

(1) 如图 3-31(a)所示，主视图中有五个封闭线框 1'、2'、3'、4'、5'，而前四个线框在俯、左视图中均对应着一条直线，表明Ⅰ、Ⅱ、Ⅲ、Ⅳ、Ⅴ都是平面，且Ⅱ、Ⅲ在前(扩展后Ⅱ与Ⅲ共面)，平面Ⅳ在后，平面Ⅰ位于中间；由于线框 5' 是一圆，与俯视图和左视图中的两条虚线对应，表明该部分是一圆柱孔。

(2) 再如图 3-31(b)所示，在俯视图中也有五个封闭线框 a、b、c、d、e，在主视图中有五条线段 a'、b'、c'、d'、e' 与之对应，在左视图中则有直线 a"、b"、c" 和线框 d"、e" 与之对应，且线框 e 包含在线框 d 中。表明 A、B、C 均为平面，D 为圆柱面，E 为圆柱孔，并且平面 A 最低，圆柱面 D 最高，左、右两边的平面 B 和 C 在中间(扩展后 B 与 C 共面)，而 E 则是一圆柱孔的内表面。

(3) 综合以上分析，可想象出该组合体的整体形状，如图 3-31(b)所示。

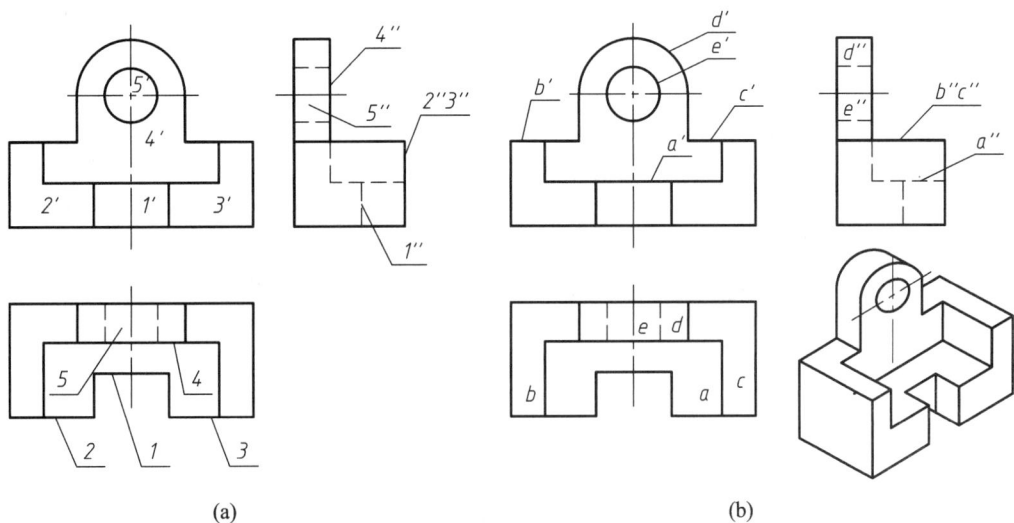

图 3-31 读组合体三视图，构思其形状

(a) 在主视图中分线框；(b) 在俯视图中分线框

四、综合举例

比较复杂的组合体一般既有叠加又有挖切，因此在读图时，往往需要把形体分析法和线面分析法结合起来综合运用。希望能通过下面两个例子，帮助读者进一步掌握读图的基本要领和方法，能够举一反三、灵活运用。

【例 3-1】 如图 3-32 所示，已知组合体的主、俯视图，试补画出其左视图。

要想准确无误地补画出组合体的左视图，则必须先读懂已知的主视图和俯视图。因此，这是一个包含有读图和画图的综合题，其具体的方法步骤如下：

(1) 分线框、对视图。先从主视图入手，将主视图划分为 1'、2'、3' 三个线框。按照三视图的"三等"特性，在俯视图中找出其对应的部分 1、2、3，如图 3-32 所示。

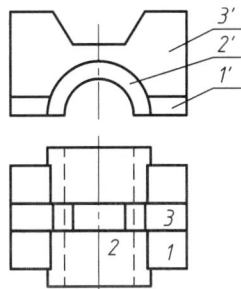

图 3-32 读组合体视图

(2) 识形体、定位置。根据线框划分的各部分，构思出每一部分所代表形体的空间形状，并确定出彼此的相对位置和组合方式。线框 1' 表示一长方体底板，在组合体的最底部；线框 2' 表示一个半圆管；线框 3' 是一个带有梯形槽的板子，叠加在半圆管和底板上方，并处在组合体前后对称面上，如图 3-33(a)、(b)、(c)所示。

(3) 综合起来想整体。按照事先确定的组合方式，把各个部分组合起来，构思出组合体的整个形状，并将最后的结果与给定视图进行对照，直到二者完全符合为止，如图 3-33(d)所示。

(4) 补画左视图。按照画组合体三视图的方法步骤，先画出底板的左视图(是一矩形)，如图 3-33(a)所示；其次画出半圆管的左视图(是一个矩形和一条虚线)，如图 3-33b 所示；然后再画出板子的左视图(也是一个矩形和一条虚线)，并注意到该板子与底板在左右两端共面，如图 3-33(c)所示。最后经检查无误后，用规定的线型加深，如图 3-33(d)所示。

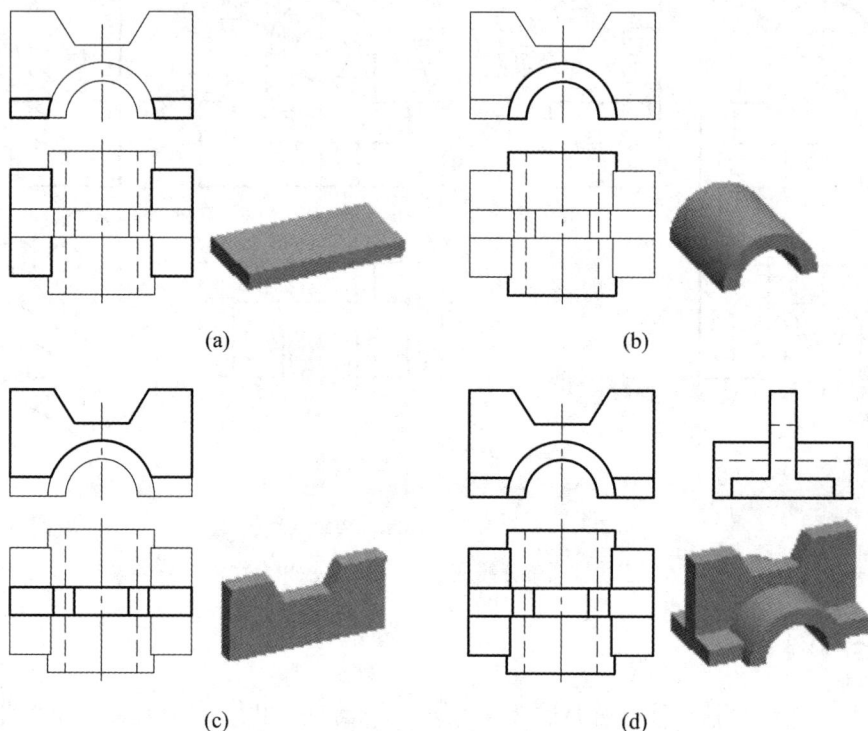

(a)　　　　　　　　　　　(b)

(c)　　　　　　　　　　　(d)

图 3-33　读组合体视图、补画左视图

(a) 构思底板；(b) 构思半圆管；(c) 构思板子；(d) 补画左视图

【例 3-2】　根据图 3-34(a)所示的主、俯视图，构思该组合体整体形状，补画其左视图。

(1) 读视图。如图 3-34(a)所示，主视图中有三个封闭的线框 1'、2'、3'，在俯视图中没有与之对应的类似形，但有数条彼此平行且长度相等的直线。又因为主视图中的这三个线框相邻，从而应分别对应于俯视图上的三条直线 1、2、3，表明它们均为平面。由于主视图中的三个线框和俯视图中的三条直线均为可见，所以断定：位于前面的部分在低处，而后面的部分在高处，形成阶梯形状，故线框 1' 对应于直线 1；线框 3' 对应于直线 3；线框

2' 对应于直线 2。由于线框 2' 中有一圆，与之对应的是俯视图中的两条细虚线，则表明在平面Ⅱ上由前向后穿一圆孔。

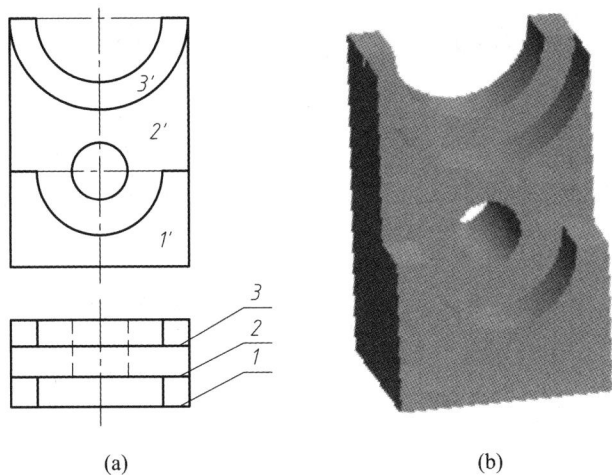

图 3-34　视图及组合体

(a) 视图；(b) 组合体

如果需要更细致地分析，可将俯视图分解为四个小线框和三个大线框。四个小线框分别对应着主视图中的四条直线，说明它们是四个平面；三个大线框分别对应着主视图中的三条半圆弧，说明它们是三个半圆柱面。至此，即可想象出该组合体的整体形状：该组合体由前向后分下、中、上三个阶梯，每个阶梯都切出一半圆柱槽，但前、后两个槽较小，中间的槽较大，其直径等于组合体的宽度，如图 3-34(b)所示。

(2) 补画左视图。根据想象出的组合体整体形状补画出左视图，其具体的画图步骤如图 3-35 所示。

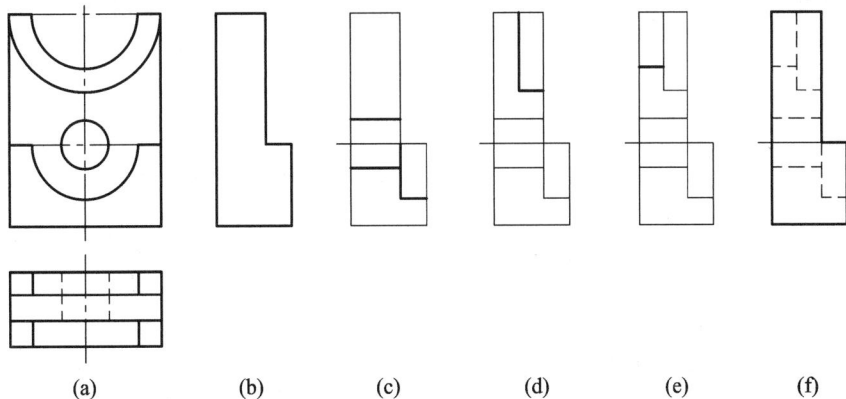

图 3-35　补画左视图的作图过程

(a) 主、俯视图；(b) 画左视图外轮廓线；(c) 画下半圆柱槽和通孔

(d) 画中间半圆柱槽；(e) 画上半圆柱槽；(f) 按规定线型加深

第四章 尺 寸 标 注

在工程图样中，图形只能表达机件的结构形状，而机件的大小则要通过标注尺寸的方法来确定，因此，尺寸标注是图样中必不可少的也是非常重要的一部分内容。

第一节 尺寸标注的基本知识

一、尺寸标注的基本规则

(1) 机件的真实大小应以图样上所标注的尺寸数值为依据，与图样的大小及绘图的准确度无关。

(2) 图样中(包括技术要求和其他说明)的尺寸，以毫米(mm)为单位时，不需标注计量单位的名称或代号。如采用其他单位，则必须注明所用计量单位的名称或代号。

(3) 图样上所标注的尺寸，为该图样所示机件的最后完工尺寸，否则应另加说明。

(4) 机件的每一尺寸，一般只标注一次，并应标注在反映该结构最清晰的图形上。

二、尺寸标注示例

(1) 线性尺寸。水平方向、竖直方向和倾斜方向的线性尺寸，其数字方向按如图 4-1(a) 所示的方向注写，并尽可能避免在图示 30° 范围内标注尺寸；当无法避免时，应采用如图 4-1(b)所示的标注形式。

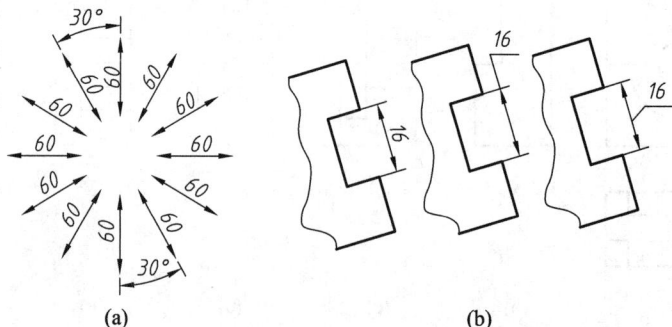

图 4-1 线性尺寸标注

(a) 尺寸数字的注写方向；(b) 在 30° 范围内尺寸数字的注写

(2) 角度尺寸。尺寸界线沿径向引出，尺寸线画成圆弧(与所注圆弧同心)，角度数字应写在尺寸线的中断处，必要时允许写在尺寸线的一侧或引出标注，但都必须水平书写，如图 4-2 所示。

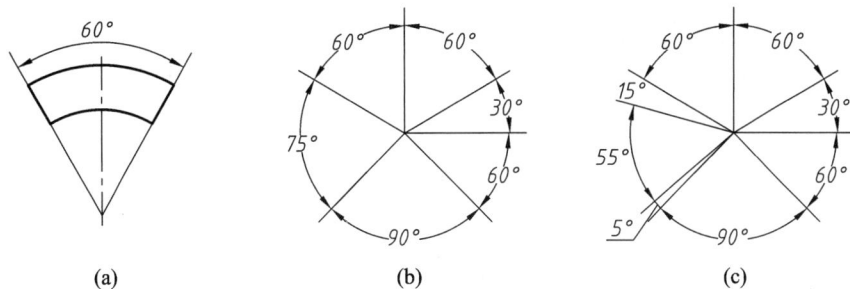

图 4-2 角度尺寸标注

(a) 角度尺寸标注；(b) 角度尺寸的一般标注；(c) 必要时的标注

(3) 直径和半径尺寸。圆和大于 180°的圆弧需标注其直径尺寸，并应在尺寸数字前加注符号 "ϕ"，尺寸线应通过圆心，如图 4-3(a)所示；小于或等于 180°的圆弧标注其半径尺寸，在尺寸数字前加注符号 "R"，尺寸线应始于圆心，如图 4-3(b)所示。

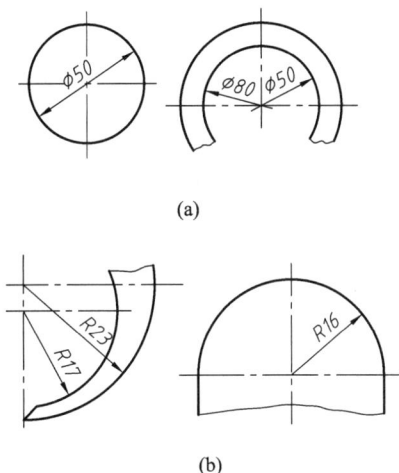

(a)

(b)

图 4-3 直径和半径尺寸标注

(a) 圆、大于 180°的圆弧；(b) 小于或等于 180°的圆弧

(4) 大圆弧尺寸。当圆弧半径过大，或在图纸范围内无法标注其圆心位置时，可按如图 4-4(a)所示的方式标注，但尺寸线最多只能转折一次；若不需要标出其圆心位置时，可按如图 4-4(b)所示的方式标注。

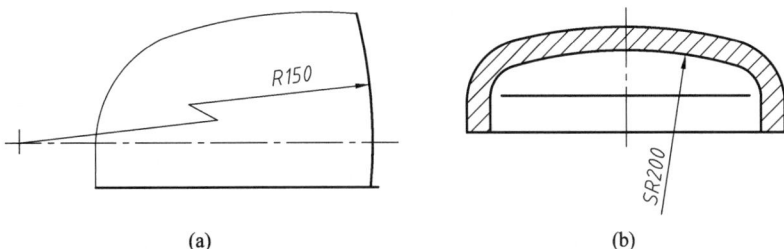

图 4-4 大圆弧尺寸标注

(a) 需要标出圆弧的圆心；(b) 不需要标出圆弧的圆心

(5) 小尺寸。对于小线性尺寸和一些小圆、小圆弧的尺寸，其标注方法如图 4-5 所示。

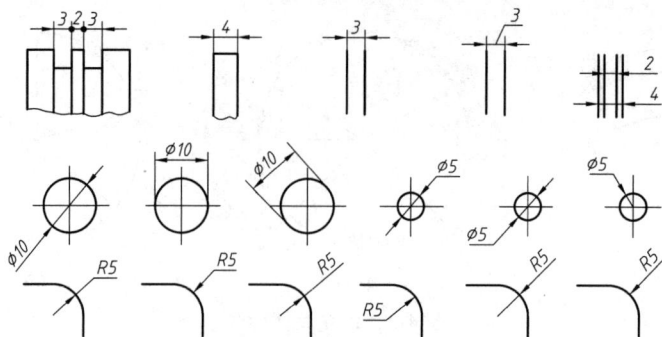

图 4-5　小尺寸的标注

(6) 球面尺寸。与标注圆和圆弧的尺寸相类似，标注球面尺寸时，只需在 ϕ 或 R 的前面加"S"，如图 4-6 所示。在不致引起误解时，"S"也可省略。

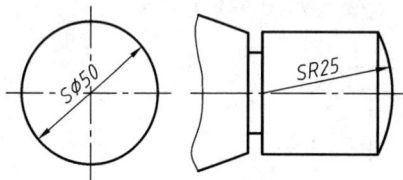

图 4-6　球面尺寸的标注 　　　　图 4-7　弦长、弧长的标注

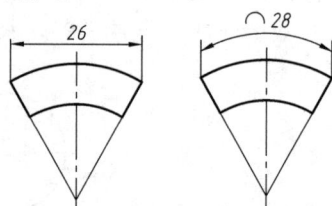

(7) 弦长和弧长尺寸。标注弦长和弧长尺寸时，其尺寸界线应平行于弦的垂直平分线。标注弧长尺寸时，其尺寸线用圆弧画出(与被注圆弧同半径)，并在尺寸数字前加注弧长符号，如图 4-7 所示。

(8) 倒角尺寸。倒角是机械零件上的一种常见的工艺结构，其尺寸标注有固定模式，如图 4-8 所示。

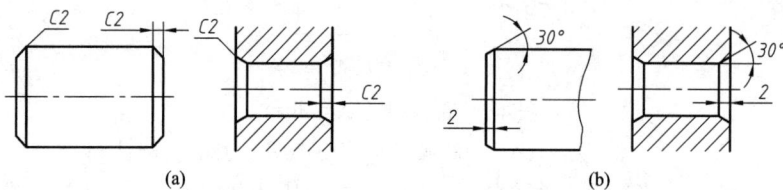

(a)　　　　　　　　　　　　(b)

图 4-8　倒角尺寸标注

(a) 45°倒角标注；(b) 非 45°倒角标注

(9) 孔尺寸。螺纹孔和光孔的尺寸标注，如图 4-9、4-10 所示。

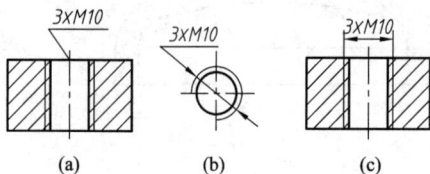

(a)　　　　(b)　　　　(c)　　　　　　　(a)　　　　(b)　　　　(c)

图 4-9　　　　　　　　　　　　图 4-10

(a)、(b) 旁注法；(c) 普通注法　　　(a)、(b) 旁注法；(c) 普通注法

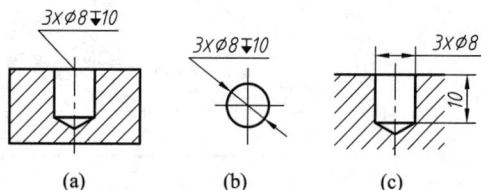

(10) 正方形结构尺寸。标注正方形结构尺寸时，可采用简化标注，即：在正方形边长尺寸前加一个□符号，如图 4-11 所示(图中的两条相交细实线为平面符号)。

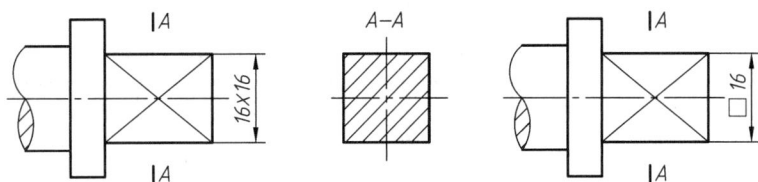

图 4-11 正方形结构尺寸标注

(11) 退刀槽尺寸。一般退刀槽的尺寸可按"槽宽×直径"或"槽宽×槽深"的形式标注，如图 4-12(a)所示；若图形较小，也可用指引线的形式标注，指引线应从轮廓线引出，如图 4-12(b)所示。

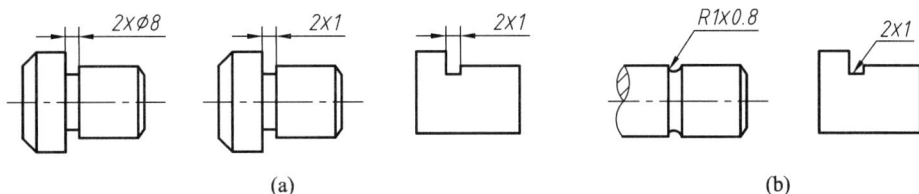

图 4-12 退刀槽尺寸标注

(a) 退刀槽尺寸的一般标注；(b) 退刀槽尺寸的指引线标注

(12) 相同结构要素的尺寸。在同一图形中，对于尺寸相同且均匀分布的孔、槽等结构要素，可只在一个要素上注出其尺寸和数量，如图 4-13 所示。当组成要素的定位和分布情况明确时，可省略缩写词"EQS"，即"均布"的意思。

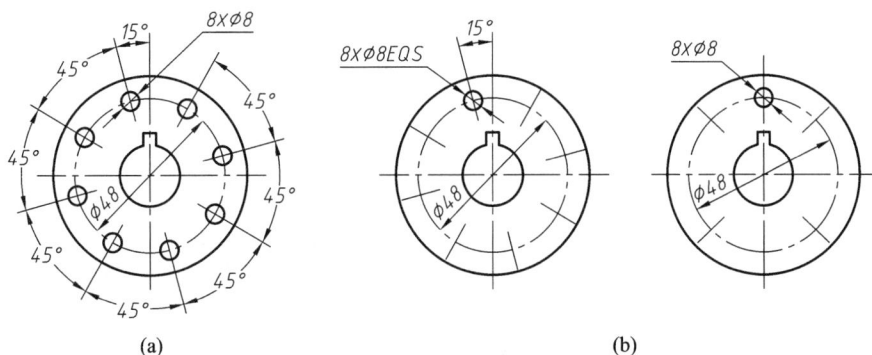

图 4-13 相同结构要素的尺寸标注

(a) 简化前；(b) 简化后

(13) 在同一图形中，如有几种尺寸数值相近而又重复的要素(如孔等)，可采用标记(如涂色等)或用标注字母的方法来区别，如图 4-14 所示。

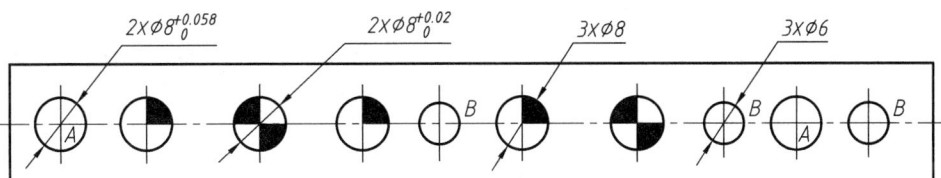

图 4-14 尺寸值相近的重复要素的尺寸标注

(14) 尺寸标注中常用的符号及缩写词见表 4-1。

表 4-1　尺寸标注中常用的符号及缩写词

序号	名称	符号及缩写词	序号	名称	符号及缩写词
1	直径	ϕ	9	深度	▼
2	半径	R	10	沉孔或锪平	⊔
3	球直径	$S\phi$	11	埋头孔	∨
4	球半径	SR	12	弧长	⌒
5	厚度	t	13	斜度	∠
6	均布	EQS	14	锥度	◁
7	45°倒角	C	15	展开	⌒‒
8	正方形	□			

(15) 简化注法。

① 对于尺寸相同的重复要素，可仅在一个要素上注出其数量和尺寸，如图 4-15 所示。

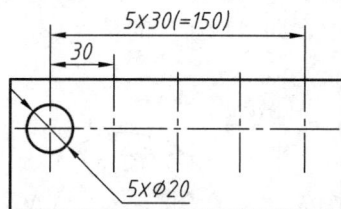

图 4-15　重复要素的尺寸标注

② 一组同心圆或尺寸较多的阶梯孔的直径尺寸，可用公共的尺寸线和箭头依次表示，如图 4-16 所示。一组同心圆弧或圆心位于一条直线上的多个不同心圆弧的尺寸，也可用公共的尺寸线和箭头依次表示，如图 4-17 所示。

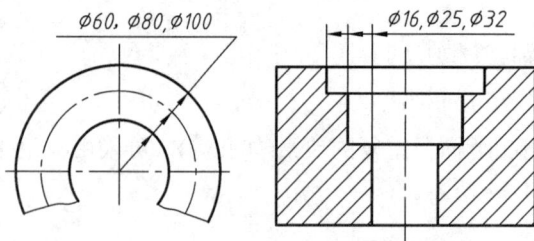

图 4-16　具有同一基准的尺寸标注　　　　图 4-17　具有同一基准的尺寸标注

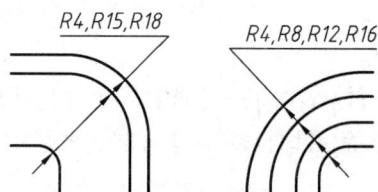

三、尺寸标注中的常见错误

初学者在标注尺寸时易出现的错误如图 4-18(a)所示，正确的标注如图 4-18(b)所示。

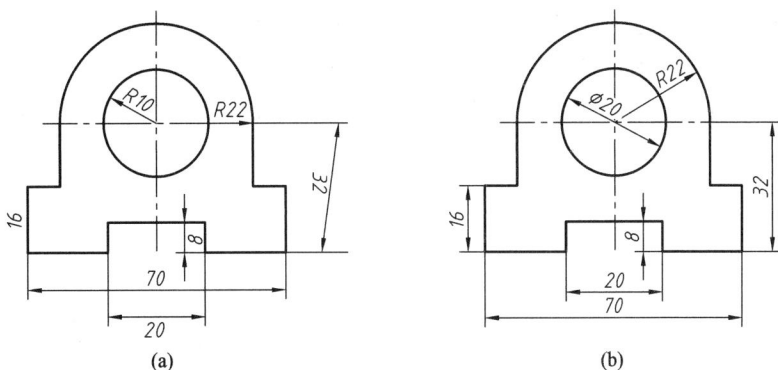

(a)　　　　　　　　　　　　　　　　　　　(b)

图 4-18　尺寸标注的正误对比

(a) 错误标注；(b) 正确标注

四、平面图形的尺寸标注

按尺寸在平面图形中所起的作用不同，我们在第一章中把尺寸分为定形尺寸和定位尺寸两类，为确定标注尺寸的起点，我们引入尺寸基准的概念。

1. 尺寸基准

尺寸基准是标注尺寸的起点。在平面图形中一般有左右方向的尺寸基准和上下方向的尺寸基准，如图 4-19 中的"↥"所指；当在某个方向需要多个基准时，其中起主要作用的为主基准，其他的基准称为辅助基准。常用作尺寸基准的图线是：较长的直线、大圆的对称中心线、对称图形的对称轴线等。

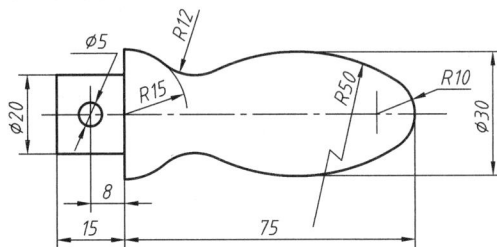

图 4-19　手柄

分析图 4-19 手柄：15、$R10$、$R12$、$R15$、$R50$、$\phi20$、$\phi5$ 均为定形尺寸。确定 $\phi5$ 圆心位置的 8、确定 $R10$ 圆心位置的 75 均为定位尺寸。

2. 尺寸标注的方法步骤

平面图形尺寸标注的方法步骤是：

(1) 图形分析。对给定的平面图形进行分析，即分析图形的组成和特点；

(2) 选择尺寸基准。在图形分析的基础上，选择合适的图线作为尺寸基准；

(3) 标注定形尺寸。按照前面介绍的尺寸标注，逐一标注各图形要素的定形尺寸；

(4) 标注定位尺寸。一般从尺寸基准出发，逐一标注各图形要素的定位尺寸。当圆或圆弧的圆心位于基准线上，或者已标注的定形尺寸充当了定位尺寸，则不再需要标注相应方向的定位尺寸；当两个或多个图形要素相对于基准线对称时，则沿对称方向只需标注总的定位尺寸，而不应分别标注；

(5) 检查。只有当尺寸数量足够时才能完整地画出该平面图形,因此必须对已标注的尺寸进行检查。对发现的尺寸标注错误或遗漏,应及时加以改正。

图 4-20 是一个平面图形尺寸标注的例子,请读者自己分析其中的尺寸基准、定形尺寸和定位尺寸。

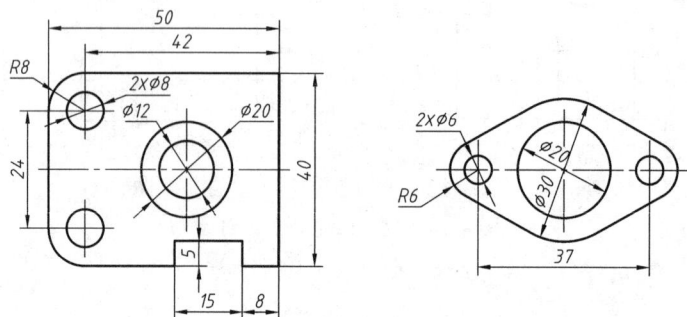

图 4-20　平面图形的尺寸标注

第二节　基本体的尺寸标注

一、立体的尺寸标注

立体的尺寸标注,一般只需注出反映其自身形状大小的定形尺寸。如图 4-21 所示,长方体需要标注它的长、宽、高三个尺寸;圆柱和圆锥需要标注它的底圆直径和高度尺寸,并且一般都把这些尺寸注写在反映为非圆的视图上;一个完整的球只需标注它的直径尺寸$S\Phi$;对于正六棱柱,由于底面六边形的对边与对角距离有固定的几何关系,因此只需标注它的高度尺寸和对边宽度,而对角尺寸则不需标注或标注后加上括号,作为读图和制造时的参考尺寸等。

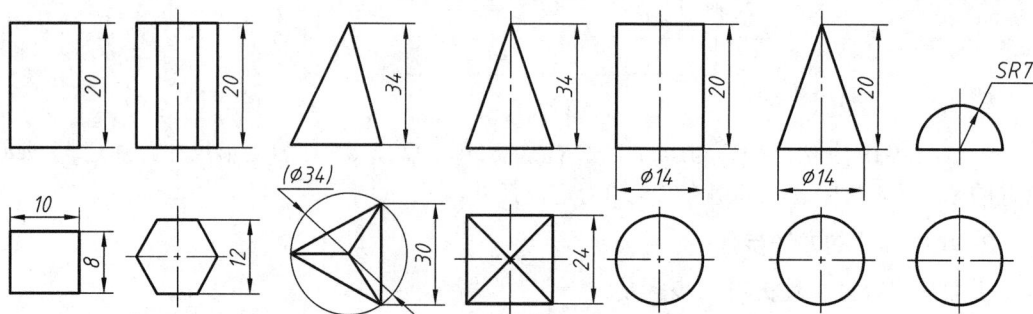

图 4-21　立体的尺寸标注

二、切割体的尺寸标注

切割体的尺寸标注,除应注出立体的定形尺寸以外,还需注出确定截平面位置的定位尺寸。由于截平面在形体中的相对位置确定后,截交线即被唯一确定,因此不应再对截交线标注尺寸。图 4-22 列出了几种切割体的尺寸标注。

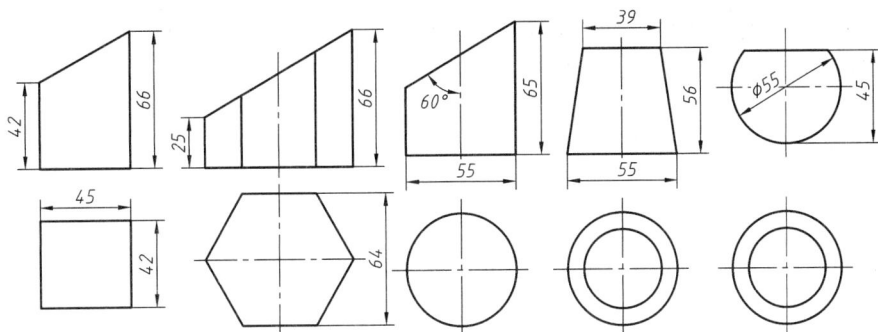

图 4-22 切割体的尺寸标注

三、相交体的尺寸标注

相交体尺寸标注是在立体尺寸标注的基础上来完成的。相交体的尺寸由两部分组成：一是需要标注立体的定形尺寸，二是需要标注确定两立体相对位置的定位尺寸。其具体标注方法和步骤是：

(1) 形体分析。明确两个参与相交的立体的类型、相对位置。

(2) 选择尺寸基准。相交体需要三个方向的尺寸基准，即左右方向、前后方向和上下方向尺寸基准。一般情况下，应选择平面立体上的大端面、回转体的轴线作为尺寸基准。

(3) 标注定形尺寸。为每个参与相交的立体标注定形尺寸。

(4) 标注定位尺寸。从事先选择的尺寸基准出发，分别按照左右方向、前后方向和上下方向为每个参与相交的立体标注定位尺寸。

(5) 检查和调整。当相交体所需尺寸比较多时，难免会出现差错或者出现尺寸放置位置不当的情况。这时就需要进行认真检查并改正错误，或者需要重新调整尺寸的放置位置，直至自己满意为止。

图 4-23 是几种相交体的尺寸标注，图中的"⇧"所指是为尺寸标注选择的尺寸基准。注意：当立体的一端与另一立体相切或相交时，位于该方向的定形尺寸不能直接标注；当立体的端平面、对称平面或回转轴线与尺寸基准重合时，位于该方向的定位尺寸则不需标注，请参见表 4-2。

表 4-2 相交体的尺寸标注

图 例	立体	定形尺寸	定位尺寸		
			左右方向	前后方向	上下方向
图 4-23(a)	圆柱筒	内 ϕ18、外 ϕ32、高 38	○	○	○
	四棱柱	长(×)、宽 18、高 14、30	32	○	○
图 4-23(b)	圆台	顶 ϕ20、底 ϕ38、高 40	○	○	○
	圆柱	直径 ϕ16、高(×)	22	○	19
图 4-23(c)	球	直径 $S\phi$36	○	○	○
	圆柱	直径 ϕ20、高(×)	○	○	35
说 明	立体的一端与另一立体相交，该方向定形尺寸不能直接标注，用 × 表示 立体端平面、对称平面或回转轴线与尺寸基准重合，该方向定位尺寸不需标注，用 ○ 表示				

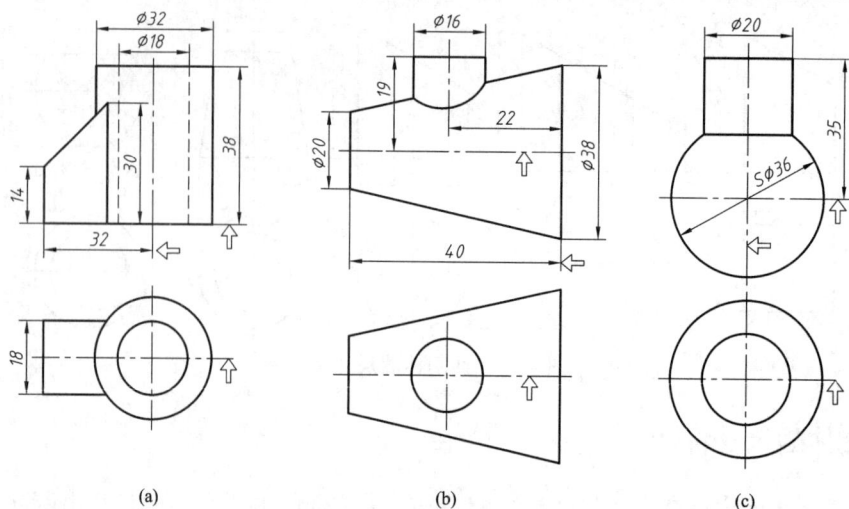

图 4-23　相交体的尺寸标注

(a) 四棱柱与圆柱筒相交；(b) 圆柱与圆台相交；(c) 圆柱与圆球相交

四、平板类形体的尺寸标注

平板类形体，结构特点是在较薄的钢板上，加工出各种通孔和槽，其尺寸的标注方法是：除平板的厚度尺寸需在某个视图上标注以外，其余尺寸(包括定形尺寸和定位尺寸)全部标注在反映平板实形的视图上，如图 4-24 所示。但在具体标注尺寸时，还必须考虑以下情况。

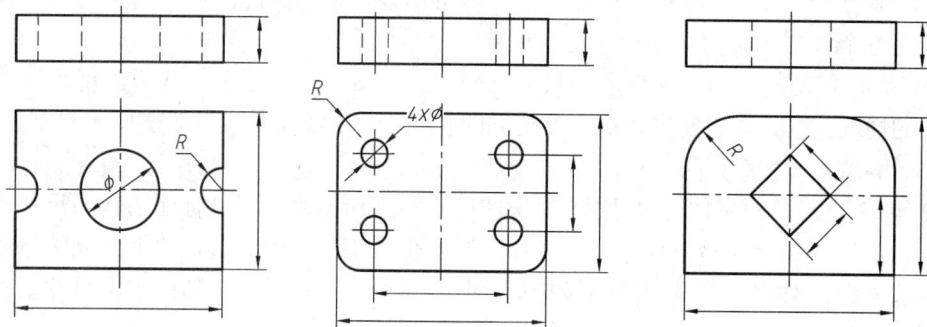

图 4-24　平板类形体的尺寸标注(一)

(1) 如果平板上有 n 个相同的圆孔，一般需在其中一个圆上标注 $n×\phi$，并标出这些圆孔的中心距；如果圆孔是沿圆周分布的，则需要标注(用点画线画出的)其定位圆的直径。如果平板上有多个相同的回转面需要标注半径，则只需在其中一段圆弧标注 R，如图 4-25 所示。

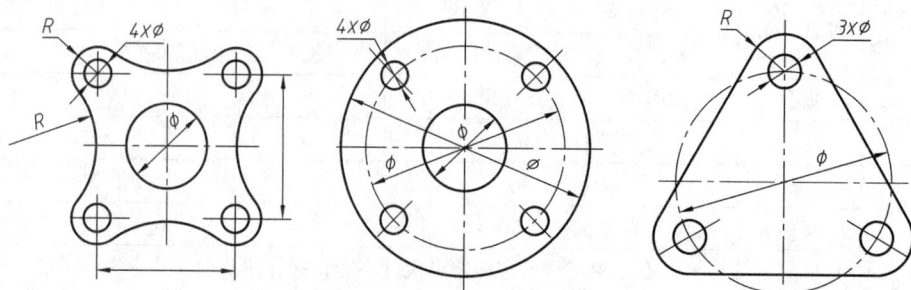

图 4-25　平板类形体的尺寸标注(二)

(2) 如果平板的端面为回转面，一般不能标注其长度尺寸或宽度尺寸，而是标注其圆弧半径和圆心的定位尺寸，如图 4-26 所示。

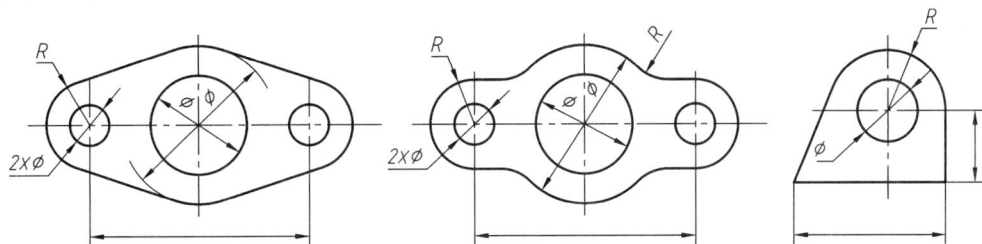

图 4-26 平板类形体的尺寸标注(三)

(3) 对于平板上带有半圆形的长槽，一般只标注槽宽尺寸，而不标注圆弧的半径，如图 4-27 所示。

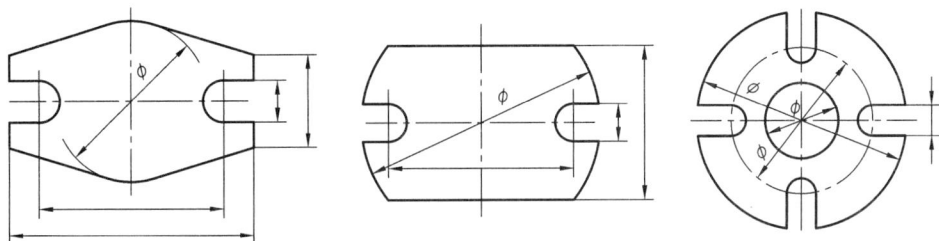

图 4-27 平板类形体的尺寸标注(四)

(4) 当两个相对的圆弧半径相等且圆心重合时，应该标注两圆弧的直径，如图 4-28(a) 所示；否则，当两圆弧的圆心不重合且不需要确定圆弧的圆心位置，或者圆弧圆心位于形体之外而不便于定位时，可采用如图 4-28(b)、(c)所示的方式进行标注。

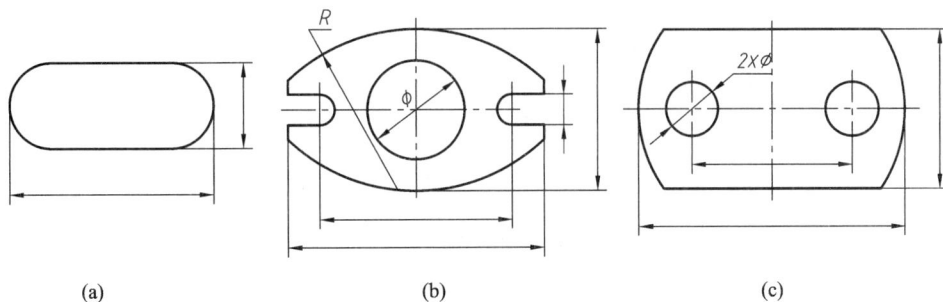

(a) (b) (c)

图 4-28 平板类形体的尺寸标注(五)

第三节 组合体的尺寸标注

视图表达了组合体的形状，而组合体的大小及其各部分之间的相对位置则需要通过尺寸来确定。

一、组合体尺寸标注的基本要求

国家标准中对尺寸标注的样式、数量、位置和使用等作了明确的规定。组合体尺寸标注的基本要求是：正确、完整、清晰、合理。关于尺寸标注合理性的问题，见第七章第二节中零件图的尺寸标注。

1. 尺寸标注要正确

所谓正确，是在坚持尺寸标注基本原则的前提下，不仅标注尺寸的格式必须规范、正确，而且标注尺寸的数值不能出现差错，或自相矛盾。如图 4-29 所示。

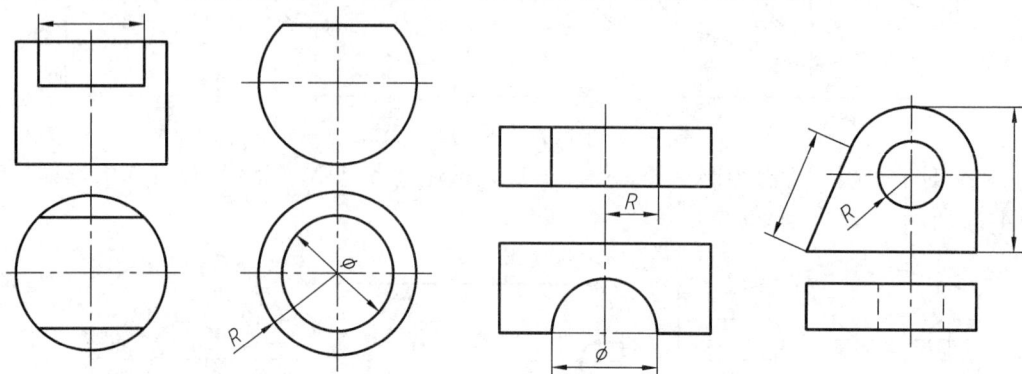

图 4-29　几个典型的尺寸错误标注

2. 尺寸标注要完整

所谓完整，就是指需要标注的尺寸既不能遗漏、也不能有重复，即每个尺寸在视图中只标注一次。换句话说，对于一个给定的组合体，无论采取什么方法标注尺寸，其尺寸数量是一定的。在组合体三视图中，需标注的尺寸包括：定形尺寸、定位尺寸和总体尺寸。

(1) 定形尺寸。确定组合体中各基本体形状大小的尺寸，如长方体的长、宽、高；圆柱的底圆直径和高；球的直径；半球的半径等。由于各基本体的形状特征不同，因而其定形尺寸的数量也各不相同，但同一类基本体的定形尺寸的数量是一定的。

在组合体中，当两个或多个基本体在某一方向等长、等宽或等高时，则在该方向只需标注一个定形尺寸；同一形体上完全相同的结构(如底板上的圆角和圆孔等)也只标注一次。

(2) 定位尺寸。确定组合体中各基本体之间相对位置的尺寸。定位尺寸一般与组合体的尺寸基准相联系。一般情况下，一个组合体往往有长、宽、高三个方向的尺寸基准，所以每个基本体也都应有三个方向的定位尺寸。但是，如果两个或多个基本形体在某一方向处于共面、相切、对称、同轴等情况之一时，则在该方向只需标注一个定位尺寸。

(3) 总体尺寸。用于表示组合体外形大小的尺寸，它一般包括组合体的总长、总宽和总高。总体尺寸是一类很重要的尺寸。为了能知道组合体所占空间的大小，一般都需要标注总体尺寸。但是，如果某形体的定形尺寸直接反映了该组合体的总体尺寸，则不必另行标注；如果按形体标注了定形尺寸和定位尺寸后，尺寸已经完整，若再加注总体尺寸就会出现多余尺寸时，则需要调整尺寸。调整的方法是在同一方向去除一个最不重要的尺寸。在实际中，有时为了避免尺寸调整，也可先注出总体尺寸。

如图 4-30 所示的组合体，采用了不同的组合方式进行了形体分析。在图 4-30(a)中，形体 I 有 3 个尺寸(内径、外径、高)；形体 II 有 4 个尺寸(半径、宽、高和一个定位尺寸)，但半径尺寸与形体 I 的外径尺寸重复，实际只需标注 3 个尺寸；形体 III 有 6 个尺寸，由于其右端的两个直径尺寸与形体 I 的内径、外径尺寸重复，故实际只需标注 4 个尺寸。在图 4-30(b)

中，形体 *I* 有 3 个尺寸；形体 *II* 有 4 个尺寸，实际只需标注 3 个尺寸；形体 *III* 有 5 个尺寸，同样原因只需标注 4 个尺寸。由此可见，对于该组合体无论采用哪种组合方式进行分析，其需标注的尺寸数量是一样的，都是 10 个尺寸。

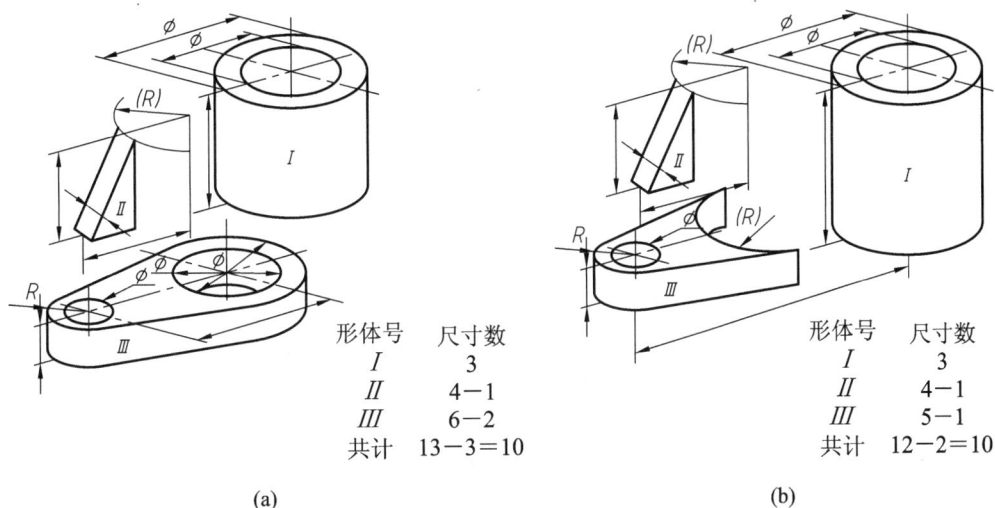

形体号	尺寸数
I	3
II	4－1
III	6－2
共计	13－3＝10

(a)

形体号	尺寸数
I	3
II	4－1
III	5－1
共计	12－2＝10

(b)

图 4-30　组合体尺寸数量分析

(a) 形体分析(一)；(b) 形体分析(二)

现在，按照如图 4-30(a)所示的形体分析标注尺寸，结果如图 4-31(a)所示；按照图 4-30(b)所示的形体分析标注尺寸，结果如图 4-31(b)所示。最后，再按照总体尺寸的标注要求对尺寸进行调整，其最终结果都应当如图 4-31(b)所示。

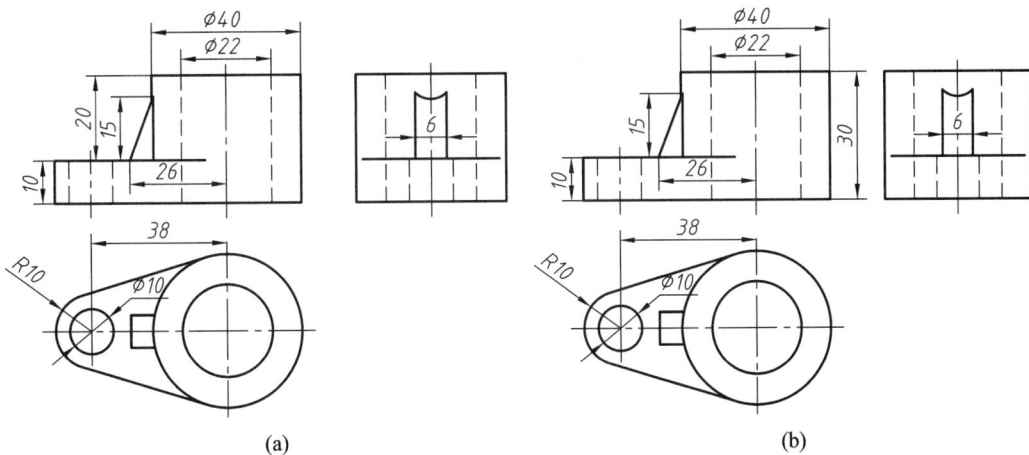

(a)　　　　　　　　　　　　　　　　　　(b)

图 4-31　尺寸标注必须完整

(a) 标注方式(一)；(b) 标注方式(二)

有时为了满足某种要求，允许出现重复尺寸。如图 4-32 所示的两个平板标注都正确。图中既标注了孔和圆角的定形尺寸，又标注了四个小孔中心线之间的定位尺寸，还标注了平板的总体尺寸，但图 4-32(a)所示的板子出现了重复尺寸(定位尺寸＋2×半径＝总体尺寸)，而图 4-32(b)所示的板子就没有重复尺寸，因为圆角和圆孔不同心。

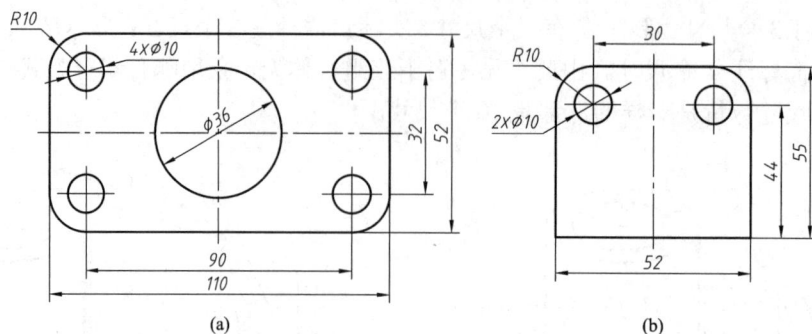

图 4-32 视图中的重复尺寸

(a) 需要有重复尺寸；(b) 没有产生重复尺寸

3. 尺寸标注要清晰

所谓清晰，就是要求尺寸标注要放置在图样中的合适位置，摆放整齐美观、含义清晰明了、方便看图。反过来，如果在读图时很难找到尺寸，即使找到了也一时难以弄清所标尺寸的作用，那就称不上清晰。为了做到清晰，在标注组合体尺寸时，应综合考虑以下几点。

(1) 尺寸尽量标注在两个相关视图之间。将尺寸放在两个视图之间，可以使视图与尺寸相对独立，避免在读图时相互干扰，如图 4-33(b)所示的 30 和 38 两个尺寸。之所以 $\phi22$、$\phi40$、$\phi10$、$\phi15$ 四个尺寸没有放在两视图之间，是因为相距太远并且会穿越一些图线。当视图中位置充足且在不影响看图的前提下，也可将尺寸标注在视图内，如三视图中的 6 和 26 两个尺寸。

(2) 尺寸应尽量标注在最能反映形体特征的视图上。如图 4-33 所示，由于主视图清晰地反映了圆柱体上凹槽的形体特征，所以应将槽宽 20、槽深 16 两个尺寸标注在主视图上，而不应标注在其他视图上。因为图 4-33(a)的标注比图 4-33(b)的标注更有利于构思形体的形状。

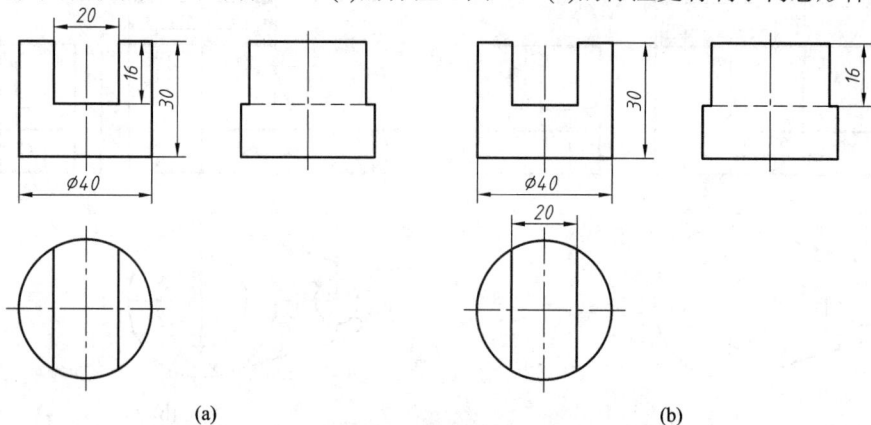

图 4-33 尺寸标注要清晰(一)

(a) 尺寸标注清晰；(b) 尺寸标注不清晰

(3) 直径尺寸和半径尺寸。圆柱和圆柱筒的直径尺寸 ϕ 一般都标注在表现为非圆的视图上，如图 4-34(a)所示；而平板上圆孔的直径 ϕ，按板类形体标注在反映其实形的视图上，如图 4-34(b)所示；但圆弧的半径尺寸 R 则必须标注在表现为圆弧的视图上，如图 4-34(c)所示。

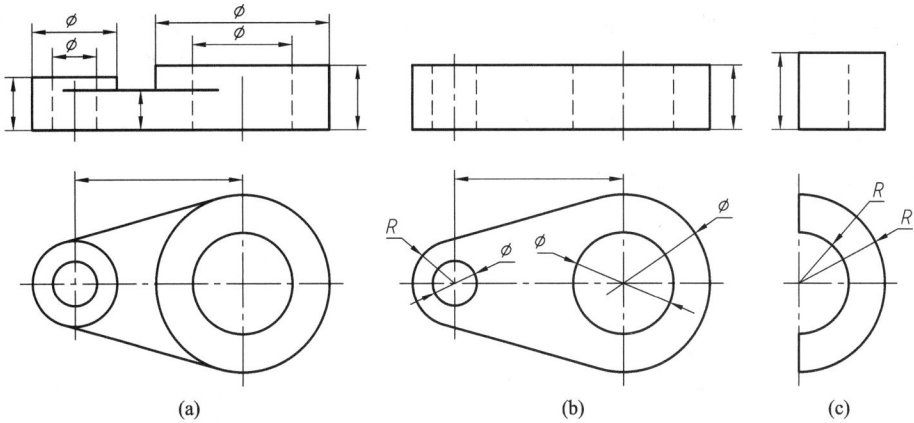

图 4-34　尺寸标注要清晰(二)

(a) 平板与圆柱筒相切；(b) 平板上穿孔；(c) 半圆柱筒

(4) 尺寸应按形体集中标注。为便于构思形体，同一基本体的定形尺寸和定位尺寸应尽量放置在一起、集中标注，而不是分散在多个视图中。例如在图 4-35 中，定形尺寸 8、30 与定位尺寸 10，定形尺寸 ϕ10 与定位尺寸 14、20，还有定形尺寸 ϕ20、52 等都是集中标注。

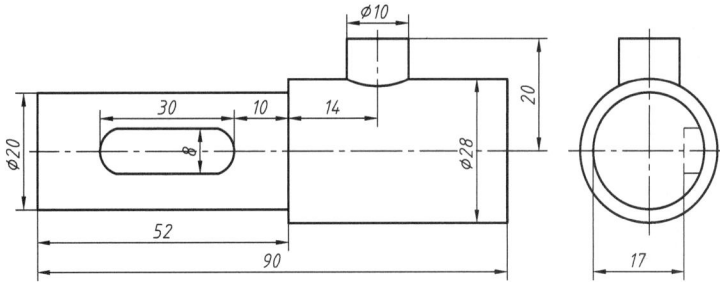

图 4-35　尺寸标注要清晰(三)

(5) 细虚线上尽量不标注尺寸。由于细虚线表示形体的不可见轮廓线，所以，如在细虚线上标注尺寸则不利于读图和构形。如图 4-36 所示，如把俯视图中的 $2 \times \phi$10、10、20 三个尺寸都标注在左视图上就显得不妥。

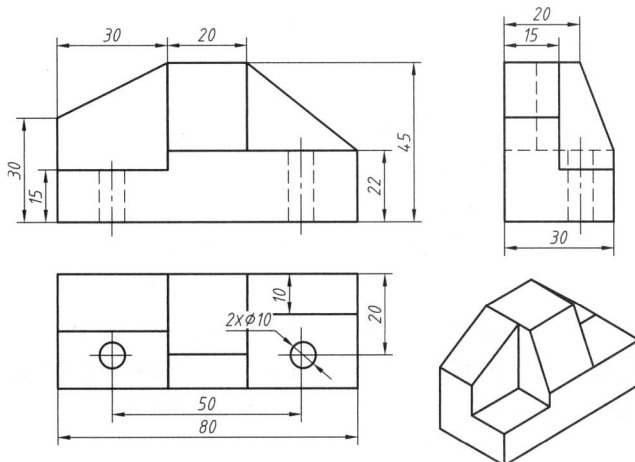

图 4-36　尺寸标注要清晰(四)

(6) 尺寸应尽量排列整齐。同一视图中平行排列的尺寸，较小的应靠近图形，较大的依次向外排列，以免交叉；同一方向上连续标注的尺寸应尽量排列整齐，或分布在少数几条线上，如图 4-35、图 4-36 所示。

二、组合体尺寸标注的方法与步骤

在标注组合体尺寸时，应在形体分析的基础上，按照尺寸标注的基本要求，根据具体情况做到统筹兼顾、合理安排取舍，并按照一定的方法步骤进行。

1. 组合体尺寸标注的基本方法

组合体的尺寸标注，除了应注出构成组合体的各个基本体的定形尺寸和定位尺寸，还要注出组合体的总体尺寸。其具体的尺寸标注办法是：首先进行形体分析并选择长度方向、宽度方向和高度方向的尺寸基准，然后标注尺寸。在具体标注尺寸时，要一个基本体一个基本体地标注，一类尺寸一类尺寸地标注，一个方向一个方向地标注。最后必须检查并调整尺寸。

2. 组合体尺寸标注的大致步骤

(1) 进行形体分析；

(2) 选择尺寸基准；

(3) 标注各基本体的定形尺寸；

(4) 标注各基本体的定位尺寸；

(5) 标注组合体的总体尺寸；

(6) 检查并调整尺寸。

三、组合体尺寸标注举例

【例 4-1】　给如图 4-37(a)所示的组合体三视图标注尺寸。

图 4-37(a)所示的组合体三视图标注尺寸的方法与步骤如下：

(1) 形体分析。该组合体可视为三个基本体经叠加和挖切而成：平放的底板，底板的左端是两个圆角、与圆角同轴的两圆孔；底板下面有一矩形槽；底板上面有一梯形立板，立板上有一圆孔，如图 4-37(a)所示。

(2) 选择尺寸基准。由于该组合体上下、左右不对称，前后对称，所以，选择组合体的右端面为长度方向的尺寸基准，组合体的前后对称面为宽度方向的尺寸基准，组合体的下底面为高度方向的尺寸基准，在图 4-37(a)中用"⇧"指出。

(3) 标注定形尺寸。根据前面的形体分析，应逐个标注各基本形体的定形尺寸。底板的长 60、宽 44、厚 12，圆角半径 R8，圆孔直径 $2 \times \phi 8$；矩形槽的长 25、宽 44(已有)、深 5；立板的下边宽 44(已有)、上边宽 30、高 33、厚 16，圆孔直径 $\phi 16$，如图 4-37(b)所示。

(4) 标注定位尺寸。由于底板的下端面、右端面、前后对称面分别与选择的尺寸基准重合，故底板不需标注任何定位尺寸；底板上圆角与圆孔的定位尺寸，有长度方向的定位尺寸 52、宽度方向的定位尺寸 26，高度方向不需定位尺寸；矩形槽只需标注长度方向的定位尺寸 19，宽度方向和高度方向不需要定位尺寸；立板及其圆孔则只需标注高度方向的定位尺寸 12(已有)和 30，长度方向和宽度方向均不需要定位尺寸，如图 4-37(c)所示。

(5) 标注总体尺寸。组合体的总长 60、总宽 44 均已标注，其总高为 45(= 33 + 12)。但加注了尺寸 45 后，即出现了重复尺寸，这时可去掉尺寸 33。经检查并调整后，最终的标注结果如图 4-37(d)所示。

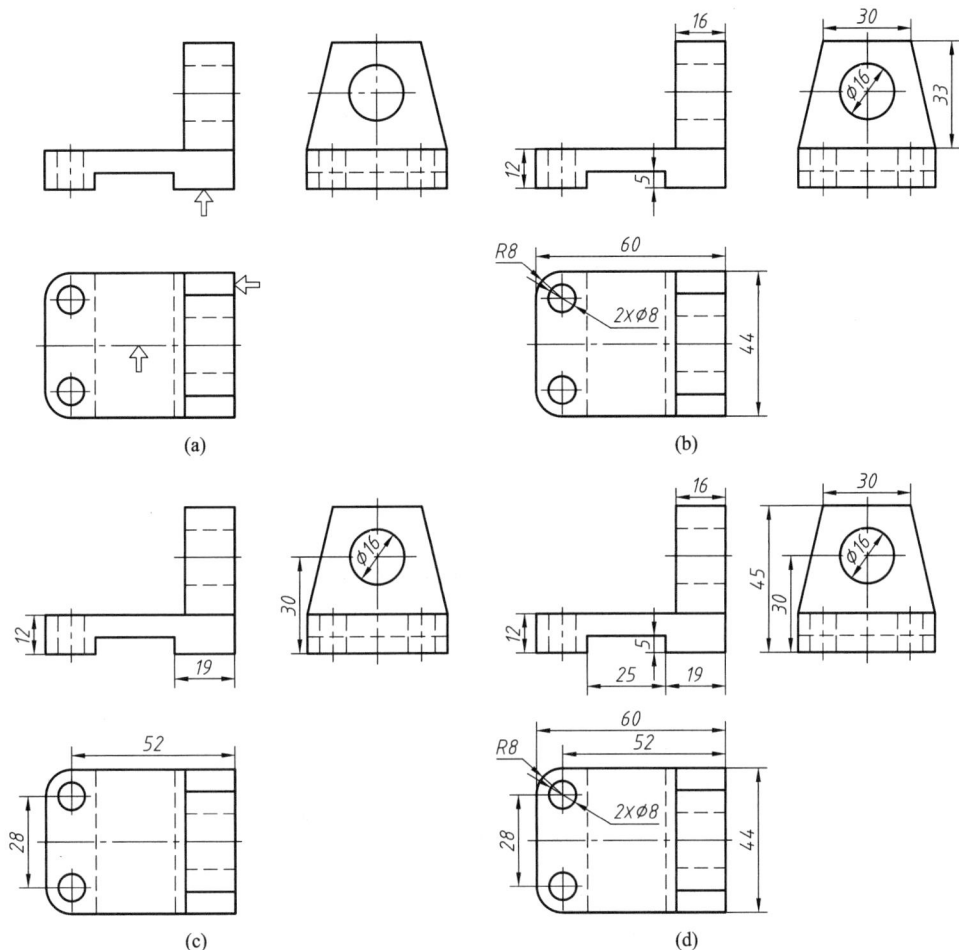

图 4-37 组合体尺寸标注(一)

(a) 三视图及尺寸基准；(b) 标注定形尺寸；(c) 标注定位尺寸；(d) 尺寸标注结果

【例 4-2】 图 4-38(a)是一支座的三视图，试为该三视图标注尺寸。

(1) 形体分析。因前面已对该支座进行了形体分析，如图 3-18 所示，故在此不再重述。

(2) 选择尺寸基准。由于该组合体在前后、左右、上下三个方向上均不对称，所以，选择组合体底板的右端面作为长度方向尺寸基准，选择底板的后端面作为宽度方向尺寸基准，选择底板的下底面为高度方向尺寸基准，如图 4-38(a)中的"⇧"所指。

(3) 标注定形尺寸。底板的长 100、宽 55、厚 12，圆角半径 $R15$，圆孔直径 $2 \times \phi15$；圆柱筒内径 $\phi30$、外径 $\phi55$、高 50；斜撑板的长 81、宽(厚)12、高(不能标注)；肋板下边长 (55 − 12 = 43 已有)不需标注，上边长 26 及斜截面的高 12，肋板的高(不能标注)，如图 4-38(b)所示。

(4) 标注定位尺寸。由于底板的下端面、右端面、后端面分别与选择的尺寸基准重合，故底板不需标注任何定位尺寸；底板上圆角与圆孔的定位尺寸，有长度方向的定位尺寸 50、35、宽度方向的定位尺寸 40，高度方向不需定位尺寸；斜撑板在宽度方向和长度方向不需定位尺寸，高度方向的定位尺寸 12(已有)；筋板只需长度方向的定位尺寸 6 即可；圆柱筒在长度方向的定位尺寸 6(已有)，宽度方向和高度方向的定位尺寸分别是 8 和 55，如图 4-38(c)所示。

(5) 标注总体尺寸。由于该支座上有一圆柱筒，组合体的右端面和上端面都是回转面，按照标注尺寸的基本要求，所以总长和总高不能标注。至于宽度方向的总体尺寸 63(= 8 + 55)以不标注为宜，因为定位尺寸 8 和定形尺寸 55 与尺寸 63 相比更显重要，所以该组合体的总体尺寸不需标注，也不需要调整。最后的标注结果如图 4-38(d)所示。

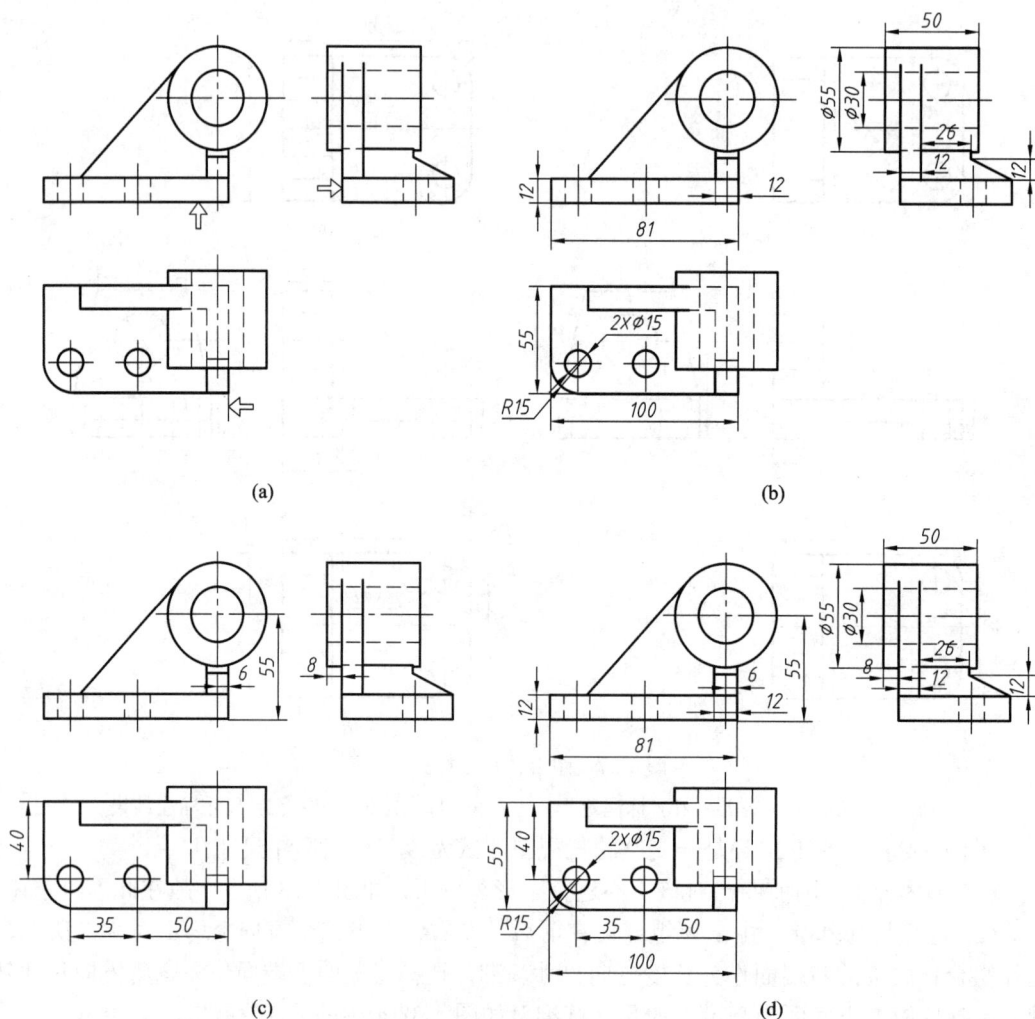

图 4-38　组合体尺寸标注(二)

(a) 选择尺寸基准；(b) 标注定形尺寸；(c) 标注定位尺寸；(d) 尺寸标注结果

第五章 机件常用的表达方法

在生产实践中，机件的结构形状是多种多样的，为了使图样能够准确、完整、清晰、简捷地表达出机件的内、外结构和形状，仅用前面介绍的三视图往往是不够的。为此，《机械制图》国家标准中规定了机件的各种表达方法。本章主要介绍一些常用的表达方法，如视图、剖视图、断面图、局部放大图及简化画法等。

第一节 视 图

视图主要用于表达机件外部结构和形状，一般只需画出机件的可见部分，必要时才用细虚线表达其不可见部分。视图分为基本视图、向视图、局部视图和斜视图。

一、基本视图

1. 基本视图的概念

根据国标的规定，基本视图是机件用正投影法向基本投影面投影所得的视图。如图5-1(a)所示，在原有的三个投影面的基础上再增加三个投影面，构成一个正六面体，该正六面体的六个面称为六个基本投影面。机件向六个基本投影面投影，所得到的六个视图称为六个基本视图。

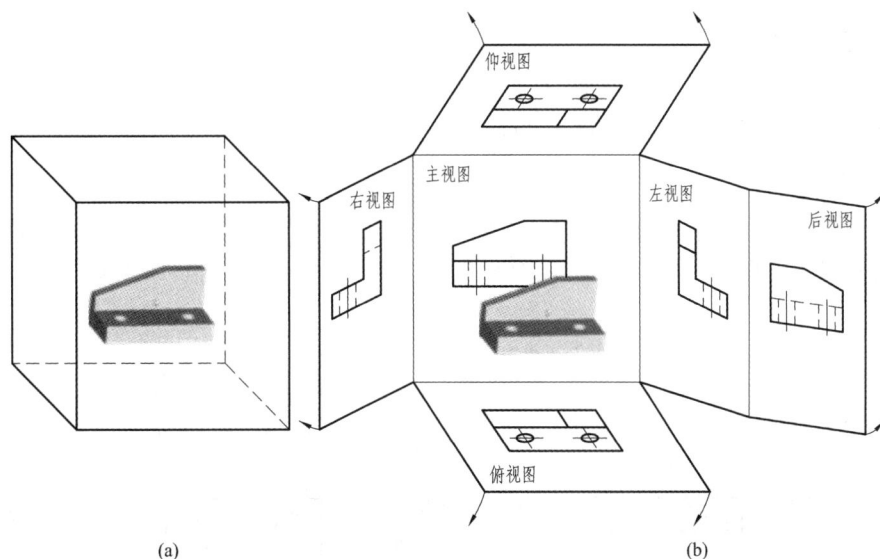

(a) (b)

图 5-1 基本视图的形成

(a) 基本视图的形成；(b) 投影面展开

机件从前向后投影，所得到的视图为主视图，它反映机件的主要形状特征；机件从上向下投影，所得到的视图为俯视图；机件从左向右投影，所得到的视图为左视图；机件从右向左投影，所得到的视图为右视图；机件从下向上投影，所得到的视图为仰视图；机件从后向前投影，所得到的视图为后视图。

2. 基本视图的配置及其关系

按照如图 5-1(b)所示的方法将六个基本投影面展开，展开后的六个基本视图的配置及其投影关系如图 5-2 所示。由此可见各个视图之间的关系是：主、俯、仰视图之间长对正；主、左、右、后视图之间高平齐；左、右、俯、仰视图之间宽相等，外前内后相对应。依据规定，在同一张图纸内，六个基本视图如按图 5-2 所示的形式配置时，则不需附加任何标注。

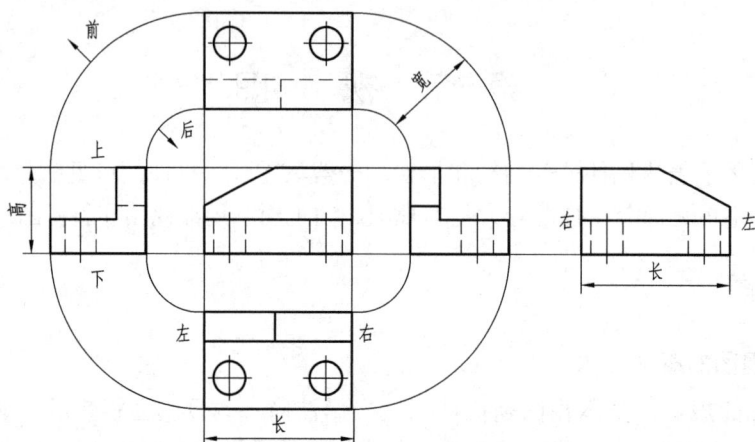

图 5-2 基本视图配置

二、向视图

1. 向视图的概念

向视图是可以自由配置的视图。有时为了合理利用图纸或因其他原因不能按标准配置，或不能把视图画在同一张图纸上时，可选用向视图，如图 5-3 中的向视图"*A*"、"*B*"、"*C*"。

2. 向视图的画法

向视图必须标注，其标注方法是：在向视图上方标注大写字母"×"；在相应视图附近用箭头指明视图方向，并标注相同的字母，字母一律水平书写，如图 5-3 所示。

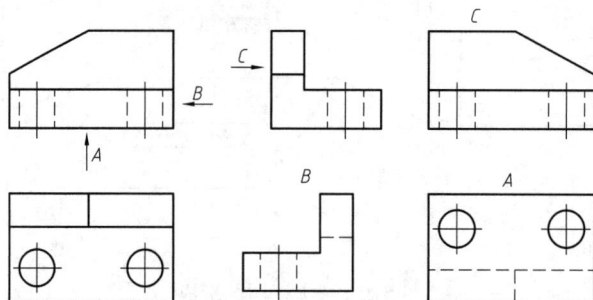

图 5-3 向视图及其标注

注意：向视图只是基本视图的一种表达形式，其主要差别在于视图的配置；表示视图方向的箭头应首先选择配置在主视图上，只有表示后视图方向的箭头才置于其他视图上，如图 5-3 中的向视图"C"所示。

三、局部视图

1. 局部视图的概念

正对着某个基本投影面、只关注机件的某一部分，得到的反映机件某一局部结构形状的视图，称为局部视图。

当采用了一定数量的视图后，机件仍有部分结构形状未能表达清楚，但又没有必要或不便于画一个完整的视图时，可使用局部视图。局部视图是用于表达机件某一局部结构形状的不完整的视图。如图 5-4 所示的机件，当采用了主、俯视图后，两侧的凸台和肋板厚度仍未表达清楚，因此采用了局部视图"A"和局部视图"B"，替代了本应有的左视图和右视图，则更清晰明了地表达了这两处局部的结构形状，如图 5-5(a)所示。

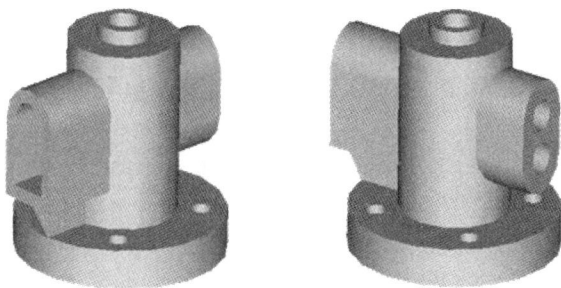

图 5-4 壳体机件

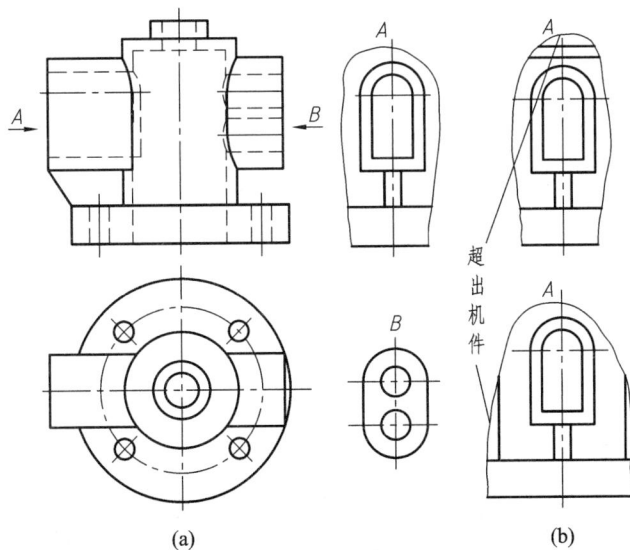

图 5-5 局部视图

(a) 局部视图；(b) 断裂边界的错误画法

2. 局部视图的画法

局部视图的画法：由于局部视图表达的只是机件的某一部分，故需将该部分与机件整体用断裂边界分离开来，断裂边界用细波浪线或双折线画出，但在同一张图纸上只能采用其中一种线型；当所表达的局部结构是完整的、且外轮廓线封闭时，断裂边界线可以省略，分别如图 5-5(a)中的局部视图 "A" 和 "B"。

注意：细波浪线可假想为机件上的裂纹，所以，细波浪线只能画在机件的实体部位，不能超出机件，也不能出现在孔、槽等处，图 5-5(b)是细波浪线的错误画法。

局部视图的配置：局部视图应尽量按视图关系配置，或者放在被表达部分的附近以方便看图；必要时也可放在其他合适的位置。

局部视图的标注：一般情况下，可按向视图的标注办法进行标注；当局部视图按视图关系配置、中间又没有其他图形隔开时，可省略标注。在图 5-5(a)中，局部视图 "A" 可省略标注，而 "B" 则不能省略。

四、斜视图

1. 斜视图的概念

沿着倾斜于某个基本投影面并正对着辅助投影面观察机件所得到的视图称为斜视图，在国外被称为辅助视图。

如图 5-6(a)所示，当机件的某一部分倾斜于基本投影面，在基本投影面上无法反映该部分的实形，导致画图困难，且不便于标注尺寸时，可设置一个辅助投影面，使它平行于机件的倾斜部分且垂直于某一基本投影面。机件的倾斜部分向辅助投影面投影，然后将辅助投影面按视图方向旋转到与其垂直的基本投影面上，即得到斜视图，如图 5-6(b)所示。

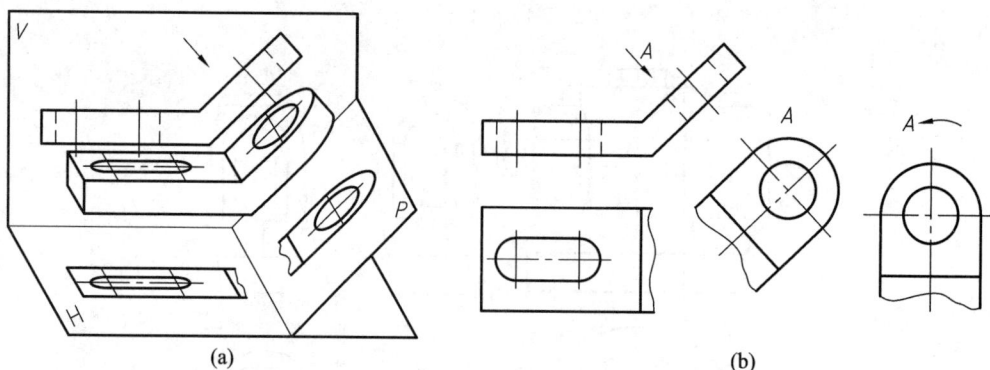

(a) (b)

图 5-6　斜视图
(a) 斜视图的形成；(b) 斜视图的画法

2. 斜视图的画法

斜视图的画法：斜视图只用来表达机件倾斜部分的结构形状，其余部分则用细波浪线断开而不必画出；波浪线的画法与局部视图中细波浪线的画法相同。

斜视图的配置：斜视图一般按视图关系配置，也可配置在其他适当位置。必要时，在不致引起误解的情况下，允许将图形旋转配置。

斜视图的标注：斜视图必须标注，斜视图的标注与局部视图基本相同；当图形旋转配置时，应在图形上方标注旋转符号，如图 5-6(b)所示。旋转符号是一段半径为字高的半圆弧形箭头，箭头的指向表示图形的实际旋转方向，表示斜视图名称的字母应靠近箭头一端，字母一律水平书写，并允许在字母后面标注旋转角度，如图 5-7 所示。

图 5-7　斜视图的旋转角度标注

五、几点说明及举例

(1) 在选择视图表达方法时，应同时考虑视图的数量。应根据机件的结构特点，选择必要的视图，通常应优先选用基本视图。

(2) 每一个视图一般都应有明确的表达目的和表达重点。恰当地使用局部视图，可使表达目标明确、表达重点突出，达到简捷明了、事半功倍的效果。

(3) 视图一般只画机件的可见部分，必要时才用细虚线画出其不可见部分。

(4) 对于机件上已表达清楚的部分，一般不再重复表达；在完整、清晰地表达机件的前提下，应力求制图简便、方便看图。

下面将通过对几个机件及其视图的分析，帮助大家对上述几点的理解和认识。

【例 5-1】　外壳机件。

如图 5-8(a)所示的外壳机件，其外形有台阶和圆孔，内形有"8"字形凹坑和通孔。

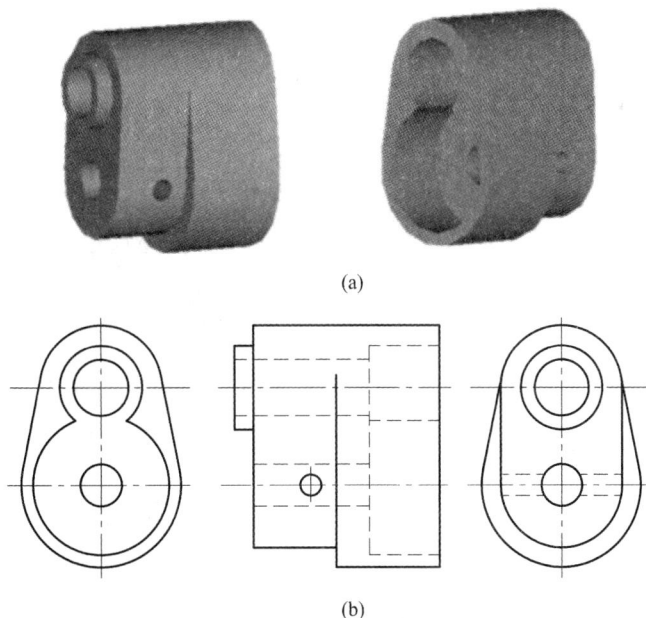

(a)

(b)

图 5-8　外壳机件

(a) 立体图；(b) 视图

机件的特点是：前后对称，而上下、左右均不对称。所以，选择主视图表达机件的主要形状特征，用细虚线表达其内部结构，故不再需要后视图以免重复；用左、右视图主要表达机件在左、右侧方向的形状。由于在左视图中用细虚线表达了小孔的位置和贯通情况，故在右视图中的这部分细虚线就没有画出，如图 5-8(b)所示。这样，外壳机件只用了三个视图就完全表达清楚了，所以俯视图和仰视图都不需要，左、右视图中的其他细虚线也没有必要画出。

由于该机件使用了三个基本视图，符合标准配置，故均不需要标注。

【例 5-2】 管接头。

如图 5-9 所示的管接头，其下部是一个带有四个圆形通孔的方形底座，底座的四个角均为圆角；管接头的上部有一"眼"形的板子(称为法兰)，该部分是倾斜的，上面有圆形通孔；管接头的中间是一弯管，弯管右侧有一凸台，其上有一圆孔与弯管相通。该机件的特点是：前后对称，而上下、左右不对称。所以，首先选择主视图表达机件的主要形状特征，用细虚线表达其内部结构，包括弯管的形状、壁厚及圆孔与弯管的相贯情况，故不再需要后视图；由于管接头的上部是倾斜的，不便于使用其他完整的基本视图。但为了表达"眼"形法兰的大小、形状及上面圆孔的大小、位置分布情况，采用了局部斜视图"*A*"，并且为了看图方便将该图形进行了逆时针旋转；为了表达凸台的大小、形状和位置，又采用了局部视图"*B*"，将其放在了被表达部分的附近；同时还增加了局部视图"*C*"，以表达底座的大小、形状及它上面的孔的大小、形状、位置分布情况。

由于局部视图"*A*"和"*C*"所表达的结构已完整，其图形的外围轮廓线也已封闭，故省略了细波浪线，而局部视图"*B*"则不能省。这样，管接头一共用了四个视图，其中一个是基本视图，三个是局部视图(含一个局部斜视图)，并且在三个局部视图中都没有再画细虚线，就完全把它表达清楚了。

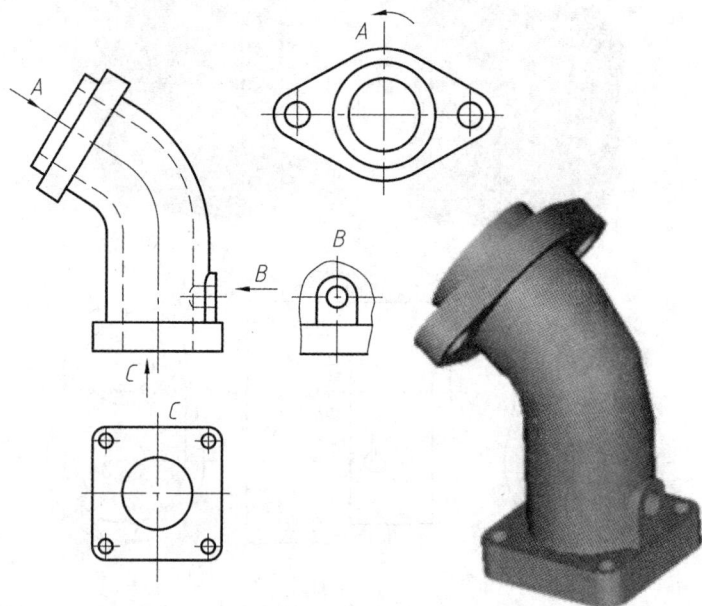

图 5-9　管接头

【例 5-3】 压紧杆。

如图 5-10 所示的压紧杆大致由三部分组成：第一部分是一个圆管，其上有通孔和键槽；第二部分是在圆管的右侧有一凸台，凸台上有一圆孔与圆管相通；第三部分是一个弯杆，弯杆的一端与圆管相切，另一端有一段圆管。整个机件在三个方向上都不对称，而且弯杆又是倾斜的，为此，用主视图表达机件的主要形状特征，用一个局部视图表达了除弯杆以外的机件大部分结构形状，弯杆的剩余部分用一个经顺时针旋转的局部斜视图"A"来表达；另外，还用了一个局部视图"B"表达了凸台及其小圆孔的形状。由于局部视图"B"所表示的结构已经完整，其外围轮廓线已是封闭的，故省略了细波浪线。关于三个局部视图的标注情况，请大家自行分析其中的道理。

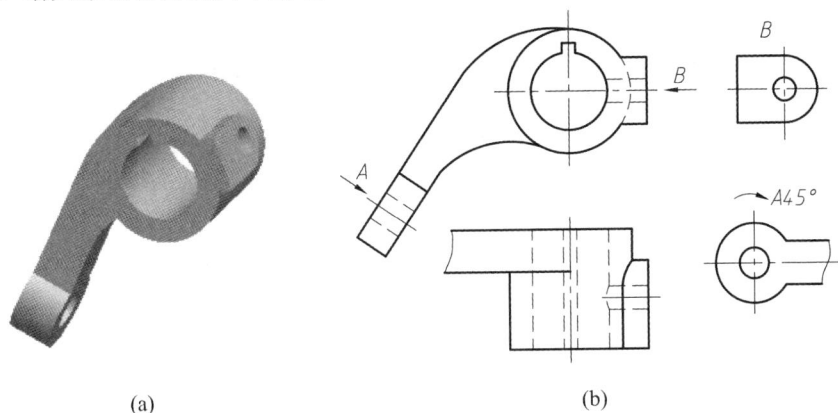

(a)　　　　　　　　　　　　　　　(b)

图 5-10　压紧杆

(a) 立体图；(b) 视图表达方法

第二节　剖　视　图

视图主要用来表达机件的可见外部形状,而机件内部形状则要用细虚线表示,如图 5-11 所示。一般而言，细虚线不能较为清晰地显示机件的内部形状，尤其是当细虚线较多时，不仅影响图形的清晰程度，而且也不便于看图和标注尺寸。为了清楚地表达机件的内部结构形状，避免过多地出现细虚线，机械制图中通常采用剖视的方法。

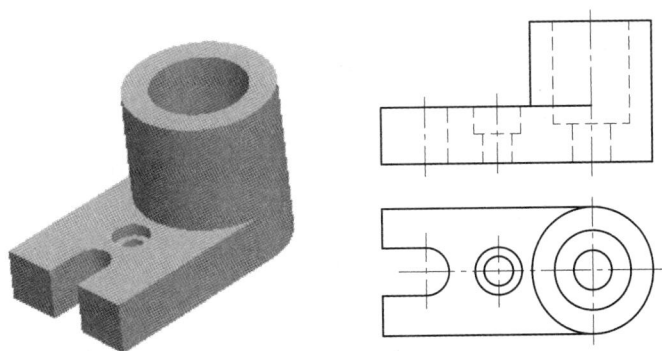

图 5-11　未剖开的机件及其视图

一、剖视图的概念和画法

1. 剖视图的概念

假想用剖切面将机件切开，将位于观察者与剖切面之间的部分移去，只画出剩余部分机件的视图称为剖视图；剖切面与机件接触的部分称为剖面区域，如图 5-12(a)、(b)所示。

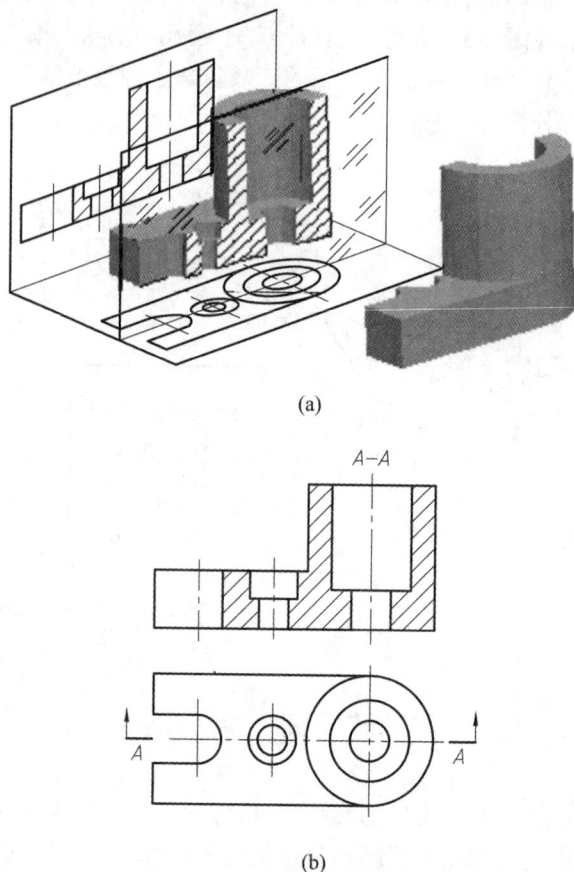

(a)

(b)

图 5-12　剖视图的概念

(a) 剖切机件；(b) 剖视图

　　根据机件的结构特点，可选择单一剖切面、几个平行的剖切面、几个相交的剖切面剖开机件。使用不同种类的剖切面得到的剖视图，用于表达不同类型的机件，并且在画法和标注方面有一定的区别。在工程实际中，究竟使用哪种类型的剖视图，应根据机件的结构形状及其特点进行合理选择，然后按照规定的方法步骤画出其剖视图。

2. 画剖视图的方法和步骤

　　下面就以图 5-12 所示的机件为例，介绍画剖视图的方法和步骤。

　　第一步　确定剖切面的位置。

　　在对机件进行形体分析的基础上，弄清机件的内、外结构形状及其特点，从而选择合适的剖切方法和剖切面位置。为了能够清楚地表达机件内部结构的真实形状，避免剖切后产生不完整的结构要素，剖切面应尽量平行于基本投影面，并尽量通过机件内部较多孔、槽等结构的轴线或对称面，如图 5-12(a)所示。

　　第二步　画剖视图。

　　机件切开后，把位于观察者与剖切面之间的部分移去，需要画出断面和断面后面所剩机件的视图。

按照规定，在剖视图中的断面区域内必须画出剖面符号。机件的材料不同，其剖面符号也不一样。国标规定的各种材料的剖面符号见表 5-1。其中，金属材料的剖面符号被称为剖面线。

表 5-1　国标规定的剖面符号

金属材料(已有规定剖面符号者除外)	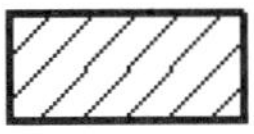	木质胶合板	
线圈绕组元件	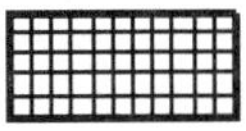	基础周围的泥土	
转子、电枢、变压器和电抗器等的迭钢片		混凝土	
非金属材料(已有规定剖面符号者除外)		钢筋混凝土	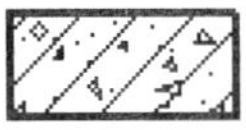
型砂、填砂、粉末冶金、砂轮、陶瓷刀片、硬质合金刀片等		砖	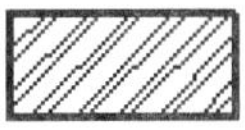
玻璃及供观察用的其他透明材料	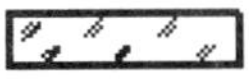	格网(筛网、过滤网等)	
木材	纵剖面	液体	
	横剖面		

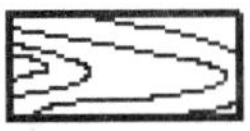

注：① 剖面符号仅表示材料的类别，材料的代号和名称必须另行注明。

　② 非金属材料不包括普通砖。

剖面线是一组彼此平行、间距相等，且与围成剖面区域的主要轮廓线成一个合适角度 (通常为 ±45°)的细实线，如图 5-12(b)中的主视图所示。但需要注意的是，同一机件在各个剖面区域内的剖面线方向和间隔应当一致；当剖面区域面积较大时，可沿边界用等长的剖面线表示，如图 5-13 表示。

图 5-13　剖面线的简化画法

图 5-14 是剖面线的正确画法。假如，剖面线用粗实线绘制，或者彼此不平行，或者间

距不等，或者方向不一致；如果剖面线超出剖面区域边界，或者未填满剖面区域等，都是错误的，如图 5-15 所示。

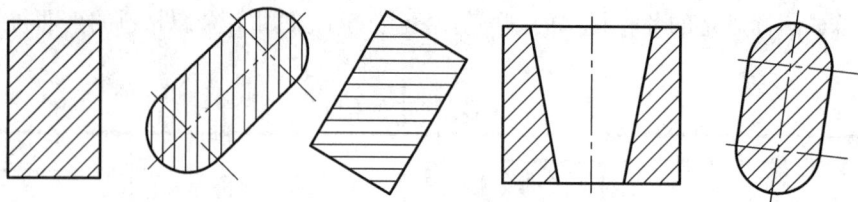

图 5-14　剖面线的正确画法

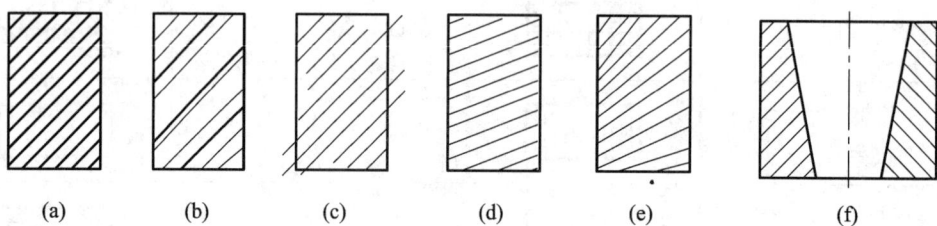

| (a) | (b) | (c) | (d) | (e) | (f) |

图 5-15　常见剖面线的错误画法

(a) 用粗实线绘制；(b) 粗细不均，间距不等；(c) 超出边界或未填满

(d) 与水平夹角≠45° 角；(e) 彼此不平行；(f) 方向不一致

第三步　画其他视图。

剖视图是将机件假想剖开后画出的，虽然它的某个视图画成剖视图，但机件仍是完整的，因此，其他视图不应受其影响，仍按完整画出，如图 5-12(b)所示。

第四步　剖视图的标注。

一般情况下，在剖视图的上方用大写拉丁字母标出剖视图的名称，如 "A—A" "B—B" 等；在其他相应的视图上用剖切符号或剖切线表示剖切位置和视图方向、并标注相同的字母，如图 5-16 所示。其中，剖切符号由粗短画和箭头组成，粗短画指示剖切面起、迄和转折的位置，箭头指示视图方向；剖切线是指示剖切面位置的图线，用细点画线绘制，通常不必画出(图中 "B—B" 就没有画剖切线)。

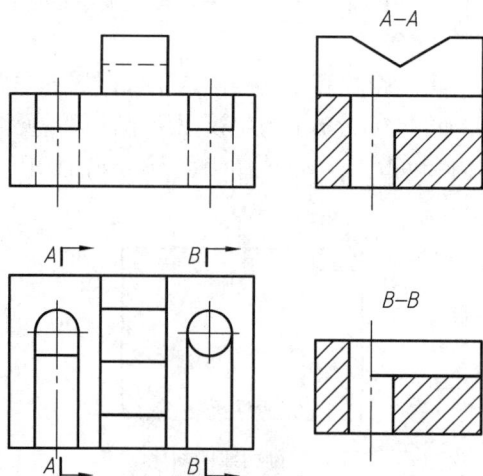

图 5-16　剖视图的标注方法

当剖视图按视图关系配置、中间又没有其他图形隔开时，可以省略箭头；当单一剖切面通过机件的对称面或基本对称面，且剖视图按视图关系配置、中间又没有其他图形隔开时，则不必标注，如图 5-17 所示。

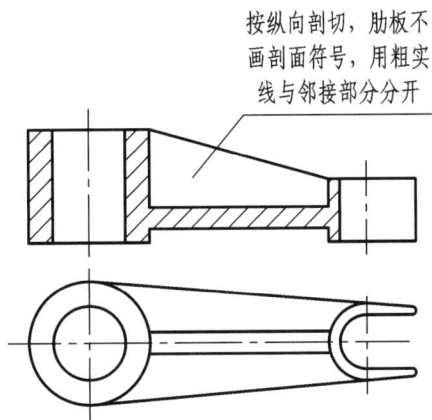

图 5-17　剖视图的其他规定画法(一)

3. 剖视图的其他规定画法

(1) 对于机件的肋、轮辐及薄壁等，如剖切面通过其纵向对称面时，则这些结构按不剖绘制，即不画剖面线，而是用粗实线将它与邻接部分分开，如图 5-17 所示。

(2) 当机件回转体上均匀分布的肋、轮辐、孔等结构不处于剖切面上时，可将这些结构旋转到剖切面上画出，且不需加任何标注，如图 5-18 所示。

(3) 当只需剖切绘制机件的部分结构时，应使用细点画线将剖切符号相连，剖切面可位于实体之外，如图 5-19 所示。

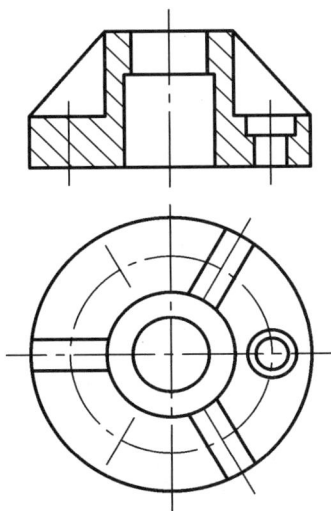

图 5-18　剖视图的其他规定画法(二)

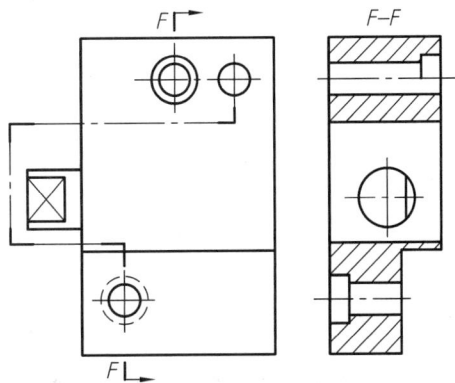

图 5-19　剖视图的其他规定画法(三)

(4) 当需要表示剖切面前面的结构时，可使用细双点画线假想地画出这些结构，如图 5-20 所示。

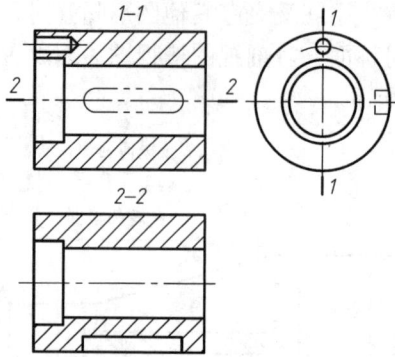

图 5-20　剖视图的其他规定画法(四)

另外，在画剖视图时还必须注意：对于剖切面后面的可见部分应全部画出，不能遗漏，如图 5-21 所示；而对于剖切面后面不可见的部分，如在其他视图中已表达清楚的，剖视图中关于该部分的细虚线将不再画出，否则，细虚线就不能漏掉，如图 5-22 中，为了表示底板的厚度，这里的虚线就不能不画。

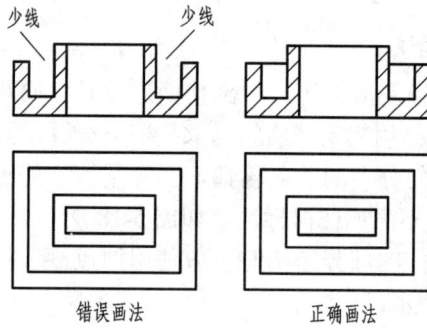

图 5-21　剖视图中容易漏画的轮廓线

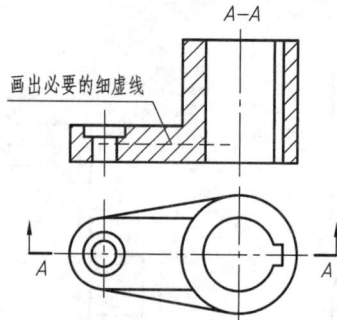

图 5-22　剖视图中应该画出的细虚线

二、用单一剖切面得到的剖视图及其画法

使用单一剖切面可得到全剖视图、半剖视图和局部剖视图。

1. 全剖视图

用剖切平面把机件完全剖开所得的剖视图，称为全剖视图。当机件的外形简单或者已通过其他视图表达清楚，而内部结构形状比较复杂，在平行于视图平面方向上不对称时，可采用全剖视图。如图 5-23(a)所示的泵盖，其外形相对简单而内部结构比较复杂，且上下、左右不对称。于是，在机件的前后对称面上设置剖切面，将主视图画成全剖视图，且不需要标注，如图 5-23(b)所示，这样就能清楚地表达了泵盖的内部结构。

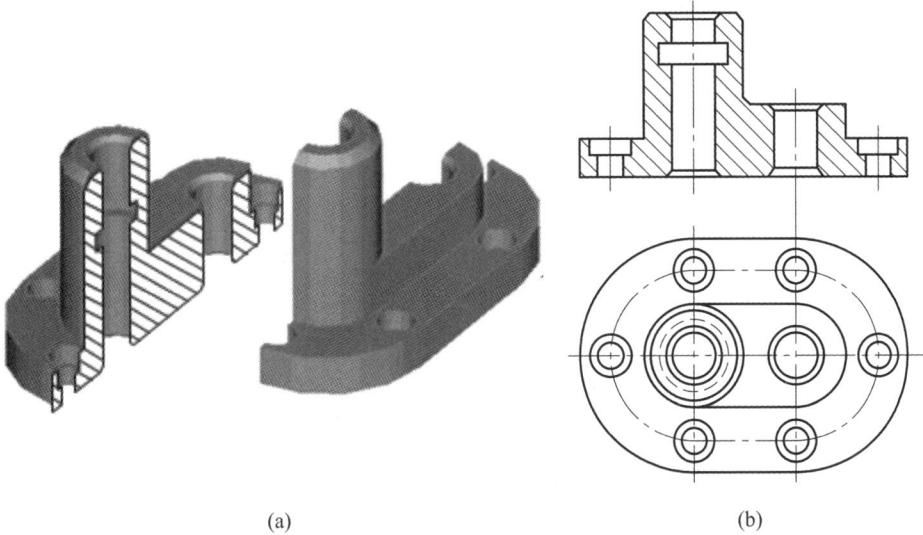

(a)　　　　　　　　　　　　　　　　(b)

图 5-23　泵盖及全剖视图

(a) 泵盖的立体图；(b) 主视图为全剖视图

2. 半剖视图

当机件内外结构都比较复杂，且具有对称面时，在垂直于该对称平面的视图平面上可以对称面为界，一半画成视图，另一半画成剖视图，这样所得到的剖视图称为半剖视图。

图 5-24 是半剖视图的形成过程。由此可以看出，当机件对称时，只要分别取其视图和

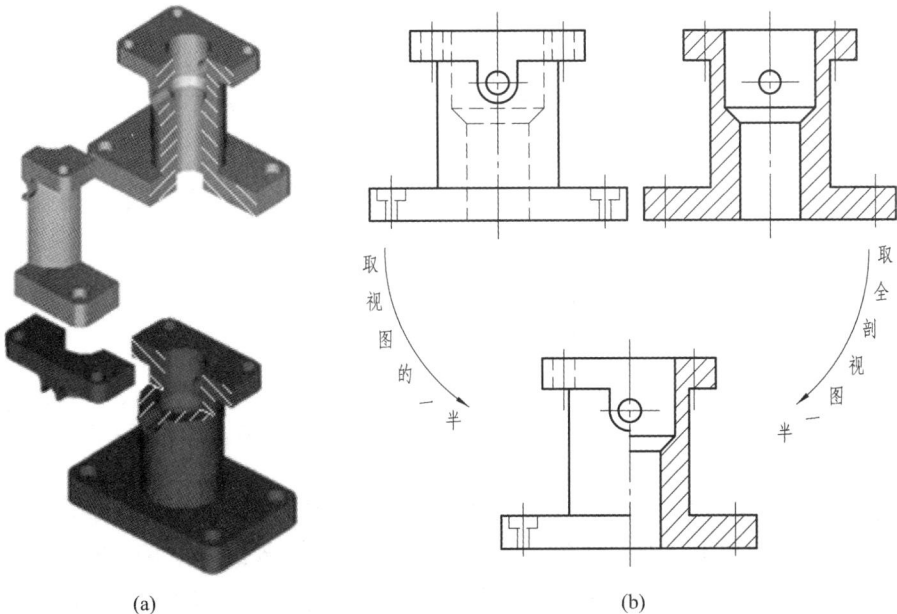

(a)　　　　　　　　　　　　　　　　(b)

图 5-24　半剖视图的形成过程

(a) 支架的立体图；(b) 半剖视图的形成

全剖视图的一半，合二为一，即可得到半剖视图。看图时，根据机件对称的特点，可从半个剖视图联系另一半的视图想象出机件的内部形状，又可从半个视图想象出机件的外部形状，从而实现了内外兼顾，一举两得。

画半剖视图时必须注意：

(1) 对于外形特别简单、且具有对称面的机件，为了突出表达其内部结构，常采用全剖视图而不用半剖视图，如图 5-25 所示。

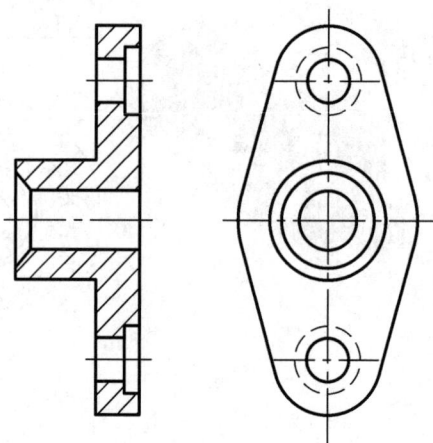

图 5-25　外形简单、对称的机件

(2) 若机件的结构形状接近于对称，且不对称部分已在其他视图中表达清楚的，也可以采用半剖视图而不用全剖视图，如图 5-26 所示。

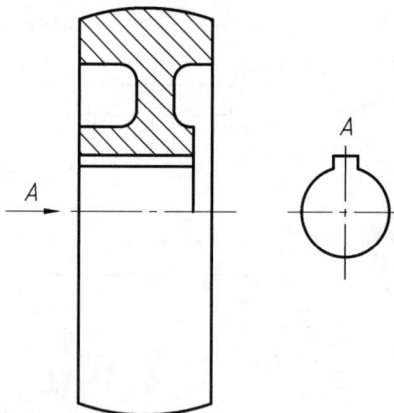

图 5-26　基本对称的机件

(3) 半个视图和半个剖视图的分界线应为点画线，而不能画成粗实线，如图 5-27 所示。

(4) 鉴于图形对称，机件的内部结构形状在半个剖视图中已表达清楚的，则在另半个视图中的细虚线应该不画；否则，应该画出相应的细虚线，如图 5-27 所示。

(5) 没有位于剖切平面上的圆孔或阶梯孔，即使在半剖视图中没有画出，也必须用点画线表明这些孔的位置，以方便看图和标注尺寸；当有些结构要素没有画全而不便于标注尺寸时，可只画出一侧的尺寸线和尺寸界线，但必须使尺寸界线越过视图的对称线，并标注其原有尺寸数值，如图 5-27 所示。

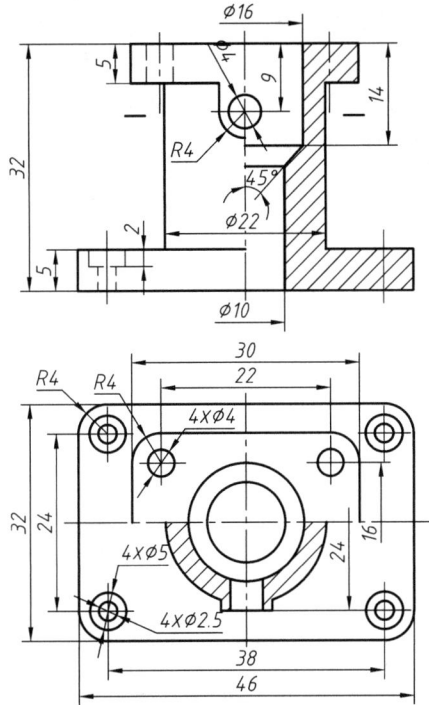

图 5-27 支架的半剖视图及尺寸标注

3. 局部剖视图

用剖切面局部地剖开机件所得到的视图，称为局部剖视图。当机件上还有部分内部结构没有表达清楚，而又没有必要使用全剖视图或不宜使用半剖视图时，通常采用局部剖视图。

如图 5-28(a)所示的箱体，其内部有空腔，顶部有一个"回"字形的凸台，底部是一块具有四个安装孔的底板，左下面还有一个通孔。显然，箱体的上下、左右、前后都不对称；在表达方法上既不能用全剖视图，也无法用半剖视图，故主、俯视图均使用了局部剖视图，如图 5-28(b)所示。

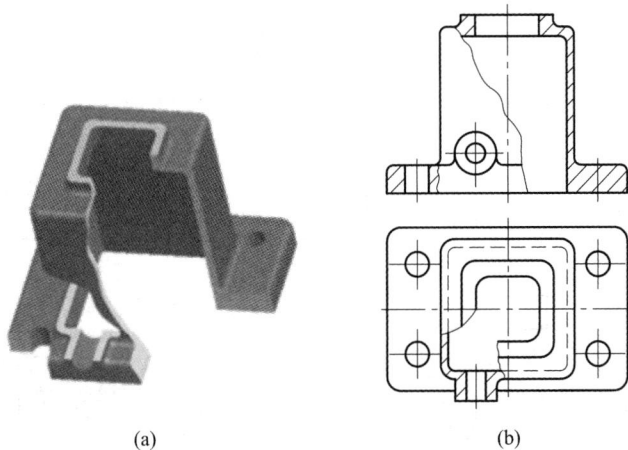

(a) (b)

图 5-28 局部剖视图

(a) 箱体的立体图；(b) 箱体的局部剖视图

局部剖视图是一种应用比较灵活的表达方法，该方法常用于下列情况：

(1) 非对称机件，其内外结构形状需要在同一视图上表达时，如图 5-28(b)所示。

(2) 虽然机件对称，但不宜采用半剖视图时。如图 5-29 所示的几种情况，图形的对称线恰与轮廓线重合，故只能采用局部剖视图。

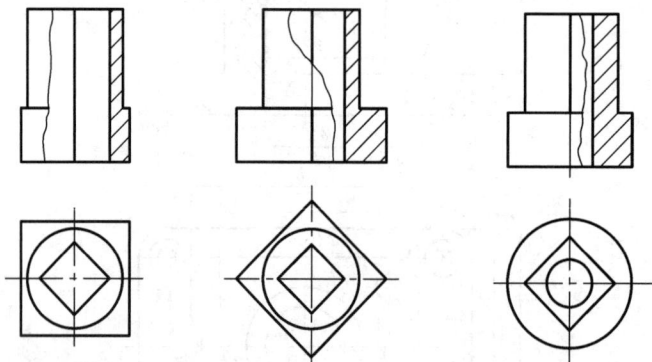

图 5-29　用局部剖视图代替半剖视图

(3) 表达实心机件上的孔、槽、缺口等局部结构的内部形状，如图 5-30 所示。

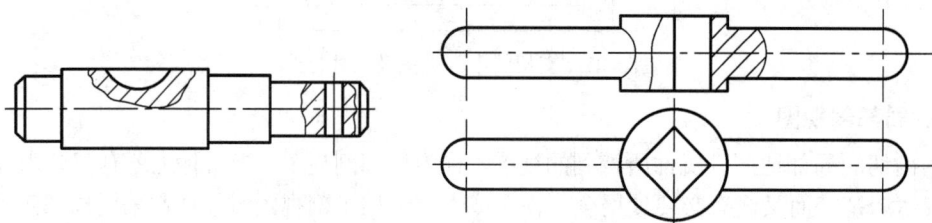

图 5-30　用局部剖视图表达实心机件上的孔和槽等结构

局部剖视图的画法：局部剖视图的剖切范围可大可小，可视机件的具体结构形状而定。但在同一视图中，局部剖视图的数量不宜过多，以免使图形显得过于破碎。在局部剖视图中，视图与剖视图之间一般用细波浪线或双折线分界。波浪线可假想地理解为机件上的断裂边界，故只能画在机件的实体部分，而不能画在机件的轮廓线之外，也不能与其他图线重合，如图 5-31 所示；当被剖切结构为回转体时，允许将该结构的轴线作为局部剖视图与视图的分界线，如图 5-32 所示。

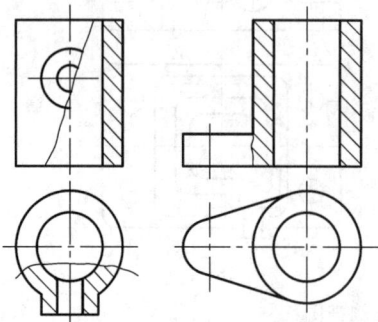

图 5-31　波浪线的错误画法　　　　图 5-32　轴线作为局部剖视图的分界线

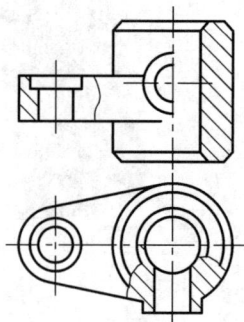

局部剖视图的标注：当剖切面的剖切位置明显时，可以省略标注，如图 5-28(b)所示。

4. 斜剖视图

用不平行于任何基本投影面(但需垂直于某个基本投影面)的单一剖切平面剖切机件所得的剖视图称为斜剖视图。当需要表达机件上倾斜部分的内部结构形状时，与斜视图一样，可以先设置一个与该部分平行的辅助投影面，然后用一个平行于该投影面的剖切面切开机件，在辅助投影面上得到的剖视图就是斜剖视图，如图 5-33 所示。

斜剖视图可以是全剖视图、半剖视图或局部剖视图。

斜剖视图一般按视图关系配置，也可将其平移到图纸的其他位置；在不致引起误解的前提下，允许将图形旋转。但经过旋转后的斜剖视图，除了按正常的标注方法进行标注以外，还须在剖视图名称"×－×"后面标注旋转符号，如图 5-33(b)所示。标注时，字母必须水平书写，旋转符号中的箭头方向就是图形的旋转方向。

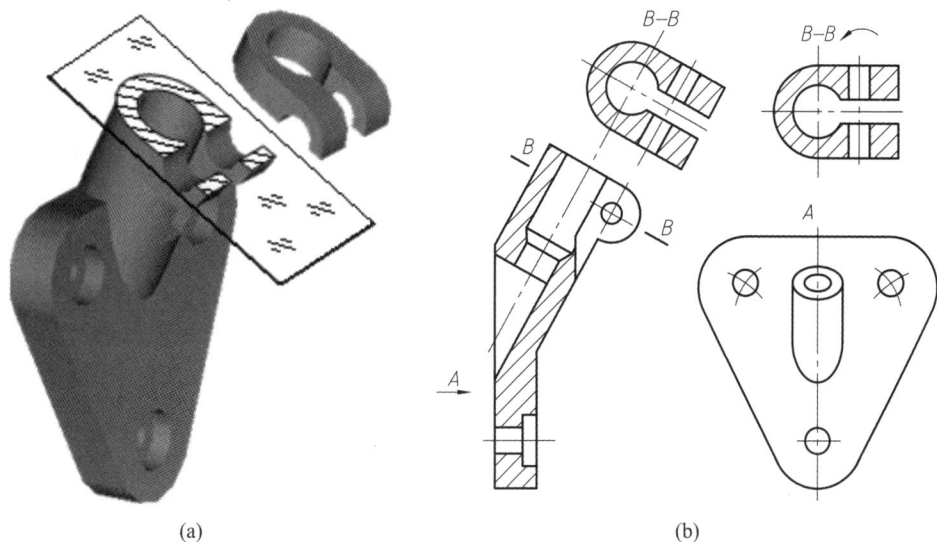

(a)　　　　　　　　　　　　　　　　(b)

图 5-33　斜剖视图

(a) 立体图；(b) 斜剖视图

三、用几个平行的剖切面得到的剖视图及其画法

用几个彼此平行的剖切面剖切机件所得到的剖视图，在企业中形象地称为阶梯剖。若机件上的内部结构较多，而它们又不位于同一平面内，则需要采用"阶梯剖"，如图 5-34 所示。

画"阶梯剖"时必须注意以下几点：

(1) 剖切面转折处不应与图形中的轮廓线重合，且不应画出剖切面转折处的分界线，如图 5-34 所示。

(2) 在剖视图中不应出现不完整的要素，如图 5-35 所示剖切方法和画法都是错误的。

(3) 当两个要素在图中具有公共对称面或轴线时，可以对称面或轴线为界，两个要素各画一半，如图 5-36 所示。

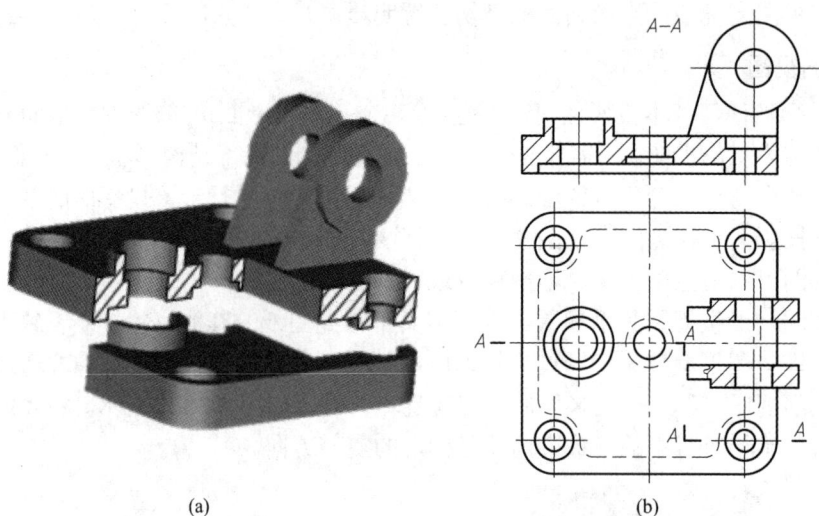

图 5-34 "阶梯剖"

(a) 支架的阶梯剖切立体图；(b) 支架的"阶梯剖"

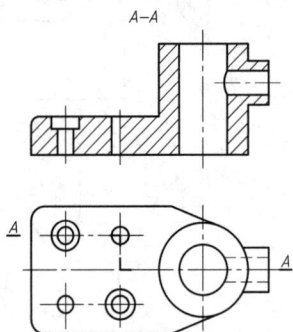

图 5-35 "阶梯剖"中出现了不完整要素   图 5-36 允许出现不完整要素的"阶梯剖"

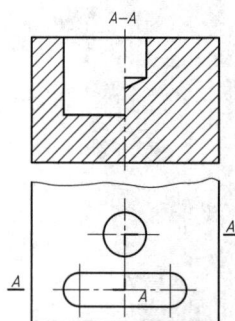

"阶梯剖"的标注方法：除了遵循单一剖切面的标注办法以外，在剖切面的转折位置也要用粗短线画出剖切符号，但转折处的字母或数字可以省略标注，如图 5-34、图 5-36 所示。

四、用几个相交的剖切面得到的剖视图及其画法

用几个相交的剖切面(剖切面的交线垂直于某一基本投影面)剖开机件的方法，在企业中形象地称为"旋转剖"。

当机件的内部结构比较复杂，且这些内部结构恰好不是位于一个或几个平行的平面内时，可使用"旋转剖"，如图 5-37 所示。

"旋转剖"的画法：先用几个相交的剖切面按剖切位置假想地剖开机件，然后将位于观察者与剖切面之间的部分移去，将被剖开的结构及有关部分旋转到与选定的基本投影面平行，再获得其视图，使剖视图反映机件内部结构的实形。

画"旋转剖"时必须注意以下几点：

(1) 当机件上有多个相同的内部结构时，允许只剖开其中的一个，如图 5-37 所示。

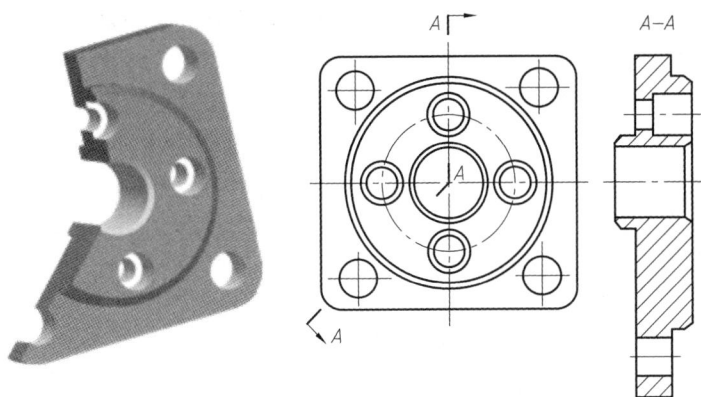

图 5-37　端盖及其旋转剖视图

(2) 为了避免产生误解，对于剖切面后面的其他结构，一般不随被剖开的结构旋转，仍按原来的画出视图，如图 5-38 所示摇杆上的小油孔。

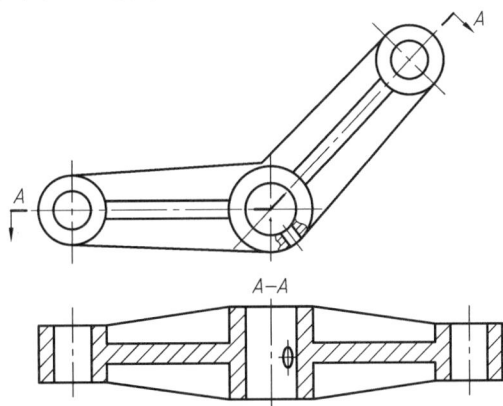

图 5-38　旋转剖视图(一)

(3) 当剖切后会产生不完整要素时，应将该部分按不剖画出，如图 5-39 中被圈定的结构。

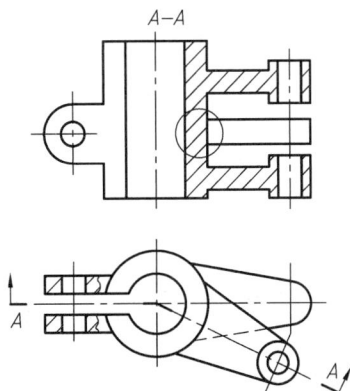

图 5-39　旋转剖视图(二)

(4) 当采用几个相交的剖切面剖切出现遮挡时，一般采用展开画法。这时剖视图名称应标注"×—×◯→"，如图 5-40 所示。

"旋转剖"的标注：与"阶梯剖"的标注相似，但应使代表视图方向的箭头垂直于剖切符号，如图 5-37、图 5-38、图 5-39、图 5-40 所示。

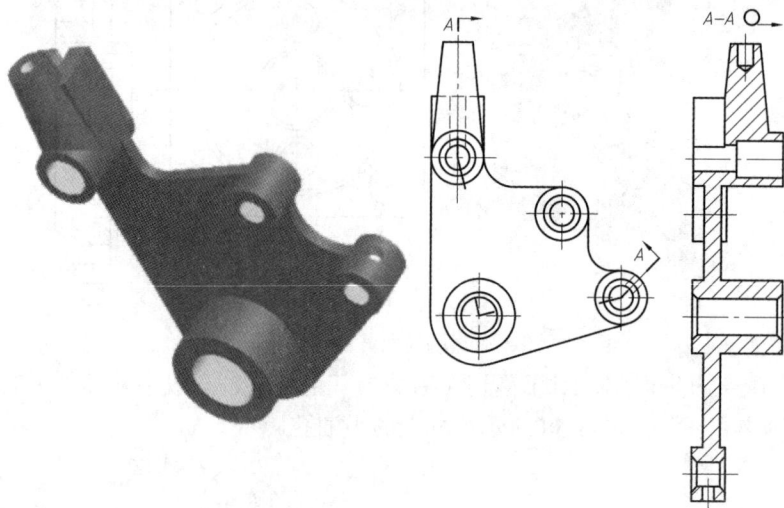

图 5-40　复合剖的展开画法

五、用组合剖切面得到的剖视图及其画法

采用组合的剖切面剖开机件的方法称为"复合剖"。当"旋转剖"或"阶梯剖"都不能将机件的内部结构完整地表达清楚时，可以采用以上几种剖切方法的组合，即"复合剖"。关于复合剖的画法及标注，如图 5-41、图 5-42 所示。

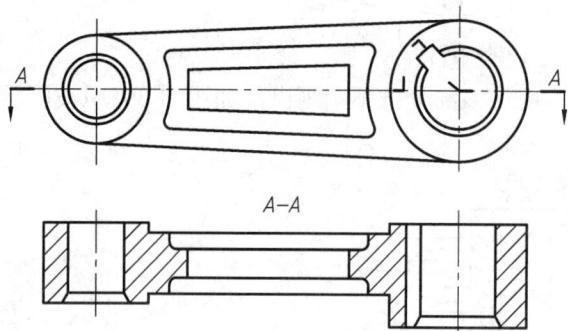

图 5-41　"复合剖"（一）

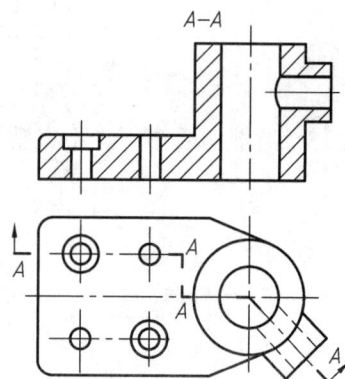

图 5-42　"复合剖"（二）

第三节　断　面　图

一、基本概念

所谓断面图就是假想用剖切面将机件的某处切断，仅画出该剖切面与机件接触部分(即断面)的图形。

得到断面图的方法与剖视图相同，如图 5-43 所示。但二者的区别在于：断面图只观察机件的断面，只需画出机件的断面实形，并在剖面区域内绘制剖面线；而剖视图观察的是机件，除了画出断面实形以外，还须画出剖切面与投影面之间机件的可见部分。

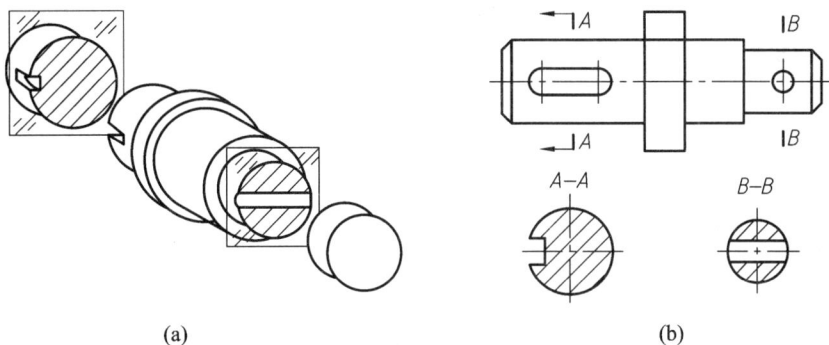

图 5-43　断面图

(a) 断面的形成；(b) 断面图

断面图常用来表达机件个别部分的断面实形，如机件上的键槽、小孔、肋板、轮辐和型材的断面等。如图 5-43(b)所示的断面图，则清楚地表达了轴上键槽及小孔的断面实形。

根据断面图配置的位置不同，分为移出断面图和重合断面图两种。其中，画在视图之外的断面图称为移出断面图；而画在视图内部的断面图称为重合断面图。

二、移出断面图

1. 移出断面图的画法

(1) 移出断面图画在视图之外，其轮廓线用粗实线绘制，一般只需画出机件的断面实形，如图 5-43(b)中的"A—A"断面图。

(2) 当剖切面通过以回转方式形成的孔或凹坑的轴线时，这些结构应按剖视图要求绘制，如图 5-43(b)中的"B—B"断面图和图 5-44(a)所示的断面图。

(3) 当剖切面通过非圆孔会导致完全分离的断面时，这些结构应按剖视图要求画出，如图 5-44(d)所示。

(4) 由两个或多个相交的剖切面剖切所得到的断面图，中间应用细波浪线断开，如图 5-44(e)所示。

2. 移出断面图的配置

(1) 移出断面图应一般配置在剖切线的延长线上，如图 5-44(a)所示。

(2) 对细长杆件，如其断面形状沿长度方向不变或呈规律变化，且断面图形对称时，移出断面图可放置在视图的中断处，如图 5-44(b)所示。

(3) 移出断面图可以按视图关系配置，如图 5-44(c)所示；必要时也可配置在其他合适的位置，在不致引起误解时，允许将倾斜的移出断面图旋转，如图 5-44(d)所示。

3. 移出断面图的标注

(1) 移出断面图一般用剖切符号表示剖切位置，用箭头表示视图方向并标注字母"×"。

在断面图的上方用同样的字母标出其名称"×—×";当断面图形旋转时,必须加注代表旋转方向的箭头,字母应放在靠近箭头一侧,并允许将旋转角度标注在字母之后,如图 5-44(d)所示。

(2) 当断面图配置在剖切线的延长线上时,可以省略字母,如图 5-44(a)所示。

(3) 当断面图形对称,或断面图形不对称但按视图关系配置时,均可省略箭头,如图 5-44(c)所示。

(4) 对于配置在剖切线的延长线上,或配置在视图中断处的对称断面,均不需标注,如图 5-44(a)、(b)、(e)所示。

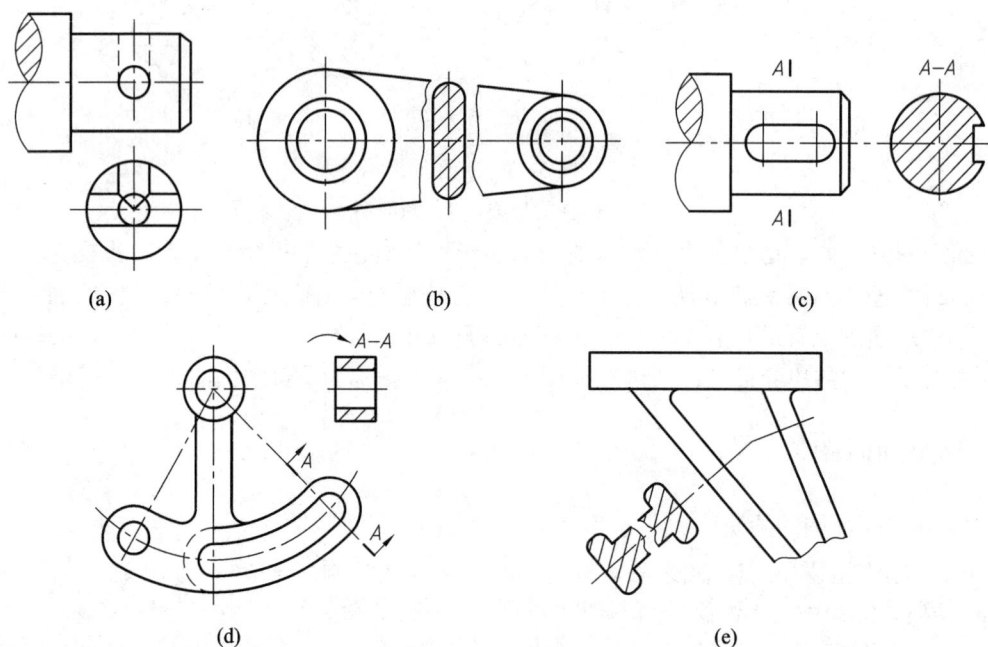

图 5-44　移出断面图

(a) 配置在剖切线的延长线上;(b) 配置在视图中断处

(c) 按视图关系配置;(d) 画在其他合适位置;(e) 两个剖切面得到的断面图

三、重合断面图

当断面形状简单,且不影响视图清晰时,可以使用重合断面图。

1. 重合断面图的画法

重合断面图画在视图内,其轮廓线用细实线绘制;当视图中的轮廓线与重合断面图的轮廓线重迭时,视图中的轮廓线仍应连续画出,不可间断,如图 5-45 所示。

2. 重合断面图的标注

对称的重合断面图不必标注,如图 5-45(a)、(b)所示;不对称的重合断面可以省略标注,如图 5-45(c)所示。

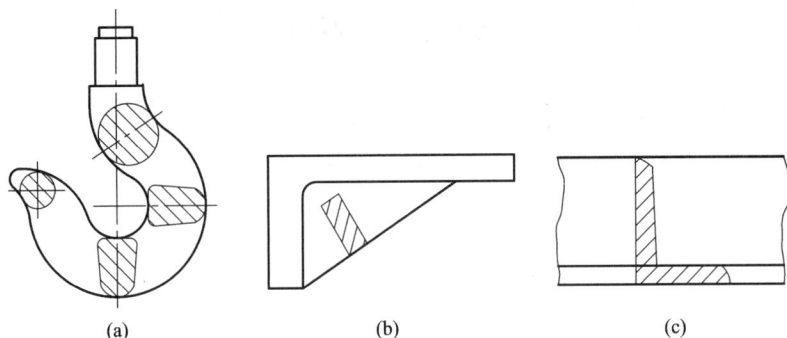

图 5-45　重合断面

(a) 吊钩；(b) 角钢；(c) 支架

第四节　局部放大图和简化画法

一、局部放大图

将机件的部分结构用大于原图形所采用的比例放大画出的图形，称为局部放大图，如图 5-46 所示。使用局部放大图的目的，是为了更清楚地表达机件的细小之处，更方便读图和标注尺寸。

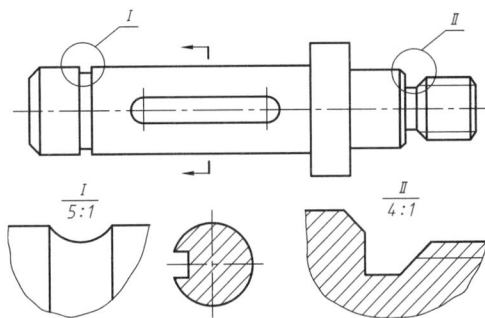

图 5-46　局部放大图

1. 局部放大图的画法

局部放大图的表达方法可以是视图、剖视图和断面图，即局部放大图与被放大部位的表达方法、画图比例无关；局部放大图的视图方向应和被放大部分的视图方向一致，与整体之间应用细波浪线断开；若为剖视图或断面图，其剖面线应与被放大部分相同，如图 5-46 所示。

同一机件上被放大的部位可以有一处或多处，同一机件上如有几处相同的结构时，只需画出一处的局部放大图，如图 5-47 所示。

2. 局部放大图的配置和标注

局部放大图应尽量配置在被放大部位的附近，必要时也可放置在其他合适的地方，如图 5-46、图 5-47 所示。

局部放大图的标注方法是：用细实线圈出被放大的部位，用大写罗马数字依次进行编号，在相应的局部放大图上方标注相同的数字和所采用的比例，如图 5-46 所示。该比例是局部放大图上线性尺寸与其实物相应要素的线性尺寸之比。当机件上被放大部位仅有一处时，可省略数字而只标注所采用的比例，如图 5-47 所示。

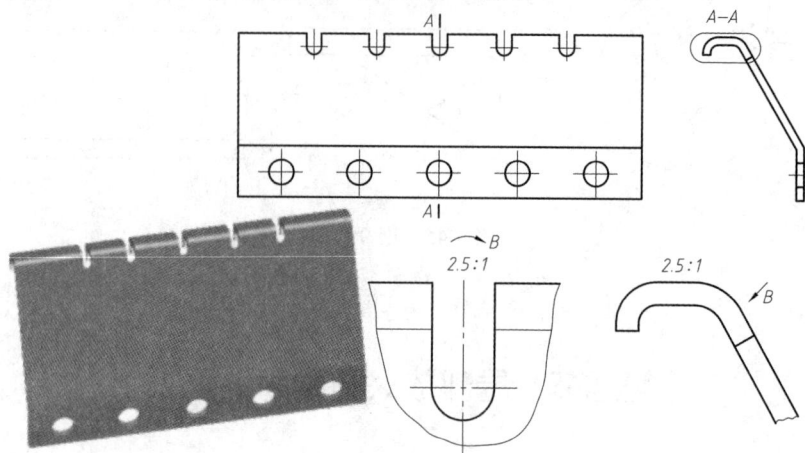

图 5-47　局部放大图示例

二、简化画法(规定画法)

鉴于机件结构形状的多样性和复杂性，有时对一些细小结构或重复结构没有必要甚至不可能按其实际结构绘制，往往采用简化画法。这并不是在画图时可以随意简化，而是按照国家制图标准的有关规定进行合理简化。

(1) 机件具有若干相同结构(如齿、槽等)，并按一定规律分布时，可只画出几个完整的结构，并在视图中表达其分布情况。重复结构的数量和类型应按相关国家标准的规定标注。其中，对称的重复结构用细点画线表示各重复结构的位置，不对称的重复结构则用相连的细实线代替，如图 5-48 所示。

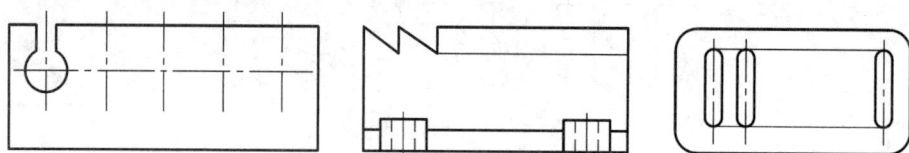

图 5-48　相同结构的简化画法

(2) 机件具有若干直径相同且成规律分布的孔(圆孔、螺孔、沉孔等)，可只画出一个或几个，其余只需用细点画线或"╋"表示其中心位置，如图 5-49 所示。

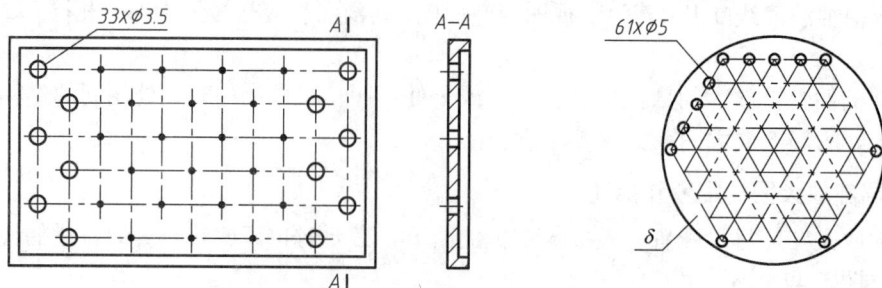

图 5-49　直径相同且成规律分布的孔的简化画法

(3) 对于网状物、编织物或机件上的滚花部分，可在轮廓线附近用粗实线局部画出，也可省略不画，如图 5-50 所示。

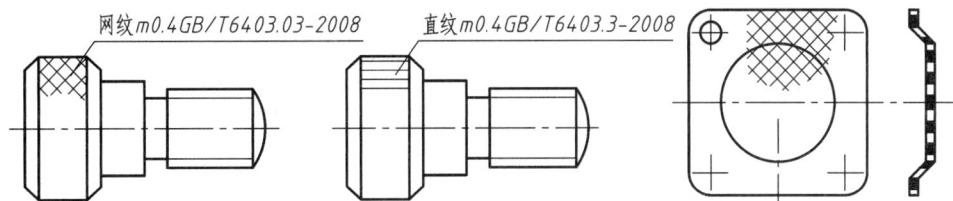

图 5-50　滚花及网状物的简化画法

(4) 对于左右手零件和装配件，允许只画出其中一件，另一件则用文字说明，其中"*LH*"为左件，"*RH*"为右件，如图 5-51 所示。

(5) 基本对称的零件仍可以对称零件的方式绘制，但应对其中不对称的部分加注说明，如图 5-52 所示。

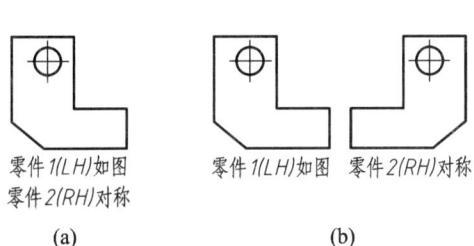

图 5-51　左右手零件的简化

(a) 简化后；(b) 简化前

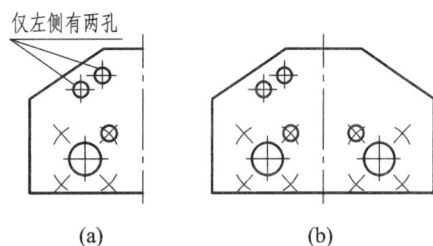

图 5-52　基本对称零件的简化

(a) 简化后；(b) 简化前

(6) 在不致引起误解时，对称机件的视图，可画略大于一半，如图 5-53(a)所示；也可只画四分之一或画一半，此时须在对称中心线的两端各画出两条与其垂直的细实线，以示对称，如图 5-53(b)、(c)所示。

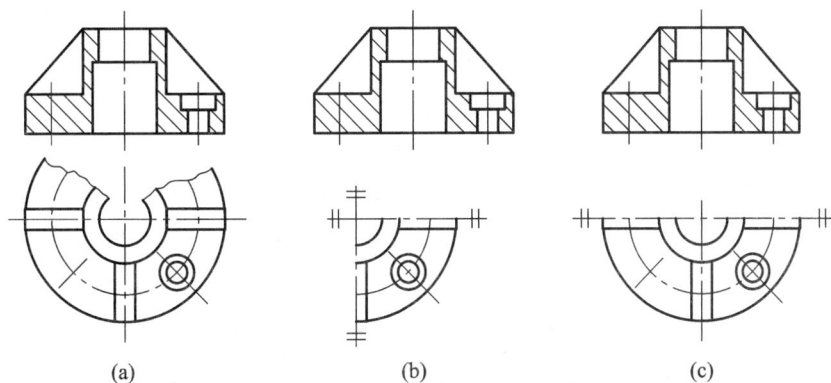

图 5-53　对称机件的简化画法

(a) 画略大于一半；(b) 只画四分之一；(b) 只画一半

(7) 圆柱法兰和类似零件上均匀分布的孔，可按图 5-54 所示的方法表示，以减少视图的数量。注意，其视图方向是由机件外指向法兰端面。

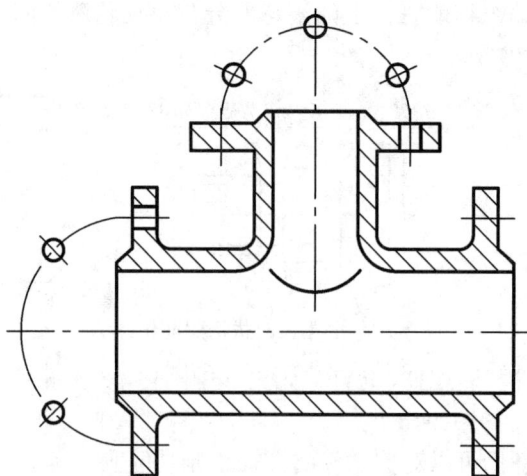

图 5-54　圆柱形法兰的简化画法

(8) 与投影面倾斜角度小于 30°的圆或圆弧，其视图可用圆或圆弧代替，如图 5-55 所示。

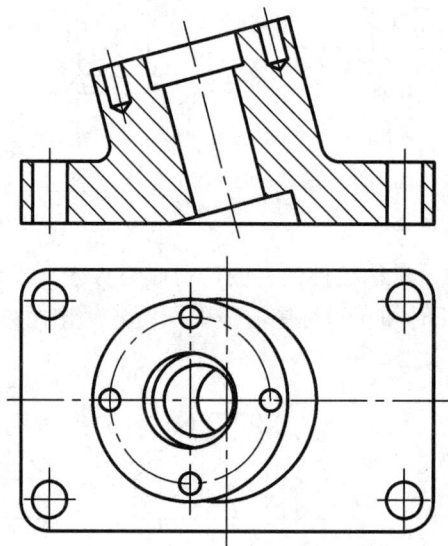

图 5-55　用圆弧代替非圆弧

(9) 当图形不能充分表达平面时，可用平面符号(两条相交的细实线)表示，如图 5-56 和图 5-57 所示。

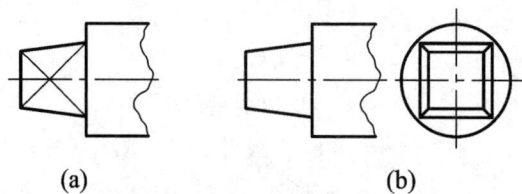

(a)　　　　　　　　　　　　(b)

图 5-56　带平面结构的简化画法(一)

(a) 简化后；(b) 简化前

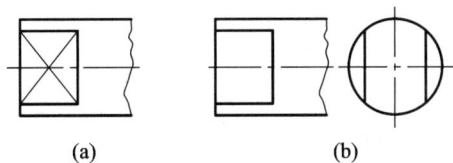

图 5-57 带平面结构的简化画法(二)

(a) 简化后；(b) 简化前

(10) 机件表面的相贯线与截交线，如在一个视图中已表达清楚时，则在其他视图中可以简化，如图 5-58 中箭头所指处的截交线，移出断面中已表达清楚，主视图中可省略不画。

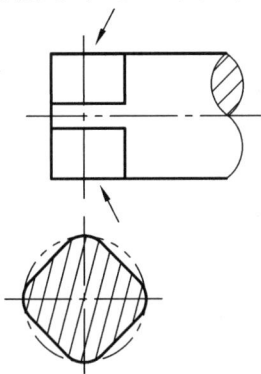

图 5-58 截交线的简化画法

(11) 机件上斜度不大的结构，如在一个图形上已表达清楚时，其他图形可按小端画出，如图 5-59 所示。

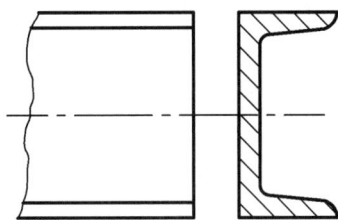

图 5-59 较小斜度的简化画法

(12) 较长的机件(轴、杆、型材、连杆等)，沿长度方向的形状不变或按一定规律变化时，可断开后缩短表示，如图 5-60 所示。

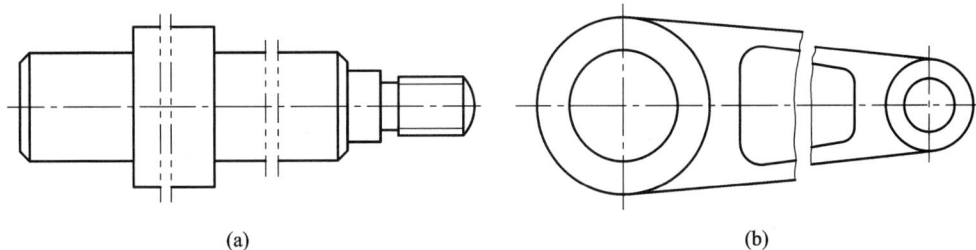

图 5-60 细长机件的折断画法

(a) 用双点画线断开；(b) 用波浪线断开

(13) 在剖视图的剖面区域中，可再作一次局部剖视，一般称为"剖中剖"。采用这种方法表达时，两个剖面区域的剖面线应同方向、同间隔，但要互相错开，并用指引线标注其名称，如图 5-61 所示。

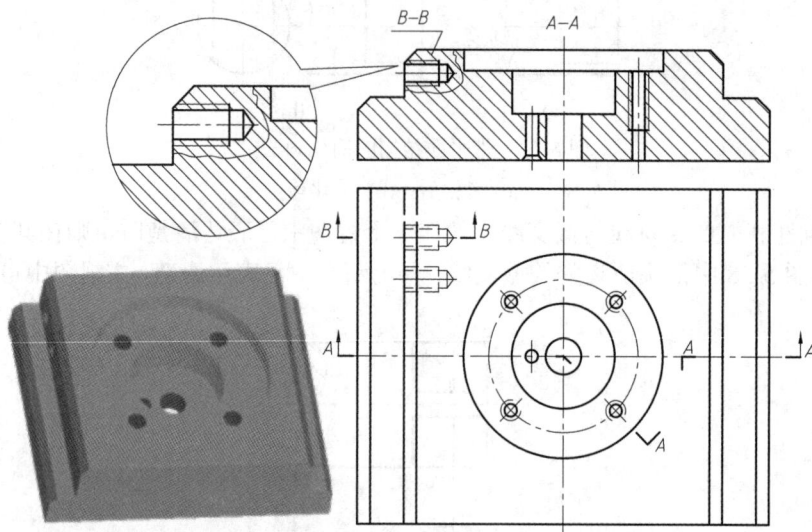

图 5-61　剖中剖

(14) 除确属需要表达的某些结构圆角、倒角外，其他圆角或倒角在视图中均可不画，但必须在技术要求中加以说明(如图 5-62 所示)，或在视图中标注尺寸(如图 5-63 所示)。

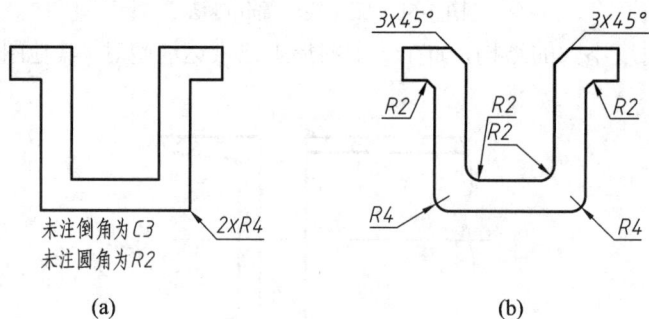

(a)　　　　　　　　　　　　　(b)

图 5-62　小圆角的简化画法(一)

(a) 简化后；(b) 简化前

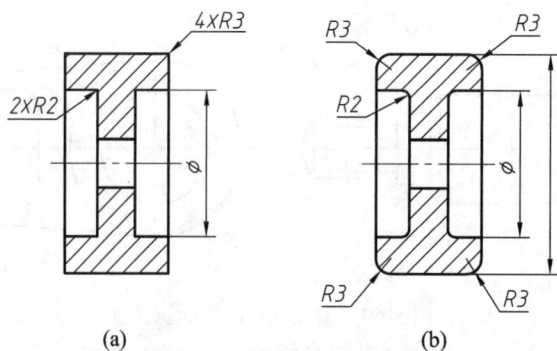

(a)　　　　　　　　　　　　　(b)

图 5-63　小圆角的简化画法(二)

(a) 简化后；(b) 简化前

第五节　表达方法应用举例

前面介绍了机件的各种表达方法。绘图时，应根据机件的具体形状和结构特点进行分析，选用比较适当的视图、视图数量和表达方法，由此构成了机件的表达方案。同一机件往往可以有多种表达方案，但需要经过分析比较，择优选择。在选择表达方案时，应首先保证能准确、完整、清晰地表达出机件的结构形状，其次应力求制图简便、容易读图。下面就以两个机件为例，介绍如何选择表达方案。

一、弯架的表达方案分析

如图 5-64 所示的弯架大致由四部分组成：带有两个安装孔的长方形安装板，带有两个圆柱孔的长圆形凸台，圆柱筒，连接安装板和圆筒的 T 形肋板。该机件的特点是：机件的内部结构有多个圆孔，孔与孔之间有相贯线；其外部结构有不同形状的平板、圆柱管、肋、凸台等，它们之间存在着截交线和相贯线；整个机件上下、左右均不对称，仅前后对称。

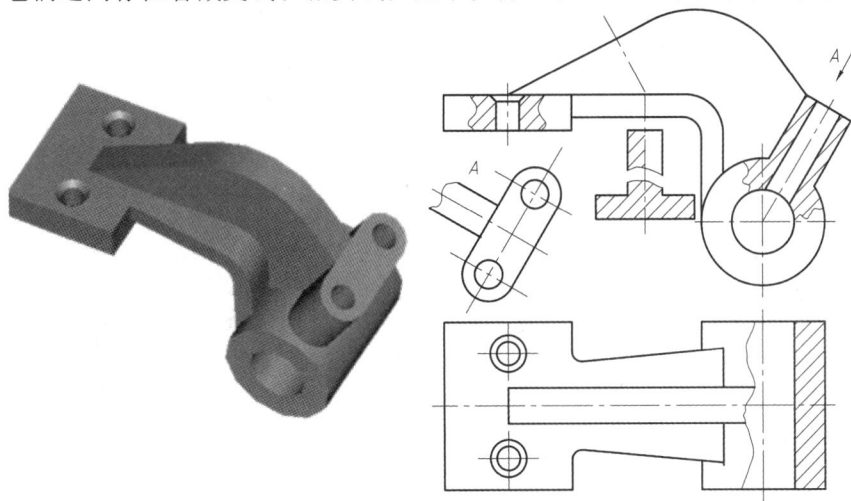

图 5-64　弯架的表达方案

根据以上分析可知，首先选用主视图表达机件的主要形状特征；由于机件上有多个圆柱孔，按理可以使用全剖视图，但因这些圆柱孔都较小，故主视图采用局部剖视图为宜，从而也不再需要后视图。在此基础上，使用俯视图主要表达机件的外形，但由于圆柱筒上有一个倾斜的凸台，在俯视图上无法反映其实形，不用表达，故采用局部剖视图，表达圆柱筒的内部结构；而通过增加一个斜视图"A"来表达凸台的实形。对于 T 形肋板，则采用了移出断面图来表达其断面形状。这样，该弯架仅用了两个视图(局部剖)、一个移出断面图和一个局部斜视图就清楚地表达了其内外结构形状，简捷明了。

二、减速器箱体的表达方案分析

图 5-65 所示的机件是一个蜗杆蜗轮减速器的箱体，它大致由底座、圆筒、机壳、肋板、

凸台等结构组成，该机件的特点是：其内部结构比较复杂，有圆筒、空腔、圆孔等；其外部结构也比较复杂，有凸台、底板、底板上的凹槽等；整个机件前后对称，但上下、左右均不对称。

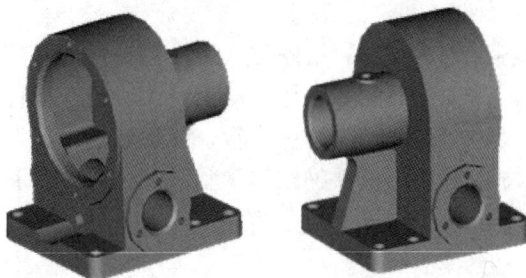

图 5-65　蜗轮减速器的箱体

　　通过上面的形体分析，最终选择了如图 5-66 所示的表达方案：采用了主、俯、左三个基本视图和四个局部视图。其中：主视图使用全剖视图表达机件的内部结构形状；俯视图使用半剖视图既反映内形又反映外形；左视图使用局部剖视图来补充表达箱体的内形和外形，为此增加了局部视图"A"以表达油孔和油槽的大小、形状和位置。另外，由于主视图采用的全剖视图，致使箱体前后两侧的凸台结构没有表达出来，故增加了局部视图"B"以表达凸台的形状、大小及其上面盲孔的形状、大小、数量及分布情况；使用局部视图"E"表达底座以及底座上凹槽的大小、形状和位置；还使用局部视图"F"表达了肋板的厚度和位置等。这样用了七个视图就把该箱体的结构形状表达清楚了。

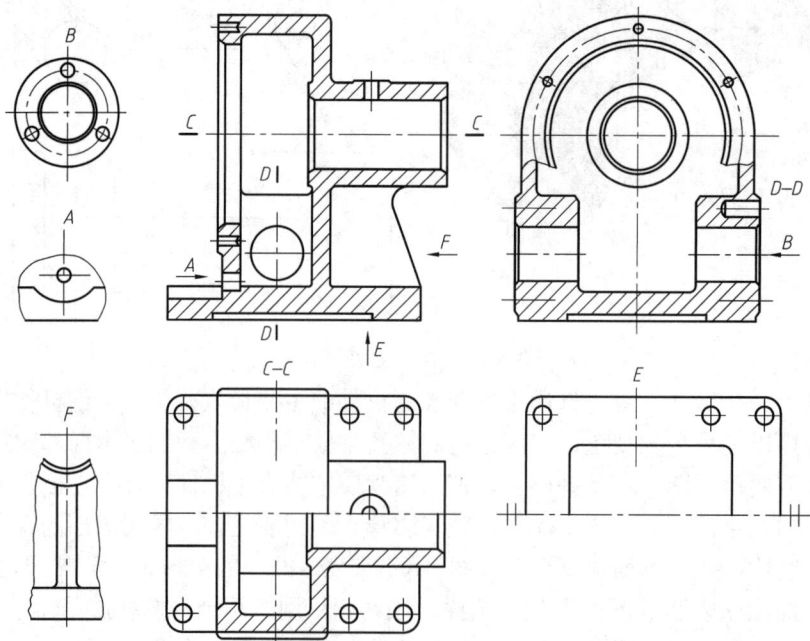

图 5-66　箱体的表达方案(一)

　　其实，聪明的读者可能已经发现，左视图也可以使用半剖视图，同样既能表达内形又能表达外形，并且可以省去局部视图"A"；如果给肋板增加一个重合断面图，可以很容易地想象肋板的断面实形；再比如，在俯视图中增加少量的虚线以表达底座上凹槽的大小、形状和位置，从而可省去局部视图"*E*"，等等，如图 5-67 所示。看看读者是否还能想到其他比较合适的表达方案。

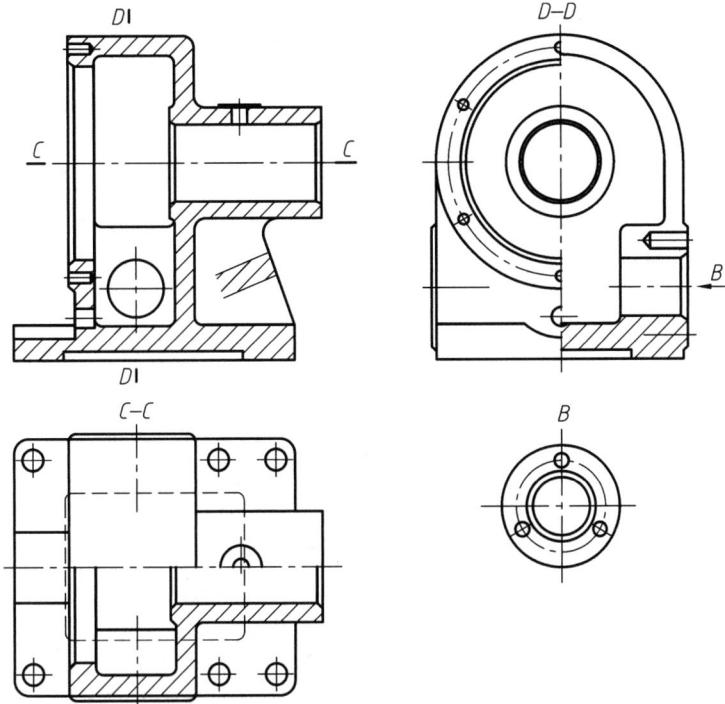

图 5-67　箱体的表达方案(二)

第六章 标准件和常用件

在机器或设备中，有些被大量使用的机件，如螺纹紧固件、键、销、轴承等，它们的结构、尺寸等都已标准化、系列化，称之为标准件。有些机件如齿轮、弹簧等，它们一部分重要的参数已经标准化、系列化，称之为常用件。图 6-1 所示的齿轮减速器有 26 种零件，其中的标准件和常用件就有 13 种之多。

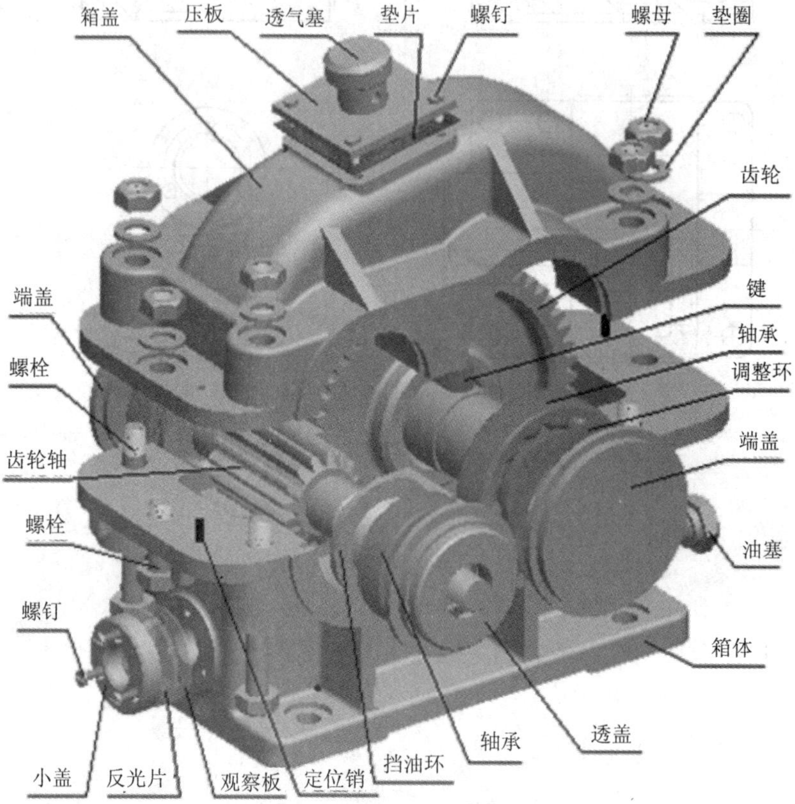

图 6-1 齿轮减速器

由于标准件和常用件的应用非常广泛，需要量也很大，故需要大量或批量生产。为便于组织专业化协作生产，使用专用机床和标准刀具、量具加工制作，以提高生产效率，降低成本，提高装配、维修时零件的互换性，同时也为了减轻设计负担，国家有关部门发布了各种标准件的标准、常用件的部分参数标准，还规定了相关画法、代号和标记。绘图时，不需要按其实际结构绘制，而只按规定的画法进行绘图、用规定代号进行标记。这些机件的详细结构和尺寸，可根据机件的规格代号查阅有关国家标准或机械设计手册。

本章将介绍螺纹紧固件、键、销、滚动轴承、齿轮和弹簧的规定画法、代号和标记。

第一节　螺纹的规定画法和标注

一、螺纹的形成及其几何要素

1. 螺纹的形成

螺纹是在圆柱(或圆锥)表面上，沿螺旋线所形成的具有相同剖面形状的连续凸起和沟槽。在圆柱(或圆锥)外表面上形成的螺纹称为外螺纹；在圆柱(或圆锥)内表面上形成的螺纹称为内螺纹。螺纹的加工方法很多，图 6-2 给出了几种常见的螺纹加工方法。

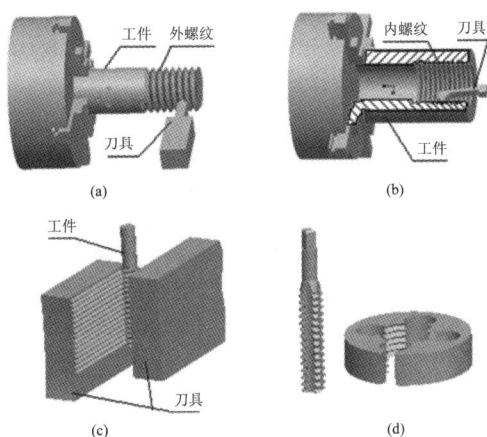

图 6-2　螺纹的加工

(a) 车外螺纹；(b) 车内螺纹；(c) 碾压螺纹；(d) 丝锥和板牙

2. 螺纹的几何要素

(1) 牙型。在通过螺纹轴线的剖面上螺纹的轮廓形状，它由牙顶、牙底和牙侧构成，如图 6-3 所示。牙型是螺纹最主要的形状特征，牙型不同，则制造螺纹的刀具形状就不同。常用的标准螺纹见表 6-1。

(2) 基本直径。基本直径包括大径、中径和小径。工件的直径由给定的大径确定，车刀深入工件的深度由给定的中径和小径确定。对于外螺纹，螺纹的顶径即为螺纹大径；对于内螺纹，螺纹的底径即为螺纹大径，如图 6-3 所示。

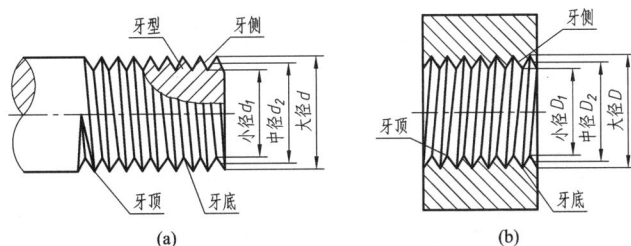

图 6-3　外螺纹和内螺纹

(a) 外螺纹；(b) 内螺纹

(3) 螺距 P 或导程 S。螺纹相邻两牙在中径线上对应两点间的轴向距离，称为螺距。同一条螺旋线上相邻两牙在中径线上对应两点间的轴向距离，称为导程。导程等于线数乘以螺距，即 $S = nP$。单线螺纹的导程等于螺距，双线螺纹的导程等于螺距的 2 倍，如图 6-4 所示。

(4) 线数 n。沿一条螺旋线形成的螺纹称为单线螺纹；沿轴向等距分布的两条或两条以上的螺旋线形成的螺纹称为多线螺纹，如图 6-4 所示。

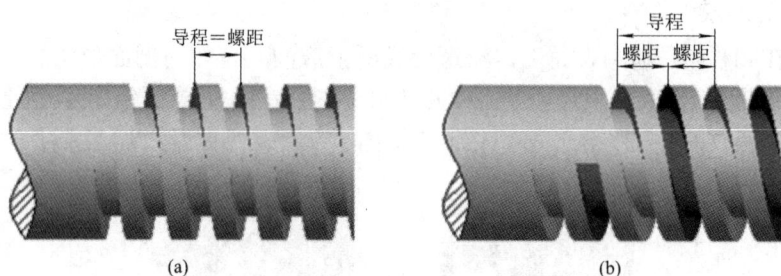

图 6-4 螺纹的线数

(a) 单线螺纹；(b) 双线螺纹

表 6-1 常用的标准螺纹

种类			牙型代号	牙 型 放 大 图	说 明
连接螺纹	普通螺纹	粗牙	┃		最常用的连接螺纹，一般连接多使用粗牙。在相同的大径下，细牙螺纹的螺距较粗牙小，切深较浅，多用于薄壁或紧密连接的零件上
		细牙			
	管螺纹	用螺纹密封	Rc R		包括圆锥内螺纹与圆锥外螺纹、圆柱内螺纹与圆锥外螺纹两种连接形式。必要时，允许在螺纹副内添加密封物，以保证连接的紧密性。适用于管子、管接头、旋塞、阀门等
			Rp		
		非螺纹密封	G		螺纹本身不具有密封性，若要求连接后具有密封性，可压紧被连接件螺纹副外的密封面，也可在密封面间添加密封物。适用于管接头、旋塞、阀门等
传动螺纹	梯形螺纹		*r		用于传递运动和动力，如机床丝杠、尾架丝杠等
	锯齿形螺纹		+		用于传递单向压力，如千斤顶螺杆

(5) 旋向。螺纹有左旋和右旋之分。如图 6-5 所示，顺时针旋转时旋入的螺纹，称为右旋螺纹；逆时针旋转时旋入的螺纹，称为左旋螺纹，使用"LH"表示。工程上常用右旋螺纹。

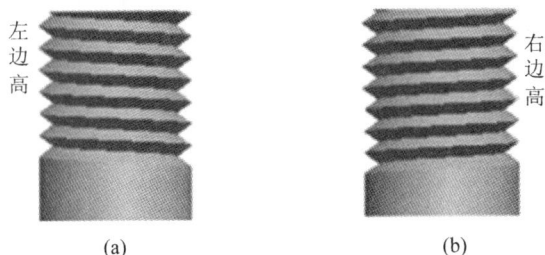

图 6-5　螺纹的旋向

(a) 左旋螺纹；(b) 右旋螺纹

内、外螺纹连接时，以上各几何要素必须一致。其中，牙型、公称直径和螺距是决定螺纹的最基本要素，通常称为螺纹三要素。凡螺纹三要素符合标准的称为标准螺纹；牙型符合标准、而直径或螺距不符合标准的，称为特殊螺纹，标注时应在牙型符号前加注"特"字；对牙型不符合标准的，如方牙螺纹，称为非标准螺纹。下面将主要介绍标准螺纹。

二、螺纹的规定画法

1. 外螺纹的规定画法

国标规定，在平行于螺纹轴线的投影面的视图中，螺纹牙顶(即大径)及螺纹终止线用粗实线表示，螺纹牙底(即小径，可取 0.85 倍的大径)用细实线表示，倒角或倒圆部分也要画牙底的细实线；需要画成剖视图时，剖面线必须画到粗实线为止。在垂直于螺纹轴线的投影面的视图中，螺纹牙顶用粗实线圆表示，牙底用 3/4 细实线圆表示，此时倒角不应画出，如图 6-6 所示。

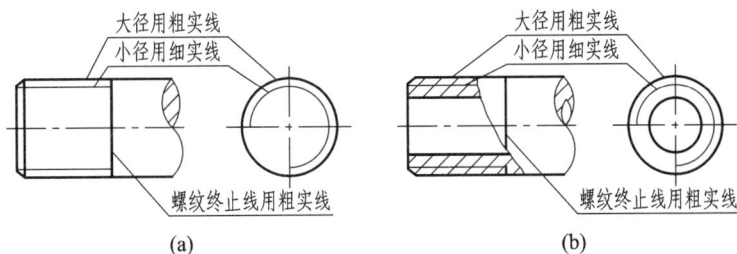

图 6-6　外螺纹的规定画法

(a) 视图；(b) 剖视图

2. 内螺纹的规定画法

内螺纹常用剖视图表达。国标规定，在平行于螺纹轴线的投影面的剖视图中，螺纹牙顶(小径，也取 0.85 倍的大径)及螺纹终止线画成粗实线，螺纹牙底(大径)画成细实线，剖面线必须画到粗实线为止；在垂直于螺纹轴线的投影面的视图中，牙顶画粗实线圆，牙底只画 3/4 细实线圆，倒角省略不画，如图 6-7(a)所示。在不剖的视图中，不可见的螺纹，所有图线均为虚线，如图 6-7(b)所示。

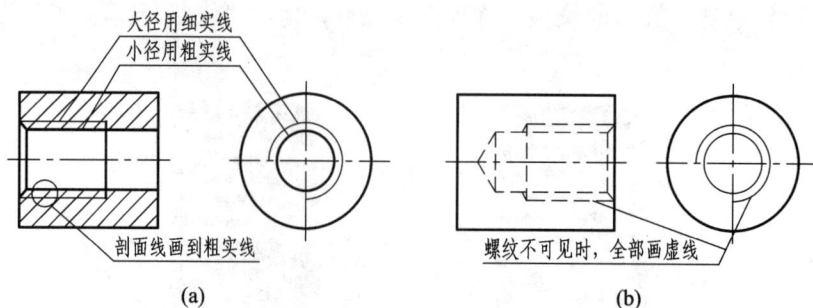

图 6-7　内螺纹的规定画法

(a) 剖视图；(b) 视图

当绘制不通的螺孔时，其钻孔深度应比螺纹深度大 $0.2D\sim0.5D$(其中：D 是螺纹的公称直径)。由于钻头的刃锥角约等于 $120°$，所以孔底部的锥角应画成 $120°$，如图 6-8 所示。

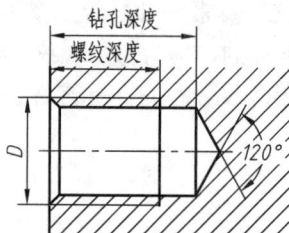

图 6-8　不通的螺孔

3. 螺纹连接的规定画法

用剖视图表达一对内、外螺纹连接时，旋合部分应按外螺纹绘制，其余部分仍按各自的画法表示；一般情况下，螺纹小径约取 0.85 倍的螺纹大径画出，且使：钻孔深度 ≈ 螺孔深度 + $0.5D$ ≈ 旋入深度 + D，其中 D 是螺纹的公称直径。应该注意的是：表示螺纹大、小径的粗实线、细实线应分别对齐，与是否画出倒角以及与倒角的大小无关，如图 6-9 所示。

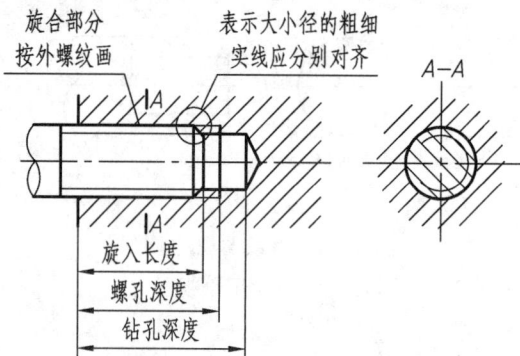

图 6-9　螺纹连接的规定画法

三、螺纹的标记和标注

在图样中，螺纹除了按上述的规定画法表示以外，还必须对螺纹进行标记和标注。

螺纹的完整标记由螺纹代号、螺纹公差带代号和螺纹旋合长度代号组成，其格式为

$$\boxed{螺纹代号} - \boxed{螺纹公差带代号(中径)(顶径)} - \boxed{旋合长度代号}$$

其中，螺纹代号的一般格式为

$$\boxed{牙型代号} \quad \boxed{公称直径} \times \boxed{\begin{array}{c}螺距(单线时) \\ 或 \\ 导程(P螺距)(多线时)\end{array}} \quad \boxed{旋向}$$

对于常用的右旋螺纹，其旋向可省略不标。螺纹公差带代号包括中径公差带代号和顶径公差带代号，如果二者相同，只标注一个，外螺纹用小写字母，内螺纹用大写字母。螺纹的旋合长度规定了短(S)、中(N)、长(L)三种类型，分别与精密、中等、粗糙三种精度对应。中等旋合长度(N)一般省略不标。

1. 普通螺纹

普通螺纹的牙型代号为"M"，普通螺纹分为粗牙普通螺纹和细牙普通螺纹，见表6-2。

表6-2 普通螺纹的直径与螺距(GB/T 193—2003) mm

标记示例

公称直径 $d = 10$，螺距 $P = 1$，中径、顶径公差带代号7H，中等旋合长度，单线细牙普通内螺纹：

M10×1—7H

公称直径 D、d		螺距 P		小径 D_1、d_1
第一系列	第二系列	粗牙	细牙	粗牙
3		0.5	0.35	2.459
	3.5	(0.6)		2.850
4		0.7		3.242
	4.5	(0.75)	0.5	3.688
5		0.8		4.134
6		1	0.75、(0.5)	4.917

…

注：① 优先选用第一系列，括号内尺寸尽可能不用。第三系列未列入。② M14×1.25 仅用于火花塞。M35×1.5 仅用于滚动轴承锁紧螺母。

同一公称直径的粗牙普通螺纹只有一种螺距，因此其螺距不必标注；同一公称直径的

细牙普通螺纹，则有一种或多种螺距，因此，细牙普通螺纹必须注出螺距。例如：

"M12" 表示公称直径为 12 mm，右旋的粗牙普通螺纹；

"M12×1.25 左" 表示公称直径为 12 mm，螺距 1.25 mm，左旋的细牙普通螺纹；

"M10—5g6g" 表示公称直径为 10 mm，右旋的粗牙普通(外)螺纹，中径公差带为 5 g，顶径公差带为 6 g，中等旋合长度；

"M10×1 左—7H—L" 表示公称直径为 10 mm，螺距为 1 mm，左旋的细牙普通(内)螺纹，中径、顶径公差带皆为 7H，属于长旋合长度。

2. 管螺纹

管螺纹分为非螺纹密封的管螺纹和用螺纹密封的管螺纹两种，均为英寸制。管螺纹的标记包括牙型代号和尺寸代号，非螺纹密封的外管螺纹还应标注公差等级。管螺纹的牙型代号分别是：

G：非螺纹密封的内、外管螺纹，见表6-3；

R_P：用螺纹密封的圆柱内管螺纹；

R_C：用螺纹密封的圆锥内管螺纹；

R：用螺纹密封的圆锥外管螺纹。

表 6-3 非螺纹密封的管螺纹(GB/T 7307—2002) mm

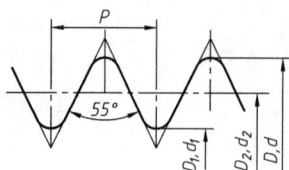

标记示例

尺寸代号 $1\frac{1}{2}$ 的左旋内螺纹：$G1\frac{1}{2}-LH$

尺寸代号	每 25.4 mm 中的螺纹牙数 n	螺距 P	螺 纹 直 径	
			小径 D, d	小径 D_1, d_1
$\frac{1}{8}$	28	0.907	9.728	8.566
$\frac{1}{4}$	19	1.337	13.157	11.445
$\frac{3}{8}$	19	1.337	16.662	14.950
$\frac{1}{2}$	14	1.814	20.955	18.631

管螺纹的尺寸代号与带有外螺纹管子的孔径相近，而不是管螺纹的大径。当螺纹左旋时，应在尺寸代号后加注"LH"，并用"—"隔开。例如：

"G1/2A"表示公差等级为 A 级，尺寸代号为 1/2 英寸的非螺纹密封的右旋外管螺纹；

"G1/2"表示尺寸代号为 1/2 英寸的非螺纹密封的右旋内管螺纹；

"R1/2—LH"表示尺寸代号为 1/2 英寸的用螺纹密封的左旋圆锥外管螺纹。

3. 梯形螺纹

梯形螺纹的牙型代号为"Tr"，见表 6-4。按照螺纹代号的一般格式，单线螺纹尺寸规格为"公称直径×螺距"；多线螺纹尺寸规格为"公称直径×导程(P 螺距)"。螺纹左旋时，加注"LH"。梯形螺纹的公差带代号只标注中径公差带代号。例如：

"Tr32×6 LH"表示公称直径为 32mm，螺距为 6 mm 的单线左旋梯形螺纹；

"Tr32×12(P6)—7e—L"表示公称直径为 32 mm，导程为 12 mm，螺距为 6 mm 的双线右旋梯形(外)螺纹，中径公差带代号为 7e，长型旋合长度。

表 6-4　梯形螺纹直径与螺距系列(GB/T 5796.2—2005)　　　　　mm

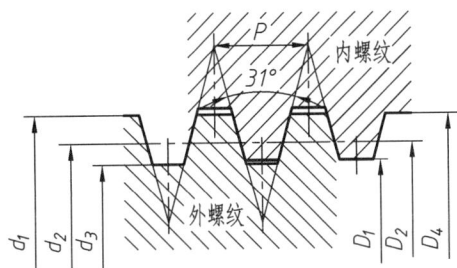

标注示例

公称直径 $d = 40$，导程 P7 $= 14$，螺距 $P = 7$，中径公差带代号 8e，长旋合长度的双线左旋梯形螺纹：

$Tr40×14(P7)LH—8e—L$

公称直径 d		螺距 P	中径 $d_2 = D_2$	大径 D_4	小径		公称直径 d		螺距 P	中径 $d_2 = D_2$	大径 D_4	小径	
第一系列	第二系列				d_3	D_1	第一系列	第二系列				d_3	D_1
8		1.5	7.25	8.30	6.20	6.50		26	3	24.50	26.50	22.5	23.0
	9	1.5	8.25	9.30	7.20	7.50			5	23.50	26.50	20.5	21.0
		2	8.00	9.50	6.50	7.00			8	22.00	27.00	17.0	18.0
10		1.5	9.25	10.30	8.20	8.50		28	3	26.50	28.50	24.5	25.0
		2	9.00	10.50	7.50	8.00			5	25.50	28.50	22.5	23.0

......

4. 锯齿形螺纹

锯齿形螺纹的牙型代号为"B"，其标注方法与梯形螺纹相同，例如：

"B40×7LH—7c"表示公称直径为 40 mm，螺距为 7 mm，中径公差带代号为 7c，中等旋合长度的单线左旋锯齿形外螺纹；

"B40×14(P7)—8c—L"表示公称直径为 40 mm，导程为 14 mm，螺距为 7 mm，中径公差带代号为 8c，长型旋合长度的右旋双线锯齿形螺纹。

在图样中，一般只标注螺纹的牙型代号，必要时才标注螺纹的完整标记。螺纹的规格代号必须标注在螺纹的大径上；对于管螺纹，应使用指引线从螺纹的大径引出标注，表 6-5 是各种常用螺纹的标注方式及示例。

表 6-5 常用螺纹的标注方式及示例

螺纹种类	标 注 示 例	说 明
普通螺纹	M10-6H	表示公称直径为 10 mm 的右旋粗牙普通螺纹(内螺纹),中径和顶径公差带代号均为 6H,中等旋合长度
	M16×1.5-6e	表示公称直径为 16 mm,螺距为 1.5 mm 的右旋细牙普通螺纹(外螺纹),中径和顶径公差带代号均为 6e,中等旋合长度
	M10左-5g6g-S	表示公称直径为 10 mm 的左旋粗牙普通螺纹(外螺纹),中径公差带代号为 5 g,顶径公差带代号为 6 g,短型旋合长度
用螺纹密封的管螺纹	R_P1	表示尺寸代号为 1,用螺纹密封的右旋圆柱内管螺纹
	$R\frac{1}{2}$-LH	表示尺寸代号为 1/2,用螺纹密封的左旋圆锥外管螺纹
	$Rc\frac{1}{2}$	表示尺寸代号为 1/2,用螺纹密封的右旋圆锥内管螺纹

续表

螺纹种类	标 注 示 例	说 明
非螺纹密封的管螺纹	*G1*	表示尺寸代号为 1,非螺纹密封的右旋圆柱内管螺纹
	G3/4B	表示尺寸代号为 3/4,非螺纹密封的 B 级右旋圆柱外管螺纹
梯形螺纹	*Tr40x7-7e*	表示公称直径为 40 mm、螺距为 7 mm 的单线右旋梯形外螺纹,中径公差带代号为 7e,中等旋合长度
	Tr40x14(P7)LH-8e-L	表示公称直径为 40 mm、导程为 14 mm、螺距为 7mm 的双线左旋梯形外螺纹,中径公差带代号为 8e,长型旋合长度
锯齿形螺纹	*B90x12LH-7c*	表示公称直径为 90 mm、螺距为 12 mm 的单线左旋锯齿形外螺纹,中径公差带代号为 7c,中等旋合长度

第二节　常用螺纹紧固件的规定画法和标注

螺纹紧固件是利用螺纹的连接作用来连接和紧固其他一些零部件的标准件。常用的螺纹紧固件包括螺栓、螺柱、螺钉、螺母、垫圈等,它们的结构、尺寸均已标准化、系列化,并由专业厂家大批量生产，因此，一般不需要详细画出它们的零件图，而是根据其结构特点、以一定的比例按规定画法进行绘制。

螺纹紧固件的规定标记包括：名称、国标代号和规格尺寸。例如：

螺栓、螺母和垫圈的规定标记为

螺栓　GB/T 5780—2000　M$d \times l$

螺母　GB/T 6170—2000　MD

垫圈　GB/T 97.1—2002　d

上述各标记分别表示：螺纹直径为 d mm、公称长度为 l mm 的六角头螺栓，国标代号是 GB/T 5780—2000；螺纹直径为 D mm 的 I 型六角螺母，国标代号是 GB/T 6170—2000；公称尺寸为 d mm(与螺纹直径为 d 的螺栓配用)的平垫圈，国标代号是 GB/T 97.1—2002。

常用螺纹紧固件及规定标记见表 6-6，根据螺纹紧固件的规定标记，可在机械设计手册或相关技术标准中查出尺寸，本书中节选部分国标内容，见表 6-7、表 6-8、表 6-9、表 6-10、表 6-11、表 6-12。

表 6-6　常用螺纹紧固件及标记示例

名称及标准号	图例及标记示例	名称及标准号	图例及标记示例
六角头螺栓 GB/T 5780—2000	螺栓 GB/T 5780—2000 M10 × 35	开槽沉头螺钉 GB/T 68—2000	螺钉 GB/T 68—2000 M10 × 50
螺 柱 A 型 B 型 GB/T 896—1988(b_m = 1d) GB/T 898—1988(b_m = 125d) GB/T 899—1988(b_m = 1.5d) GB/T 900—1988(b_m = 2d)	A 型 螺柱 GB/T 896—1988 AM10 × 45 B 型 螺柱 GB/T 898—1988　M10 × 40	开槽锥端紧定螺钉 GB/T 71—1985	螺钉 GB/T 71—1985 M10 × 45
		I 型六角螺母 GB/T 6170—2000	螺母 GB/T 6170—2000 M12

续表

名称及标准号	图例及标记示例	名称及标准号	图例及标记示例
内六角圆柱头螺钉 GB/T 70.1—2000	32 M10 螺钉 GB/T 70.1—2000 M10×32—12.9	平 垫 圈 GB/T 97.1—2002	Ø13 垫圈 GB/T 97.1—2002 12—140HV
开槽圆柱头螺钉 GB/T 65—2000	40 M10 螺钉 GB/T 65—2000 M10×40	弹 簧 垫 圈 GB/T 93—1987	Ø16.5 垫圈 GB/T 93—1987 16

用螺纹紧固件来连接其他的机件，一般可分为螺栓连接、螺柱连接和螺钉连接，其中，螺栓连接由螺栓、螺母、垫圈组成，用来连接不太厚的、并能钻成通孔的零件；螺柱连接由双头螺柱、螺母、垫圈组成，多用于被连接件之一太厚、不适宜钻成通孔或不能钻成通孔的情况；螺钉连接不需要螺母，而是将螺钉直接拧入机件的螺孔里，多用于受力不大的情况。下面将分别介绍常用螺纹紧固件的规定画法及其装配画法。

一、螺栓连接

1. 单个螺纹紧固件的规定画法

对于螺纹紧固件，通常按螺栓的螺纹直径 d、螺母的螺纹直径 D、垫圈的公称尺寸 d 进行比例折算，得出各部分尺寸后，按规定画法绘制，如图 6-10 所示。

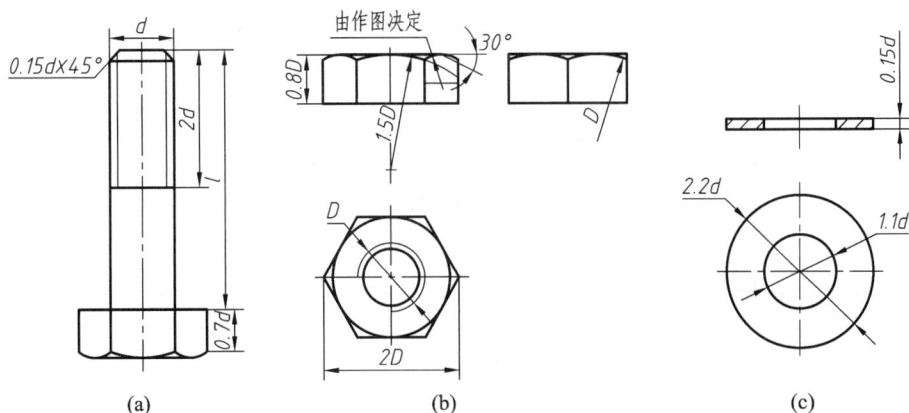

图 6-10 单个螺纹紧固件的规定画法

(a) 螺栓；(b) 螺母；(c) 垫圈

2. 螺栓连接的装配画法

图 6-11 是螺栓连接示意图。在画螺纹紧固件装配图时，应遵守如下规定：

(1) 剖切平面通过实心零件或标准件(螺栓、螺柱、螺钉、螺母、垫圈等)的轴线时，这些零件均按不剖绘制，只画外形；

(2) 相邻两零件的接触面只画一条轮廓线，不接触面需画两条轮廓线；

(3) 相邻两零件的剖面线的方向应相反，或方向一致、间隔不同，以示区别。

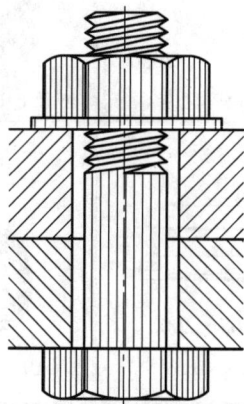

图 6-11　螺栓连接示意图

图 6-12 表示的是螺栓连接的装配画法，其中，被连接件的孔径约为 1.1d；螺栓长度可用下式求出：

$$l \geqslant \delta_1 + \delta_2 + h + m_{\max} + a$$

其中，a 一般可取 0.3d，h 可取 0.15d，$m_{\max}$ 可取 0.85d。将计算出的 l 值再圆整到螺栓长度的标准值即可。

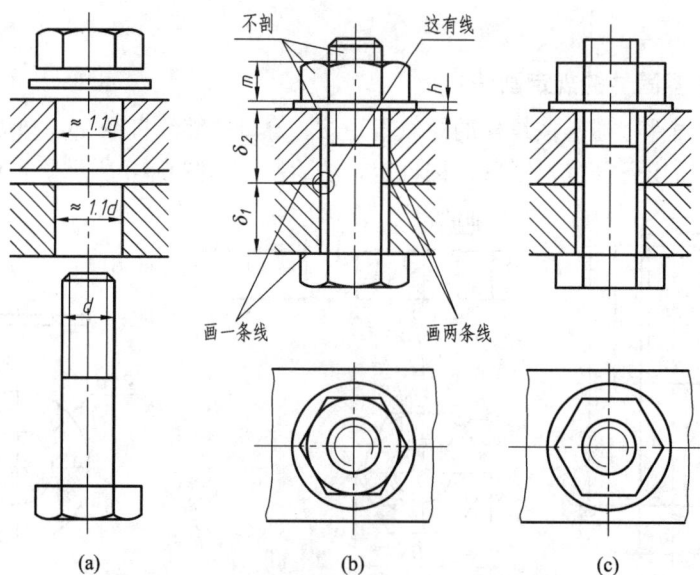

图 6-12　螺栓连接的装配画法

(a) 连接前；(b) 连接后；(c) 简化画法

表 6-7 六角头螺栓—C 级(GB/T 5780—2000)

六角头螺栓—A 和 B 级(GB/T 5782—2000) mm

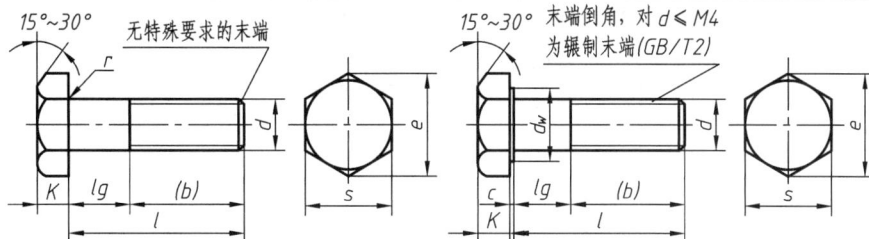

螺纹规格 d = M12、公称长度 l = 80、性能等级为 8.8 级，表面氧化、A 级的六角头螺栓：

螺栓 GB/T 5782—2000 M12×80

螺纹规格 d		M3	M4	M5	M6	M8	M10	M12	M16	M20	M24	M30	M36	M42
h 参 考	l≤125	12	14	16	18	22	26	30	38	46	54	66	—	—
	125<l≤ 200	18	20	22	24	28	32	36	44	52	60	72	84	96
	l>200	31	33	35	37	41	45	49	57	65	73	85	97	109

c、D_w、e、k 公称、r、s 公称略

l(商品规格 范围)	20~ 30	25~ 40	25~ 50	30~ 60	40~ 80	45~ 100	50~ 120	65~ 160	80~ 200	90~ 240	110~ 300	140~ 360	160~ 440
L 系列	12，16，20，25，30，35，40，45，50，55，60，65，70，80，90，100，110，120，130，140，150，160，180，200，220，240，260，280，300，320，340，360，380，400，420，440，460，480，500												

注：① A 级用于 d≤24 和 l≤10d 或≤150 的螺栓；B 级用于 d>24 和 l>10d 或>150 的螺栓。② 螺纹规格 d 范围：GB/T 5780—2000 为 M5~M64；GB/T 5782—2000 为 M1.6~M64。③ 公称长度范围：GB/T 5780—2000 为 25~500；GB/T 5782—2000 为 12~500。

表 6-8 I 型六角螺母—C 级 I 型六角螺母—A 和 B 级 六角薄螺母

(GB/T 41—2000) (GB/T 6170—2000) (GB/T 6172.1—2000) mm

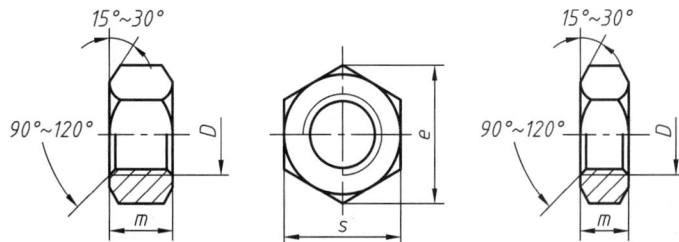

螺纹规格 D = M12、性能等级为 5 级、不经表面处理、C 级的 I 型六角螺母：

螺母 GB/T 41—2000 M12

续表

螺纹规格 D		M3	M4	M5	M6	M8	M10	M12	M16	M20	M24	M30	M36	M42
e	GB/T 41—2000			8.63	10.89	14.20	17.59	19.85	26.17	32.95	39.55	50.85	60.79	72.02
	GB/T 6170—2000	6.01	7.66	8.79	11.05	14.38	17.77	20.03	26.75	32.95	39.55	50.85	60.79	72.02
	GB/T 6172.1—2000	6.01	7.66	8.79	11.05	14.38	17.77	20.03	26.75	32.95	39.55	50.85	60.79	72.02
s	GB/T 41—2000			8	10	13	16	18	24	30	36	46	55	65
	GB/T 6170—2000	5.5	7	8	10	13	16	18	24	30	36	46	55	65
	GB/T 6172.1—2000	5.5	7	8	10	13	16	18	24	30	36	46	55	65
m	GB/T 41—2000			5.6	6.1	7.9	9.5	12.2	15.9	18.7	22.3	26.4	31.5	34.9
	GB/T 6170—2000	2.4	3.2	4.7	5.2	6.8	8.4	10.8	14.8	18	21.5	25.6	31	34
	GB/T 6172.1—2000	1.8	2.2	2.7	3.2	4	5	6	8	10	12	15	18	21

注：A 级用于 $n \leqslant 16$；B 级用于 $n > 16$。

表 6-9　小垫圈 A 级　　　　　平垫圈 A 级　　　　平垫圈—倒角型 A 级

（GB/T 848—2002）　　（GB/T 97.1—2002）　　（GB/T 97.2—2002）　　mm

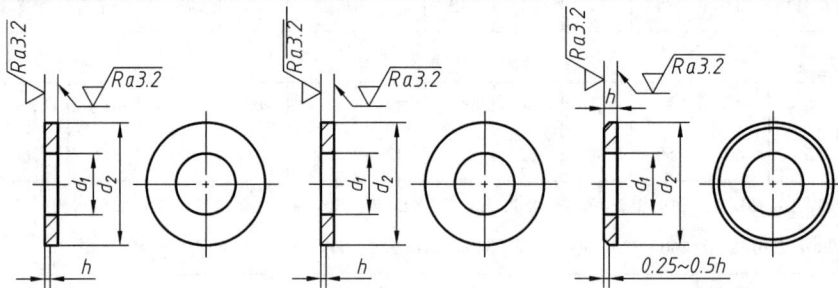

标记录例

标准系列、公称规格 $d = 8$ mm、性能等级为 200HV 级、不经表面处理、产品等级为 A 级的平垫圈：

垫圈 GB/T 97.1—2002　8

公称规格 (螺纹大径 d)		1.6	2	2.5	3	4	5	6	8	10	12	14	16	20	24	30	36
d_1	GB/T 84—2002	1.7	2.2	2.7	3.2	4.3	5.3	6.4	8.4	10.5	13	15	17	21	25	31	37
	GB/T 97.1—2002	1.7	2.2	2.7	3.2	4.3	5.3	6.4	8.4	10.5	13	15	17	21	25	31	37
	GB/T 97.2—2002						5.3	6.4	8.4	10.5	13	15	17	21	25	31	37
D_2	GB/T 849—2002	3.5	4.5	5	6	8	9	11	15	18	20	24	28	34	39	50	60
	GB/T 97.1—2002	4	5	6	7	9	10	12	16	20	24	28	30	37	44	56	66
	GB/T 97.2—2002						10	12	16	20	24	28	30	37	44	56	66
h	GB/T 849—2002	0.3	0.3	0.5	0.5	0.5	1	1.6	1.6	1.6	2	2.5	2.5	3	4	4	5
	GB/T 97.1—2002	0.3	0.3	0.5	0.5	0.8	1	1.6	1.6	2	2.5	2.5	3	3	4	4	5
	GB/T 97.2—2002						1	1.6	1.6	2	2.5	2.5	3	3	4	4	5

二、螺柱连接

螺柱的两端都制有螺纹，因此又称双头螺柱。使用时，先将螺柱的一端(旋入端)旋入较厚零件的螺孔内，另一端(紧固端)穿过较薄零件的通孔，并套上垫圈，拧紧螺母，如图6-13所示。

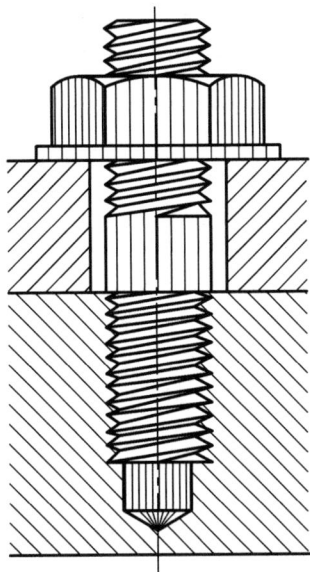

图 6-13　螺柱连接示意图

图 6-14 是双头螺柱及被连接件的规定画法。

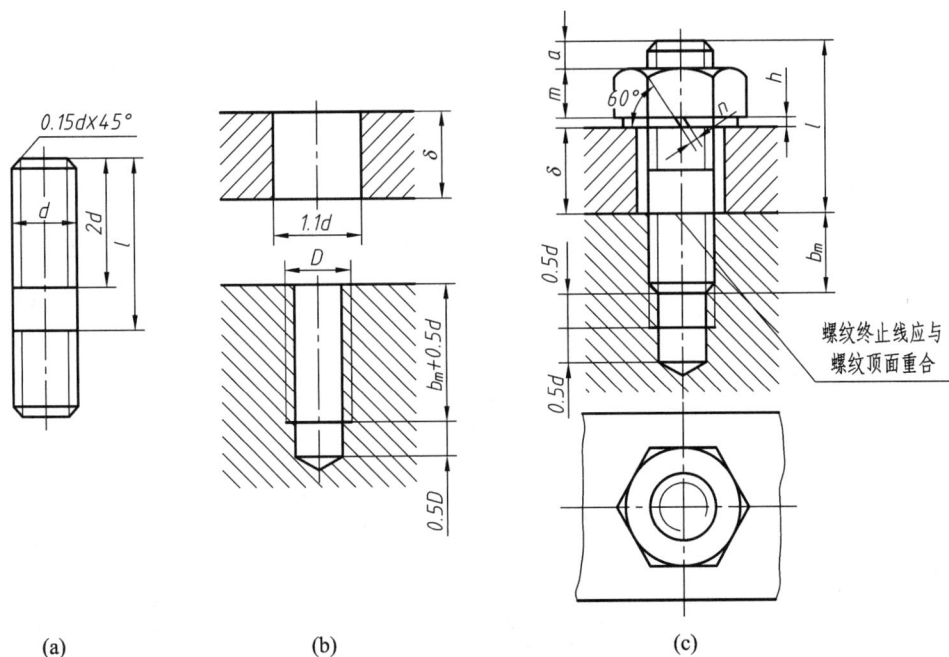

(a)　　　　　　　(b)　　　　　　　(c)

图 6-14　螺柱连接的装配画法

(a) 双头螺柱；(b) 被连接件；(c) 连接后

双头螺柱旋入端的长度 b_m，由带螺孔的被连接件的材料决定：材料为钢或青铜时，$b_m = d$；材料为铸铁时，$b_m = 1.25d$；材料为铝时，$b_m = 2d$。螺柱的有效长度可用下式求出：

$$l \geqslant \delta + h + m_{max} + a$$

式中，各项取值与螺栓连接相似，其计算结果也需圆整到双头螺柱长度的标准值。

图 6-14 中所用的垫圈为弹簧垫圈，主要是起防松作用，其画图尺寸可按 $d_b = 1.5d$，$h = 0.25d$；$n = 0.12d$ 确定。应注意的是，弹簧垫圈的开口向左倾斜 60° 角，如有左视图，其画法一样。双头螺柱的规定标记与前面介绍的类似，可参见表 6-6。

表 6-10　双头螺柱—$b_m = 1d$ (GB/T 897—1988)、双头螺柱—$b_m = 1.25d$ (GB/T 898—1988)、

双头螺柱—$b_m = 1.5d$ (GB/T 899—1988)、双头螺柱—$b_m = 2d$ (GB/T 900—1988)　mm

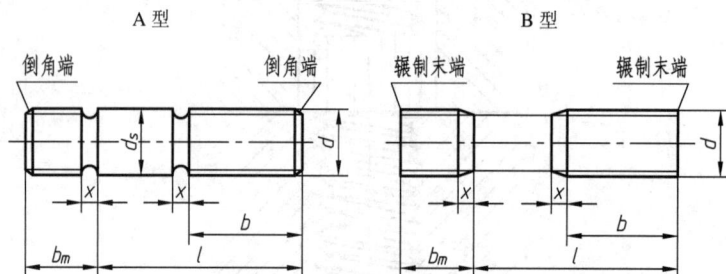

A 型　　　　　　　　　　B 型

标记示例

两端均为粗牙普通螺纹，$d = M10$，$l = 50$，性能等级为 4.8 级、B 级、$b_m = 1d$ 的双头螺柱：

螺柱 GB/T 897—1988　M10×50

螺纹规格 d		M5	M6	M8	M10	M12	M16	M20	M24	M30	M36	M42	M48
b_m 公称	GB/T 897	5	6	8	10	12	16	20	24	30	36	42	48
	GB/T 898	6	8	10	12	15	20	25	30	38	45	52	60
	GB/T 899	8	10	12	15	18	24	30	36	45	54	65	72
	GB/T 900	10	12	16	20	24	32	40	48	60	72	84	98
d_s(max)		5	6	8	10	12	16	20	24	30	36	42	48
x(max)							2.5P						
$\dfrac{l}{b}$		$\dfrac{16\sim22}{1}$	$\dfrac{20\sim22}{10}$	$\dfrac{20\sim22}{12}$	$\dfrac{25\sim28}{14}$	$\dfrac{25\sim30}{16}$	$\dfrac{30\sim38}{20}$	$\dfrac{35\sim40}{25}$	$\dfrac{45\sim50}{30}$	$\dfrac{60\sim65}{40}$	$\dfrac{65\sim75}{45}$	$\dfrac{65\sim80}{50}$	$\dfrac{80\sim90}{60}$
							略						
I 系列		16, (18), 20, (22), 25, (28), 30, (32), 35, (38), 40, 45, 50, (55), 60, (65), 70, (75), 80, (85), 90, (95), 100, 110, 120, 130, 140, 150, 160, 170, 180, 190, 200, 210, 220, 230, 240, 250, 260, 280, 300												

注：P 是相牙螺纹的螺距。

三、螺钉连接

螺钉按用途分为连接螺钉和紧定螺钉，前者用来连接零件，后者主要用于固定零件。

1. 连接螺钉

在用螺钉连接零件时，螺钉穿过一个零件上的通孔旋入另一零件的螺孔中，靠螺钉头部支承面将两零件连接在一起，图 6-15 是螺钉连接示意图。

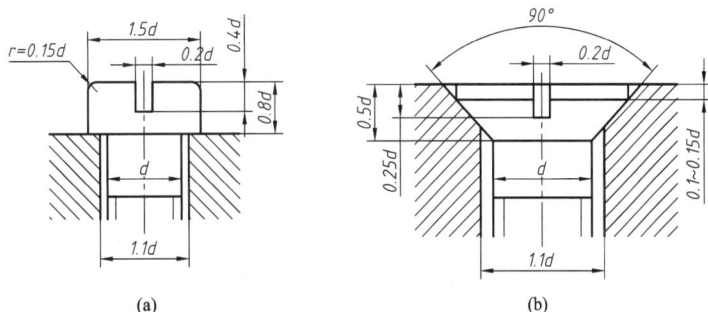

连接螺钉的种类很多，绘制时，螺钉头部尺寸可按比例折算绘制，如图 6-16 所示；螺纹部分的比例关系在画图时可参照双头螺柱连接。

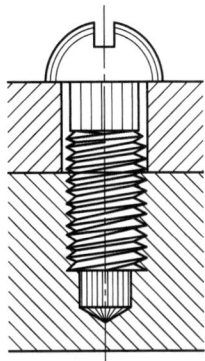

图 6-15 螺钉连接示意图

图 6-16 螺钉头部的比例画法

(a) 开槽圆柱头螺钉；(b) 开槽沉头螺钉

图 6-17 是几种螺钉连接的装配画法。不通的螺孔可以不画钻孔深度(省略钻孔深度 $0.5d$ 的一段)，如图 6-17(a)、(b)所示；螺钉头部的一字槽在平行于螺钉轴线的视图上，可按 2 倍粗实线宽度涂黑画出，在垂直于螺钉轴线的视图上，须沿 45° 方向(左斜或右斜均可)画出，如图 6-17(c)所示。

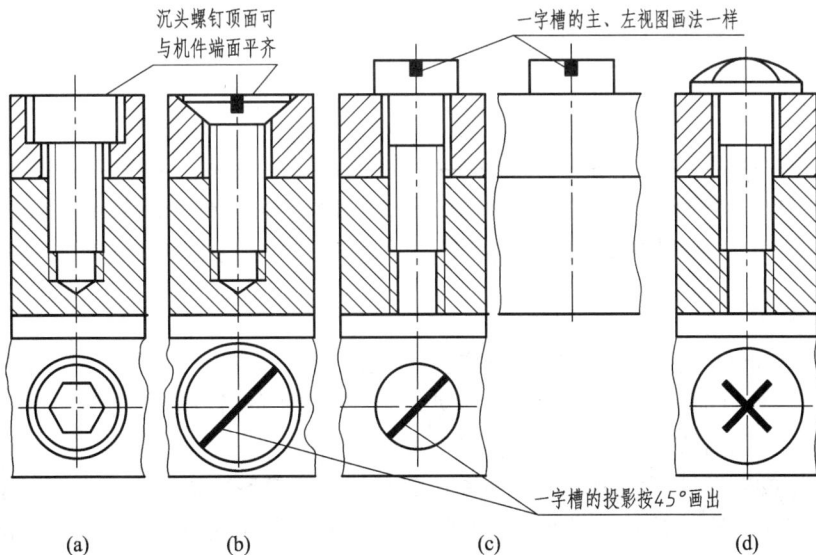

图 6-17 几种螺钉连接的装配画法

(a) 内六角圆柱头螺钉；(b) 开槽沉头螺钉；(c) 开槽圆柱头螺钉；(d) 十字槽螺钉

表 6-11　开槽圆柱头螺钉　　开槽盘头螺钉　　开槽沉头螺钉

　　(GB/T 65—2000)　　(GB/T 67—2000)　　(GB/T 69—2000)　　mm

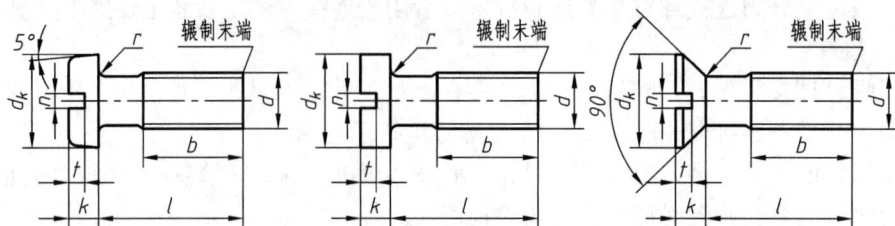

标记示例

螺纹规格 d = M5、公称长度 l = 20 性能等级为 4.8 级、不经表面氧化的 A 级开槽圆柱头螺钉记为：

螺钉 GB/T 65—2000　M5×20

螺纹规格 d		M1.6	M2	M2.5	M3	M4	M5	M6	M8	M10
P (螺距)		0.35	0.4	0.45	0.5	0.7	0.8	1	1.25	1.5
h		25	25	25	25	38	38	38	38	38
n		0.4	0.5	0.6	0.8	1.2	1.2	1.6	2	2.5
GB/T 65—2000	D	3	3.8	4.5	5.5	7	8.5	10	13	16
	k	1.1	1.4	1.8	2.0	2.6	3.3	3.9	5.0	6.0
	r	0.1	0.1	0.1	0.1	0.2	0.2	0.25	0.4	0.4
	t	0.35	0.5	0.6	0.7	1	1.2	1.4	1.9	2.4
公称长度 L		2～16	3～20	3～25	4～30	5～40	6～50	8～60	10～80	12～80
l 系列		2, 3, 4, 5, 6, 8, 10, 12, (14), 16, 20, 25, 30, 35, 40, 45, 50, (55), 60, (65), 70, (75), 80								

GB/T 67—2000、GB/T 68—2000 略

注：① M1.6～M3 的螺钉公称长度 l≤30 的，制出全螺纹；M4～M10 的螺钉，公称长度 l≤40 的制出全螺纹。② 括号内的规格尽可能不用。

2. 紧定螺钉

紧定螺钉用来固定两个零件的相对位置，防止它们之间产生相对运动。图 6-18 是一个开槽锥端紧定螺钉固定齿轮和轴的示例，螺钉旋入轮毂上的螺孔，并与轴上 90°的锥坑压紧，防止齿轮沿轴向滑动。

在画紧定螺钉的装配图时，也必须遵守前面介绍的三条基本规定。为了清楚地反映连接关系，被连接的轴一般使用局部剖，如图 6-18(a)所示，并且须使紧定螺钉的锥端与轴上 90°的锥坑接触，如图 6-18(b)所示。

螺钉的标记形式与其他紧固件相似，可查阅相关标准。

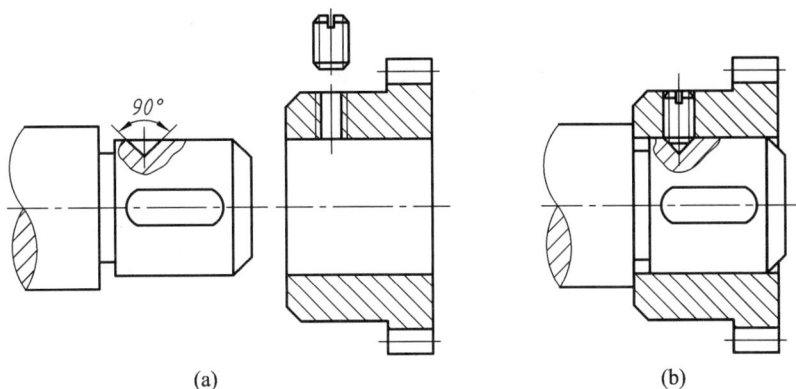

图 6-18　紧定螺钉的装配画法

(a) 连接前；(b) 连接后

表 6-12　开槽锥端紧定螺钉　　　开槽平端紧定螺钉　　　开槽长圆柱端紧定螺钉

（GB/T 71—2000）　　　（GB/T 73—2000）　　　（GB/T 75—2000）　　　mm

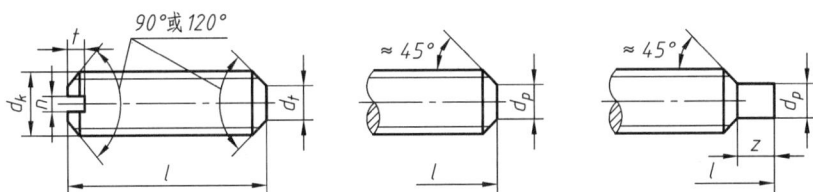

标记示例

螺纹规格 d = M5、公称长度 l = 12 mm、性能等级为 14H 级、表面氧化的开槽锥端紧定螺钉：

螺钉 GB/T 71—2000　M5×12；

螺纹规格 d		M1.6	M2	M2.5	M3	M4	M5	M6	M8	M10	M12
P(螺距)		0.35	0.4	0.45	0.5	0.7	0.8	1	1.25	1.5	1.75
n		0.25	0.25	0.4	0.4	0.6	0.8	1	1.2	1.6	2
t		0.74	0.84	0.95	1.05	1.42	1.63	2	2.5	3	3.6
d_1		0.16	0.2	0.25	0.3	0.4	0.5	1.5	2	2.5	3
d_2		0.8	1	1.5	2	2.5	3.5	4	5.5	7	8.5
z		1.05	1.25	1.55	1.75	2.25	2.75	3.25	4.3	5.3	6.3
1	GB/T 71—1985	2～8	3～10	3～12	4～16	6～20	8～25	8～30	10～40	12～50	14～60
	GB/T 73—1985　　GB/T 75—1985　略										
1 系列	2，2.5，3，4，5，6，8，10，12，(14)，16，20，25，30，35，40，45，50，(55)，60										

注：括号内的规格尽可能不用。

第三节 键 和 销

一、键联接

键是标准件，它主要用来联接轴与轮子，如皮带轮、齿轮等，起传递扭矩的作用。常用的键有普通平键、半圆键、钩头楔键等，它们各自的联接方式如图 6-19 所示。

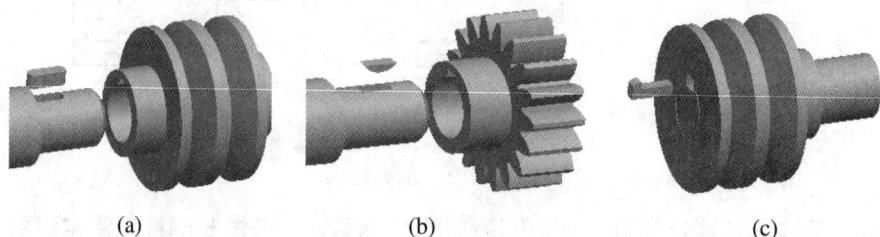

图 6-19　常用的键联接

(a) 平键联接；(b) 半圆键联接；(c) 钩头楔键联接

普通平键有 A、B、C 三种型式，其形状和尺寸见表 6-13。在标记时，A 型可省略 "A" 字，而 B、C 则不能省。例如：宽 20 mm、高 12 mm、长 100 mm 的 A 型圆头普通平键，其规定标记为

$$键\quad 20 \times 100\quad GB/T\ 1096—2003$$

又如：宽 18 mm，高 11 mm，长 100 mm 的 B 型普通平键，其规定标记为

$$键\quad B18 \times 100\quad GB/T\ 1096—2003$$

图 6-20(a)为轴和齿轮的键槽画法及其尺寸注法。一般情况下，常用局部剖和移出断面来表达轴上键槽的形状，并需标出 L(键槽长度)、b(键槽宽度)、$d-t$(轴径减去轴上键槽深度)的尺寸；采用全剖和局部剖视图来表达轮子上键槽的形状，并需标出 b 和 $d+t_1$(t_1 是轮毂上的键槽深度)的尺寸，其中 b、t、t_1 及 L 可查阅附表 15 得到。图 6-20(b)是键联接的装配画法。由于剖切平面恰好通过键的纵向对称面和轴的轴线，因此，键和轴都按不剖处理。

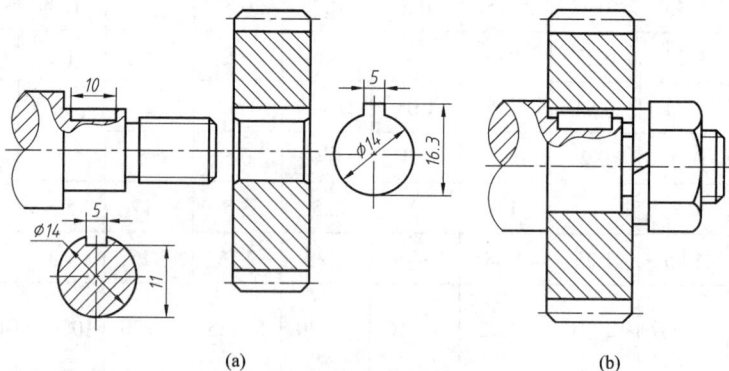

图 6-20　键槽及键联接的画法

(a) 键槽画法；(b) 键联接画法

半圆键一般用在传递扭矩不大的情况，对于宽 6 mm、高 10 mm、直径 25 mm 的半圆键，其规定标记为

键 6×25 GB/T 1099—2003

半圆键和普通平键一样，也是键的侧面为工作面，所以在装配画法中，键与键槽侧面不留间隙，画一条粗实线；键的顶面是非工作面，与轮毂键槽顶面应留有间隙，画两条粗实线，如图 6-21(a)所示。

钩头楔键一般用在转速比较低的轴和轮子上。对于宽 16 mm、高 10 mm、长度 100 mm 的钩头楔键，其规定标记为

键 16×100 GB/T 1565—2003

钩头楔键顶面由 1∶100 的斜度，联接时将键从一端打入键槽。钩头楔键的顶面和底面为工作面，与键槽底面没有间隙，画一条粗实线；而键的两侧为非工作面，与键槽两侧应留有间隙，画两条粗实线，如图 6-21(b)所示。

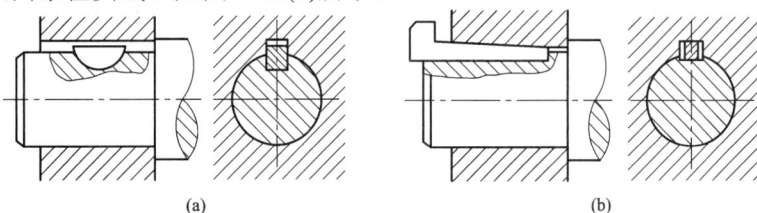

图 6-21 半圆键与钩头楔键的装配画法

(a) 半圆键的装配画法；(b) 钩头楔键的装配画法

表 6-13 平键和键槽的断面尺寸(GB/T 1095—2003)   mm

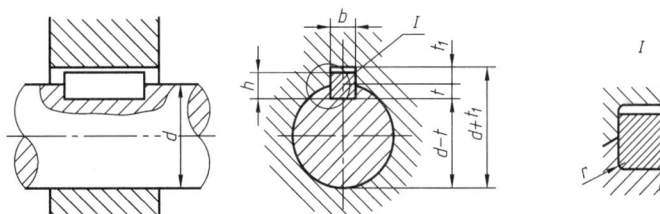

轴	键	键 槽										
公称直径 d	公称尺寸 $b×h$	宽度 b						深度				半径 r
		极限偏差						轴 t		毂 t_1		
		正常连接		紧密连接	松连接		基本尺寸	极限偏差	基本尺寸	极限偏差		
		轴 N9	毂 JS9	轴和毂 P9	轴 H9	毂 D10					min	max
自6～8	2×2	-0.004	±0.0125	-0.006	+0.025	+0.060	1.2		1.0			
>8～10	3×3	-0.029		-0.031	0	+0.020	1.8		1.4		0.08	0.16
>10～12	4×4						2.5	+0.10	1.8	+0.10		
>12～17	5×5	0	±0.015	-0.012	+0.030	+0.078	3.0		2.3			
>17～22	6×6	-0.030		-0.042	0	+0.030	3.5		2.8		0.16	0.25
>22～30	8×7	0	±0.018	-0.015	+0.036	+0.098	4.0	+0.20	3.3	+0.20		
>30～38	10×8	-0.036		-0.051	0	+0.040	5.0		3.3		0.25	0.40
…												

注：① 在工作图中轴槽深用 t 或$(d-t)$标注轮槽深用$(d+t_1)$标注。② $(d+t)$和$(d+t_1)$两个组合尺寸的极限偏差按相应的 t 和t_1的极限偏差选取，但$(d-t)$极限偏差值取负号。

二、销联接

销也是标准件，通常用于零件间的联接或定位。常用的销有圆柱销、圆锥销和开口销，如图 6-22 所示。其中，圆柱销有 A、B、C、D 四种型式。有关销的尺寸和标记可查表 6-14。

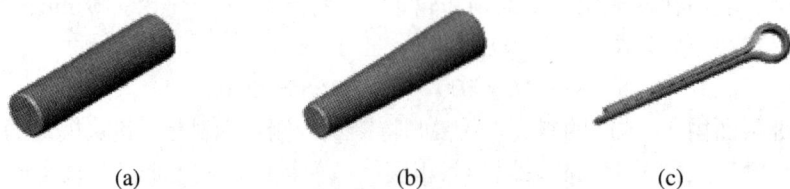

图 6-22　常用的销

(a) 圆柱销；(b) 圆锥销；(c) 开口销

表 6-14　圆柱销(GB/T 119.1—2000)——不淬硬钢和奥氏体不锈钢　　　　　mm

公称直径 $d = 6$、公差为 m6、公称长度 $l = 30$、材料为钢、不经淬火、不经表面处理的圆柱销：

销　GB/T 119.1—2000　6m6×30

公称直径 d(m6/h8)	0.6	0.8	1	1.2	1.5	2	2.5	3	4	5
$c \approx$	0.12	0.16	0.20	0.25	0.30	0.35	0.40	0.50	0.63	0.80
l(商品规格范围公称长度)	2～6	2～8	4～10	4～12	4～16	6～20	6～24	8～30	8～40	10～50
公称直径 d(m6/h8)	6	8	10	12	16	20	25	30	40	50
$c \approx$	1.2	1.6	2.0	2.5	3.0	3.5	4.0	5.0	6.3	8.0
l(商品规格范围公称长度)	12～60	14～80	18～95	22～140	26～180	35～200	50～200	60～200	80～200	95～200
1 系列	2，3，4，5，6，8，10，12，14，16，18，20，22，24，26，28，30，32，35，40，45，50，55，60，65，70，75，80，85，90，95，100，120，140，160，180，200									

注：① 材料用钢时硬度要求为 125～245 HV30 用奥氏体不锈钢 A1(GB/T 3098.6)时硬度要求为 210～280HV30。② 公差 m6：Ra≤0.8 μm；公差 h8：Ra≤1.6 μm。

各种类型的销，其规定标记基本相同。例如：

公称直径 $d = 12$ mm，长度 $l = 60$ mm 的 A 型圆锥销，其规定标记为

销　GB/T 117—2000　A12×60

公称直径 $d = 5$ mm，长度 $l = 50$ mm 的开口销，其规定标记为

销　GB/T 91—2000　5×50

在画销联接的装配图时，也必须遵守前面介绍的三条基本规定，如图 6-23 所示。当剖切平面通过销的轴线时，销按不剖处理。

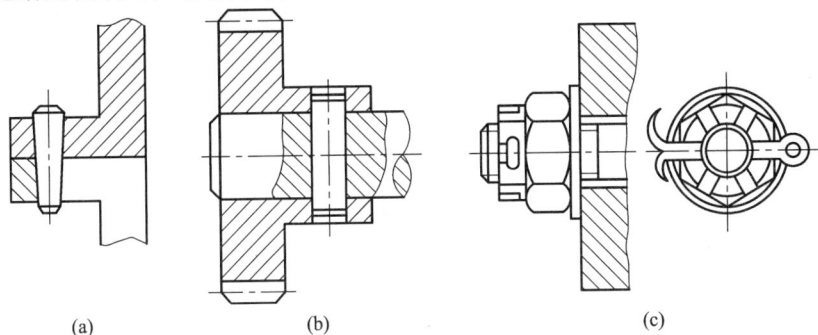

(a)　　　　　　　　(b)　　　　　　　　(c)

图 6-23　销联接的画法

(a) 圆锥销联接；(b) 圆柱销联接；(c) 开口销联接

第四节　滚 动 轴 承

滚动轴承是用来支承旋转轴并承受轴上载荷、以提高转动效率的组件，是广泛应用的标准组件，基本上都是由外圈、内圈、滚动体和保持架四部分组成的，如图 6-24 所示。一般情况下，外圈装在机座的孔内、固定不动；内圈套在转动的轴上，随轴一起转动。滚动体在内、外圈之间，当内圈转动时，它在滚道内滚动；保持架用来均匀隔离滚动体，防止其相互磨擦，并引导滚动体运动。

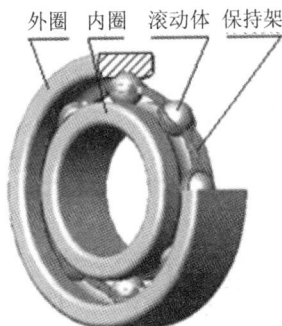

外圈　内圈　滚动体　保持架

图 6-24　滚动轴承的组成

一、滚动轴承的分类

滚动轴承的种类很多，其分类方法也比较多。

依据承受载荷的方向不同，滚动轴承可分为三类：① 向心轴承，主要承受径向载荷，如深沟球轴承；② 推力轴承，主要承受轴向载荷，如推力球轴承；③ 向心推力轴承，可以同时承受径向和轴向载荷，如圆锥滚子轴承。

按照滚动体的形状不同，滚动轴承可分为球轴承、圆柱滚子轴承、圆锥滚子轴承等。

按照滚动体的数量多少，滚动轴承可分为单列滚子轴承和多列滚子轴承等。

不同类型的滚动轴承，其用途是不一样的，其代号、画法也是不一样的。表 6-15 列出了常见滚动轴承的名称、代号、规定画法和特征画法。

表 6-15　常用的滚动轴承

轴承名称 类型及标准号	规定画法 通用画法	特征画法	类型代号	尺寸系列代号① 直径系列代号	尺寸系列代号① 宽(高)度系列代号	基本代号②
深沟球轴承 60000 型 GB/T276—1994 ①			6 6 6 6 16 6 6 6 6	17 37 18 19 (0)0 (1)0 (0)2 (0)3 (0)4		61700 63700 61800 61900 16000 6000 6200 6300 6400
圆锥滚子轴承 30000 型 GB/T296—1994 ②			3	02 03 13 20 22 23 29 30 31 32		30200 30300 31300 32000 32200 32300 32900 33000 33100 33200
平底推力球轴承 50000 型 GB/T301—1995 ③			5	11 12 13 14		51100 51200 51300 51400

注：① 表中"()"内的数字表示在基本代号中可省略。② 尺寸系列代号中的个位数字是直径系列代号，十位数字是宽(高)度系列代号。③ 基本代号中，最后两位为内径代号，详细内容见表 6-10。
④ 图样①、②、③中以轴线为界，上半部分为规定画法，下半部分为通用画法。

二、滚动轴承的代号及标记

国标(GB/T 272—1993)规定，滚动轴承代号是表示滚动轴承的结构、尺寸、公差等级和技术性能等特征的产品符号，它由基本代号、前置代号和后置代号组成。

前置代号和后置代号是轴承在结构形状、尺寸、公差和技术要求等方面有改变时，在基本代号前后添加的补充代号，具体规定请查阅相关手册。

基本代号表示轴承的基本类型、结构和尺寸，是轴承代号的基础，它由轴承类型代号、尺寸系列代号和内径代号构成。

滚动轴承的标记包括名称、基本代号和国标代号三个部分，例如：

滚动轴承 51410 GB/T 301—1995

在上述基本代号中，从左到右各数字代码的含义是："5"为推力球轴承的类型代号；"14"是由宽(高)度系列代号"1"和直径系列代号"4"组成的尺寸系列代号；"10"是内径代号，表示公称内径 $d = 10 \times 5 = 50$ mm。

滚动轴承的内径代号为两位数字，00、01、02、03 分别代表轴承的内径为 10 mm、12 mm、15 mm、17 mm，04—99 × 5 为轴承的内径大小。

三、滚动轴承的画法

滚动轴承是标准组件，设计时一般不需画出零件图；在装配图中，国标规定可以采用规定画法和简化画法，简化画法包括通用画法和特征画法。但在同一图样中，采用简化画法，一般只采用通用画法或特征画法中的一种。

规定画法一般只画出一侧，另一侧采用通用画法，见表 6-15。采用规定画法画剖视图时，滚动体按不剖绘制，内外圈的剖面线方向和间隔均可以相同，在不致引起误解时，剖面线允许省略不画。

滚动轴承的类型很多，表 6-16 只列出了深沟球轴承的部分内容，供查表应用。

表 6-16 深沟球轴承(GB/T 276—1994)   mm

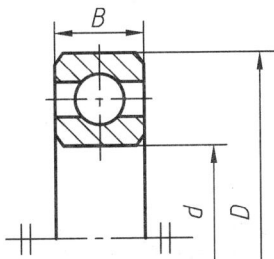

标记示例

类型代号 6、内径 $d = 60$ mm、尺寸系列代号为(0)2 的深沟球轴承：

滚动轴承 6212 GB/T 276—1994

轴承代号	尺寸			轴承代号	尺寸		
	d	D	B		d	D	B
01 尺寸系列				03 尺寸系列			
6000	10	26	8	6300	10	35	11
6001	12	28	8	6301	12	37	12
6002	15	32	9	6302	15	42	13
6003	17	35	10	6303	17	47	14
6004	20	42	12	6304	20	52	15
6005	25	47	12	6305	25	62	17
6006	30	55	13	6306	30	72	19
02 尺寸系列				04 尺寸系列			
6200	10	30	9	6403	17	62	17
6201	12	32	10	6404	20	72	19
6202	15	35	11	6405	25	80	21
6203	17	40	12	6406	30	90	23
6204	20	47	14	6407	35	100	25
6205	25	52	15	6408	40	110	27
6206	30	62	16	6409	45	120	29

第五节　齿轮的规定画法

　　齿轮是传动零件，它的作用是用来传递动力、改变转速和运动方向。齿轮的参数中只有模数、压力角已经标准化，因此它属于常用件。

　　常见的齿轮传动有三种形式，如图 6-25 所示，圆柱齿轮用于平行轴之间的传动，圆锥齿轮用于相交两轴之间的传动，蜗杆和蜗轮用于交叉两轴之间的传动。

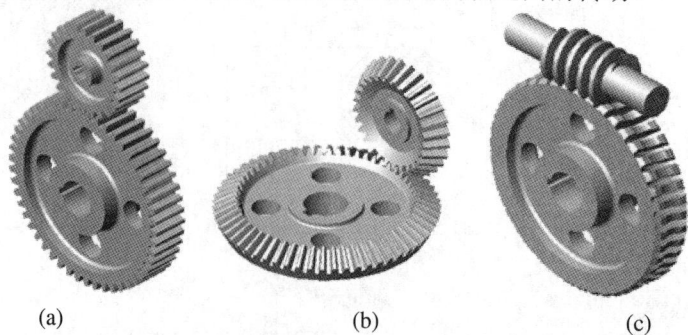

(a)　　　　　　　　　(b)　　　　　　　　　(c)

图 6-25　常见的齿轮传动

(a) 圆柱齿轮；(b) 圆锥齿轮；(c) 蜗杆和蜗轮

一、圆柱齿轮的几何要素及其尺寸计算

圆柱齿轮的轮齿分为直齿、斜齿和人字齿三种，如图 6-26 所示。

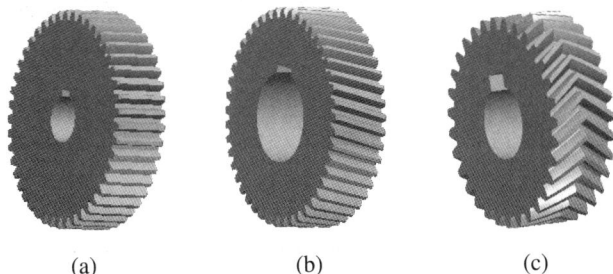

图 6-26　圆柱齿轮

(a) 直齿轮；(b) 斜齿轮；(c) 人字齿轮

图 6-27(a)为两个圆柱齿轮互相啮合的示意图；图 6-27(b)为圆柱齿轮结构示意图。

(1) 节圆直径 d' 和分度圆直径 d。O_1、O_2 分别为两齿轮的中心，两齿轮的齿廓在连心线 O_1O_2 上的啮合接触点 P 称为节点。分别以 O_1、O_2 为圆心，以 O_1P、O_2P 为半径画两圆，齿轮的传动可以假想为这两个圆在作无滑动的纯滚动，这两个圆称为齿轮的节圆，直径用 d'(如 d_1'、d_2')表示。就单个齿轮而言，分度圆是设计、制造齿轮时进行计算和轮齿分度的基准圆，直径用 d 表示。对于标准齿轮，节圆和分度圆是一致的，即 $d'=d$。

(2) 齿距 P、齿厚 S、槽宽 e。分度圆上相邻两齿廓对应点之间的弧长称为齿距 P，两啮合齿轮的齿距应相等。每个齿廓在分度圆上的弧长称为齿厚 S，每个齿槽在分度圆上的弧长称为槽宽 e。对于标准齿轮，$S=e$，$P=S+e$。

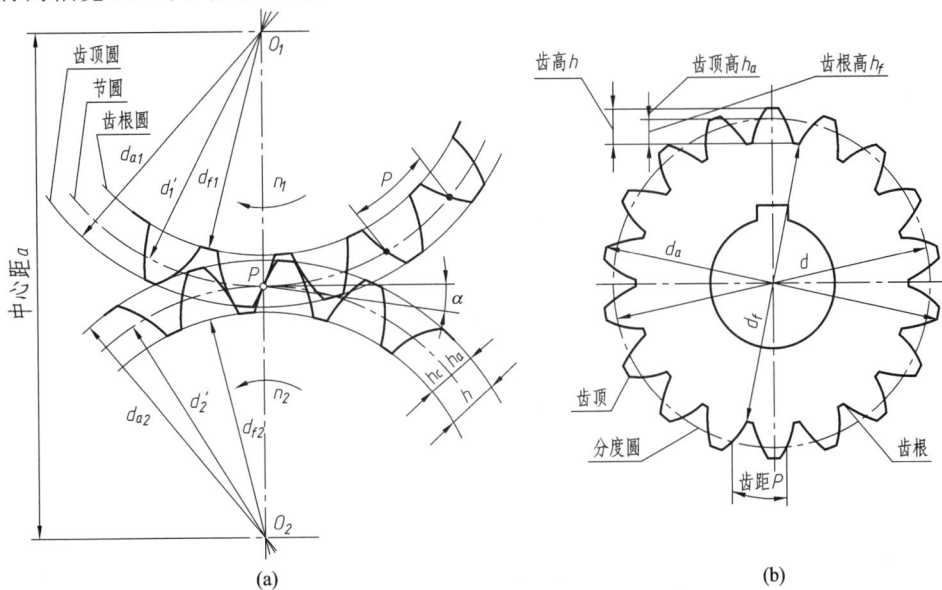

图 6-27　直齿圆柱齿轮的几何要素和代号

(a) 圆柱齿轮啮合的示意图；(b) 圆柱齿轮结构示意图

(3) 模数 m。以 z 表示齿轮的齿数，分度圆的周长 $=\pi d=zP$，那么 $d=(P/\pi)z$。令 $m=P/\pi$，则 $d=mz$，我们把 m 称为齿轮的模数。互相啮合的齿轮，其齿距 P 相等，则它们的模数 m

也相等。

模数是计算和制造齿轮的重要参数。齿轮的模数越大，齿距 P 越大，齿厚也越大，其承载能力也就越大。齿轮的模数不同，加工用的刀具也不同。为了便于设计和加工，国标对齿轮模数制定了统一标准数值，表 6-17 为渐开线圆柱齿轮模数的标准系列。

表 6-17　渐开线圆柱齿轮模数的标准系列(GB 1357—1987)

第一系列	1	1.25	1.5	2	2.5	3	4	5	6	8	10	12
	16	20	25	32	40	50						
第二系列	1.75	2.25	2.75	(3.25)	3.5	(3.75)	4.5	5.5	(6.5)			
	7	9	(11)	14	18	22	28	36	45			

注：选用模数时，应优先选用第一系列；其次选用第二系列；括号内的模数尽可能不用。本表未摘录小于 1 的模数。

(4) 齿顶圆直径 d_a、齿根圆直径 d_f。轮齿顶部的圆称齿顶圆，齿槽根部的圆称齿根圆。

(5) 齿高 h、齿顶高 h_a、齿根高 h_f。齿顶圆与齿根圆之间、齿顶圆与分度圆之间、分度圆与齿根圆之间的径向距离，分别称为齿高、齿顶高、齿根高。

(6) 压力角 α。两啮合齿轮齿廓曲线在 P 点的公法线(受力方向)与两节圆的公切线(瞬时运动方向)所夹的锐角，称为压力角，也称啮合角。我国所采用的压力角一般为 20°。

(7) 传动比 i。主动齿轮转速 n_1 与从动齿轮转速 n_2 之比称为传动比。由 $n_1 z_1 = n_2 z_2$ 可得

$$i = \frac{n_1}{n_2} = \frac{z_2}{z_1}$$

(8) 中心距 a。两圆柱齿轮轴线之间的最短距离，称为中心距。即

$$a = \frac{d_1' + d_2'}{2} = \frac{m(z_1 + z_2)}{2}$$

以上齿轮的几何要素都与齿轮的模数 m 有关，因此，当已知齿轮的齿数 z、模数 m 和压力角 α 时，即可进行齿轮几何尺寸的计算，并可依据尺寸绘制齿轮的工程图。

表 6-18 是直齿圆柱齿轮各几何要素的尺寸计算公式。

表 6-18　直齿圆柱齿轮各几何要素的尺寸计算

基本几何要素：模数 m；齿数 z					
名　称	代　号	计算公式	名　称	代　号	计算公式
齿顶高	h_a	$h_a = m$	分度圆直经	d	$d = mz$
齿根高	h_f	$h_f = 1.25m$	齿顶圆直经	d_a	$d_a = m(z+2)$
齿　高	h	$h = 2.25m$	齿根圆直经	d_f	$d_f = m(z-2.5)$

二、圆柱齿轮的规定画法

1. 单个圆柱齿轮的规定画法

根据国标规定，在垂直于和平行于齿轮轴线的投影面的视图上，齿顶圆、分度圆和齿根圆分别用粗实线、点画线和细实线绘制，且允许齿根圆不画，如图 6-28(a)所示；在平行于齿轮轴线的投影面的剖视图中，规定轮齿不剖，齿顶圆和齿根圆都用粗实线绘制，分度

圆用点画线绘制,如图 6-28(b)所示;对于斜齿或人字齿圆柱齿轮,则可画成半剖视图或局部剖视图,并用三条细实线表示齿向,如图 6-28(c)、(d)所示。

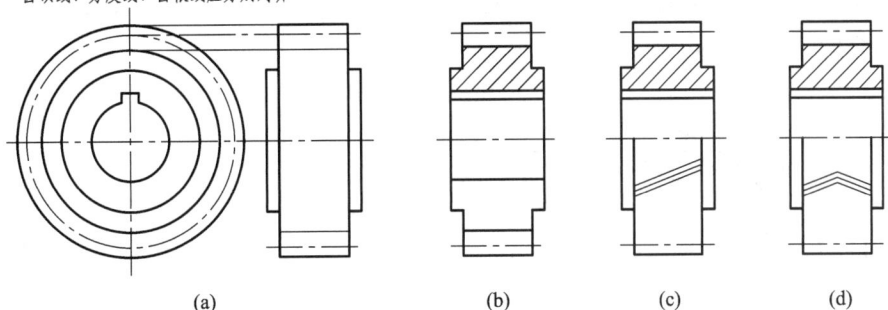

图 6-28　圆柱齿轮的规定画法

(a) 视图;(b) 全剖(直齿);(c) 半剖(斜齿);(d) 局部剖(人字齿)

2. 圆柱齿轮的啮合画法

在垂直于齿轮轴线的投影面的视图中,齿顶圆画粗实线,分度圆画点画线,齿根圆画细实线或者不画,啮合区内的齿顶圆也可省略不画,如图 6-29(a)所示。在平行于齿轮轴线的投影面的视图中,啮合区内只用粗实线画出节线,其他与单个齿轮的画法相同,如图 6-29(b)所示;在剖视图中,一般将主动齿轮的轮齿用粗实线绘制,从动齿轮的轮齿被遮挡部分画成虚线,或者不画,如图 6-29(c)所示。另外,由于齿顶高与齿根高相差 $0.25m$,因此,齿顶线与另一齿轮的齿根线间应有 $0.25m$ 的间隙,如图 6-30 所示。

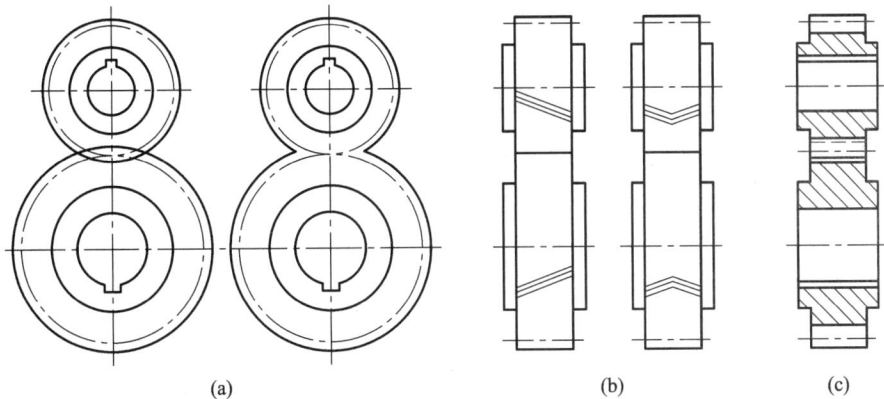

图 6-29　圆柱齿轮啮合的规定画法

(a) 视图之一;(b) 视图之二;(c) 剖视图

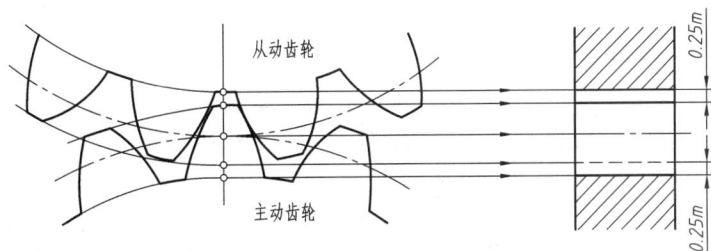

图 6-30　两啮合齿轮的间隙

为了结构布置上的考虑或者为了实现比较大的传动比，有时候需要把一个齿轮放在另一个齿轮的内部，即一个小齿轮与一个大齿圈啮合，称为内啮合，图 6-31(a)为齿轮内啮合的规定画法。假如把其中的大齿圈拉直成为一条直线，这时称为齿轮齿条啮合，图 6-31(b)为齿轮齿条的啮合画法。

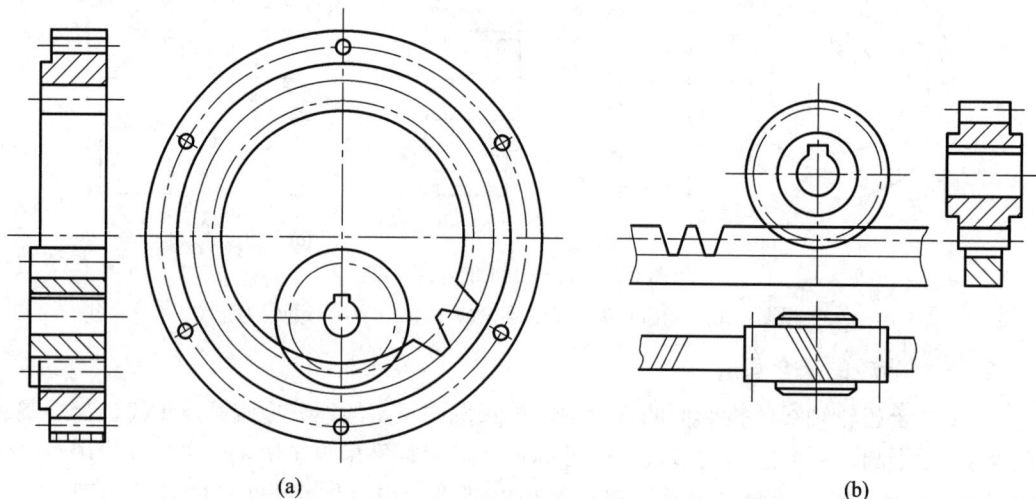

(a)   (b)

图 6-31   齿轮内啮合、齿轮齿条啮合的画法

(a) 齿轮内啮合；(b) 齿轮齿条啮合

图 6-32 是直齿圆柱齿轮的零件图，它除了具有一般零件的内容外，还需在图纸右上角的参数表中列出制造齿轮所需的性能参数和检测项目。有关知识将在后续课程中详细介绍。

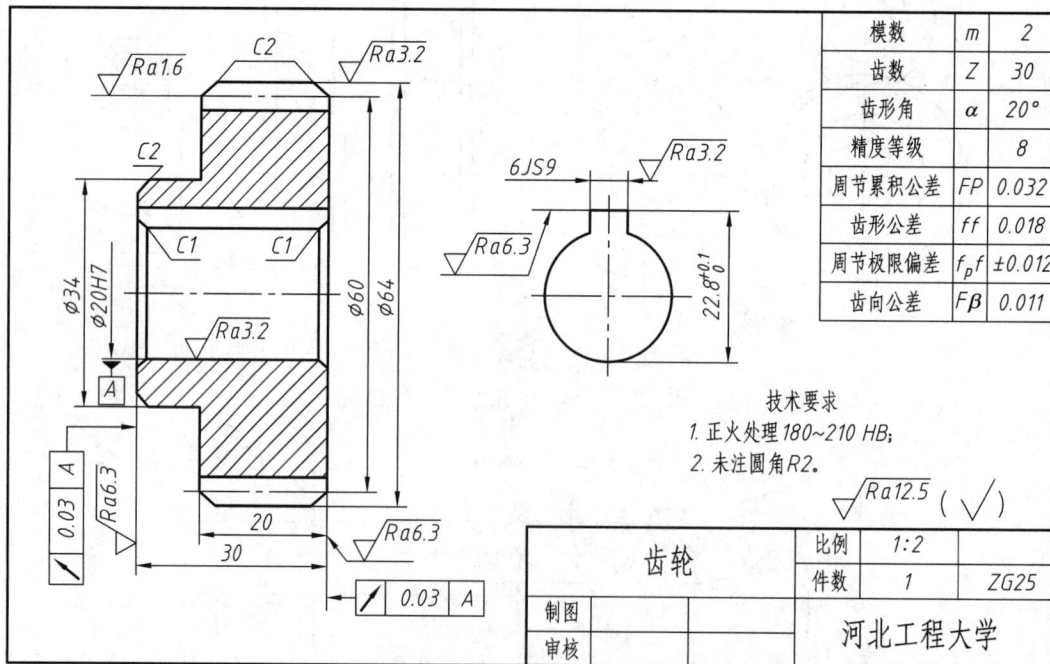

技术要求
1. 正火处理 180~210 HB；
2. 未注圆角 R2。

模数	m	2
齿数	Z	30
齿形角	α	20°
精度等级		8
周节累积公差	FP	0.032
齿形公差	ff	0.018
周节极限偏差	f_pf	±0.012
齿向公差	Fβ	0.011

齿轮   比例 1:2   件数 1   ZG25

河北工程大学

图 6-32   直齿圆柱齿轮的零件图

三、圆锥齿轮、蜗杆和蜗轮画法简介

1. 圆锥齿轮

圆锥齿轮用于相交两轴之间的传动。由于轮齿位于圆锥面上，其轮齿一端大、另一端小，齿厚是逐渐变化的，因此，在设计、计算时，规定以圆锥齿轮的大端模数为准。

圆锥齿轮的规定画法与圆柱齿轮基本相同。对于单个锥齿轮，其画法如图 6-33 所示，一般将投影为非圆的视图作为主视图，并采用剖视；在投影为圆的视图中，用粗实线表示大、小端的齿顶圆，用点画线表示大端分度圆，齿根圆则不画。

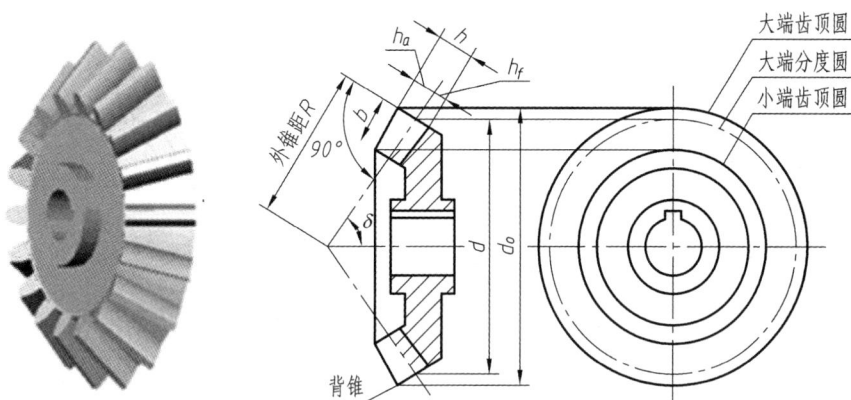

图 6-33　锥齿轮各部分几何要素的名称及代号

图 6-34 为圆锥齿轮啮合的规定画法。主视图画成剖视图，在啮合区内，一个齿轮的齿顶圆画成粗实线，另一个被遮挡的部分画成虚线或不画。

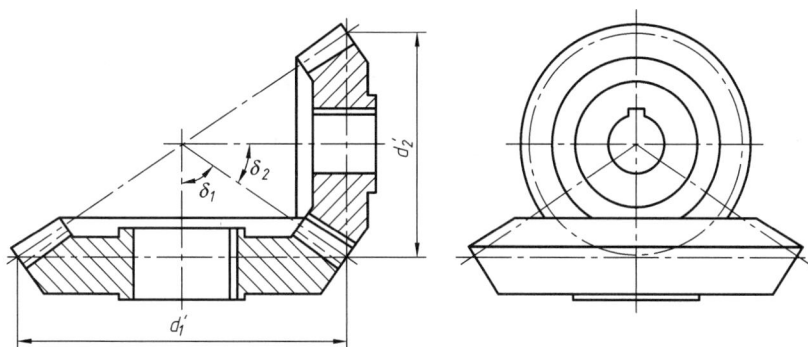

图 6-34　圆锥齿轮的啮合画法

2. 蜗杆和蜗轮

蜗杆和蜗轮用于交叉两轴之间的传动，通常蜗杆主动，而蜗轮从动。蜗杆、蜗轮的传动比大，结构紧凑，但效率较低。

蜗杆的画法与单个圆柱齿轮的规定画法相同。为表明蜗杆的牙型，一般采用局部剖视图画出几个完整的牙型，或者画牙型的局部放大图。蜗轮在投影为圆的视图中，只画分度圆和最外圆，齿顶圆和齿根圆不画。蜗杆和蜗轮的几何要素代号和规定画法，如图 6-35 和图 6-36 所示。

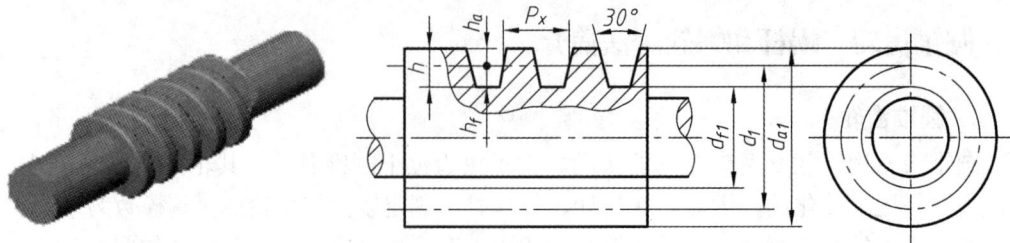

图 6-35　蜗杆的几何要素和规定画法

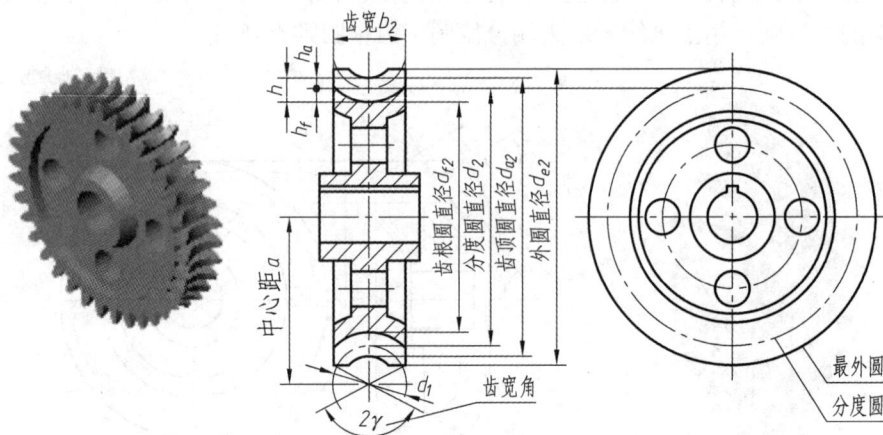

图 6-36　蜗轮的几何要素和规定画法

蜗杆和蜗轮的啮合画法如图 6-37 所示。

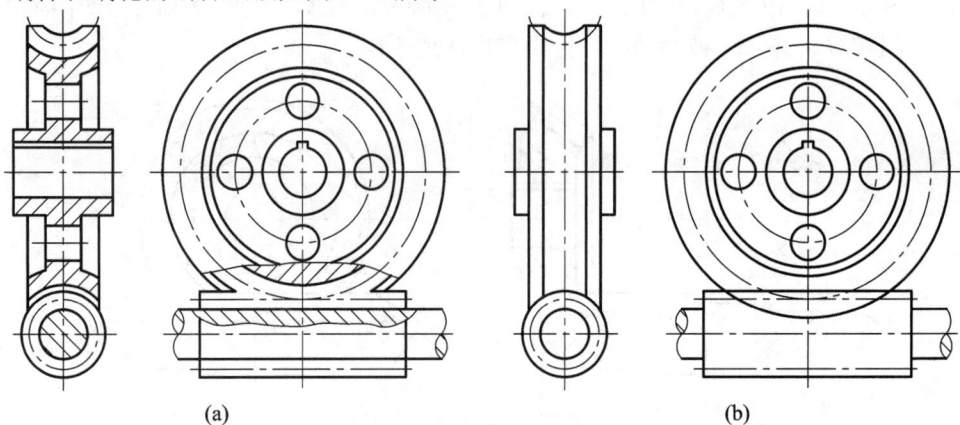

（a）　　　　　　　　　　　　　　　　　　　（b）

图 6-37　蜗杆和蜗轮的啮合画法

(a) 剖视图；(b) 视图

第六节　弹　　簧

　　弹簧属于常用件，它一般用来减振、夹紧、测力及储存能量等，其特点是当外力除去后，它能立即恢复原状。弹簧的种类很多，常见的有螺旋弹簧、蜗卷弹簧、碟形弹簧、板弹簧等。根据受力情况，螺旋弹簧又可分为压缩弹簧、拉伸弹簧、扭转弹簧。如图 6-38 所示，是几种最常用的弹簧，本节主要介绍圆柱螺旋压缩弹簧。

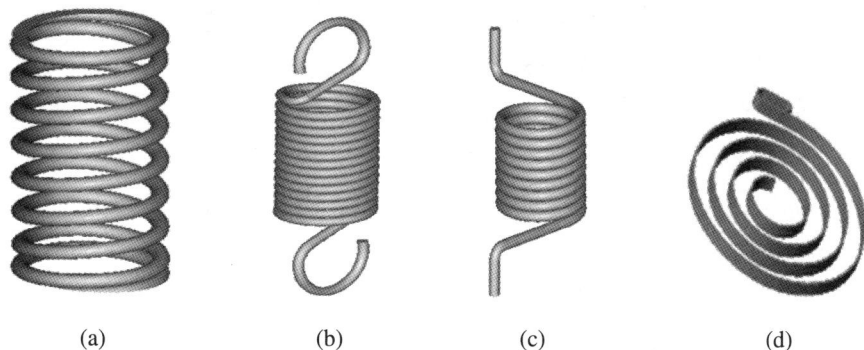

(a)　　　　　　　(b)　　　　　　　(c)　　　　　　　(d)

图 6-38　常用的弹簧

(a) 压缩弹簧；(b) 拉伸弹簧；(c) 扭转弹簧；(d) 平面蜗卷弹簧

一、圆柱螺旋压缩弹簧各部分的名称及尺寸

如图 6-39 所示，圆柱螺旋压缩弹簧各部分的名称及尺寸为

(1) 簧丝直径 d。弹簧钢丝的直径。

(2) 弹簧外径 D_1、内径 D_2、中径 D。弹簧的最大直径称为外径；弹簧的最小直径称为内

径，显然 $D_1 = D - 2d$；弹簧内径与外径的平均值称为中径，$D_2 = \dfrac{D + D_1}{2} = D_1 + d = D - d$。

(3) 有效圈数 n、总圈数 n_1、支承圈数 n_2。为了使压缩弹簧在工作时端面受力均匀，其合力与弹簧轴线重合，制造时，常把两端的几圈并紧且磨平端面，磨平的端面及并紧的几圈仅起支承作用，称为支承圈。支承圈数常取 1.5、2 或 2.5。在图 6-41 中，弹簧两端各有 1.25 圈的支承圈，故 $n_2 = 2.5$。其余各圈称为有效圈，有效圈数 n 与支承圈数 n_2 之和为总圈数，即 $n_1 = n + n_2$。

(4) 节距 t。除支承圈外，弹簧相邻两圈上对应点之间的距离称为节距。

(5) 自由高度 H_0。在未受载荷作用时的弹簧高度，$H_0 = nt + (n_2 - 0.5)d$。

(6) 展开长度 L。制造弹簧时所需材料的长度。由螺旋线的展开可知：

$$L \approx n_1 \sqrt{(\pi D_2)^2 + t^2}$$

按照 GB/T 4459.4—2003 的规定，圆柱螺旋压缩弹簧已经标准化，其中 d、D、t、H_0(计算后取标准值)及 n 均按标准选取。

二、圆柱螺旋压缩弹簧的规定画法

弹簧的真实投影很复杂，因此，国标对弹簧的画法进行了具体规定。对于圆柱螺旋压缩弹簧，其规定画法如图 6-39 所示：

(1) 弹簧分左旋和右旋两种。在图样上，螺旋弹簧均可画成右旋；对于左旋弹簧，不论画成左旋还是右旋，一律加注"左"字。

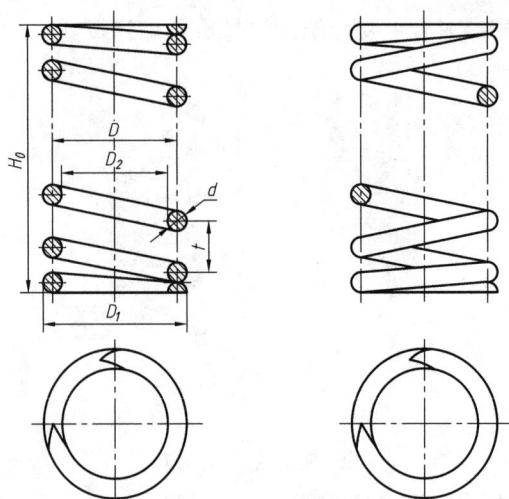

图 6-39 圆柱螺旋压缩弹簧的规定画法

(2) 在平行于弹簧轴线的投影面的视图中，各圈的轮廓线应画成直线，以代替螺旋线的投影。

(3) 有效圈数在四圈以上的螺旋弹簧，可只画出两端的 1～2 圈(支承圈除外)，中间各圈可省略不画。当中间部分不画时，可适当缩短图形的长度。

(4) 在装配图中，被弹簧挡住的结构一般不画，可见部分从弹簧的外轮廓线或簧丝断面中心线画起，如图 6-40(a)、(b)所示；当弹簧被剖切时，簧丝断面直径在图形上等于或小于 2 mm 时，断面可以涂黑，小于 1 mm 时，可采用示意画法，如图 6-40(b)、(c)所示。

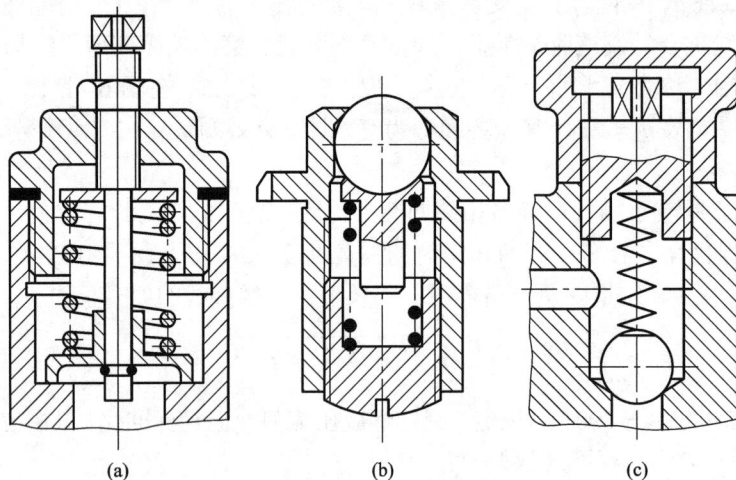

图 6-40 弹簧的装配画法

(a) 被挡住的结构不画；(b) 簧丝断面涂黑；(c) 示意画法

三、圆柱螺旋压缩弹簧的作图方法

国家标准对圆柱螺旋弹簧的结构、尺寸、精度、材料、表面处理、标记等均有规定，选用时可查阅有关标准。

圆柱螺旋压缩弹簧的标记由名称、尺寸、精度及旋向、标准编号等组成。例如，其尺寸为 $d=3$ mm、$D_2=20$ mm、$H_0=80$ mm，按三级精度制造，材料为碳素弹簧丝Ⅱ组，且表面氧化处理的圆柱螺旋压缩左旋弹簧规定标记为

压簧　$3 \times 20 \times 80$ 左　GB/T 2089—1980

绘图时，应根据已知条件或通过计算得出各有关尺寸，对于两端并紧、磨平的压缩弹簧，绘图方法及步骤见表 6-19。

表 6-19　圆柱螺旋压缩弹簧的画图方法及步骤

画图步骤		画图步骤	
说明	(a) 根据中径 D_2 和自由高度 H_0 画出矩形	**说明**	(b) 根据弹簧丝直径 d，画两端支承圈，其中一边画一小圆与 H_0 线相切，另一边画小圆一圈半，半圈平面向外
画图步骤		画图步骤	
说明	(c) 从小圆的圆心 a 和 b 处各量取节距 t，画有效圈的小圆	**说明**	(d) 作节距 t 的中垂线，找到另一边上支撑圈小圆的圆心，并画其小圆，再画一有效圈 c
画图步骤		画图步骤	
说明	(e) 按右旋作相应小圆的外公切线，并画剖面线，即完成弹簧的剖视图	**说明**	(f) 若画弹簧的视图，须画出其前面的轮廓线(相应小圆的外公切线)

第七章 零 件 图

第一节 概 述

一、零件图的概念和作用

一台机器或部件是由许多相互联系的零件装配而成的。表达零件的图样称为零件图。零件图是加工、制造和检验机械零件的主要依据，是设计和生产部门的主要技术文件之一。

二、零件图的内容

零件图是生产中用于指导制造和检验零件的主要图样，因此，零件图必须详尽地反映零件的结构形状、尺寸和有关制造和检验该零件的技术要求等。由图 7-1 所示的阀体零件图可以看出，一张完整的零件图应具备以下四个方面的内容。

1. 一组图形

用一组图形，包括视图、剖视图、断面图、局部放大图和简化画法等，以正确、完整、清晰和简洁地表达出机械零件的内、外结构形状。

2. 完整尺寸

零件图中应按照正确、完整、清晰、合理的要求，标注出机械零件所需的全部尺寸，以反映零件各部分的大小和彼此之间的位置关系。

3. 技术要求

一般采用规定的代号、符号、数字、字母和文字注解，简明准确地给出零件在加工、制造、检验、装配时应达到的技术要求。如图 7-1 中标注的表面粗糙度要求($\sqrt{Ra25}$)、热处理(铸件应经时效处理)、尺寸公差($\Phi22H11(^{+0.130}_{0})$)、几何公差($\boxed{\perp\ 0.06\ A}$)等。需用文字说明的技术要求，一般注写在图样右下方的空白处。

4. 标题栏

标题栏一般放在图样的右下角，并与图框靠齐。在标题栏中，一般需要填写零件的名称、数量、材料、比例、图号，以及设计、制图、审核等人的签名和日期等项内容。

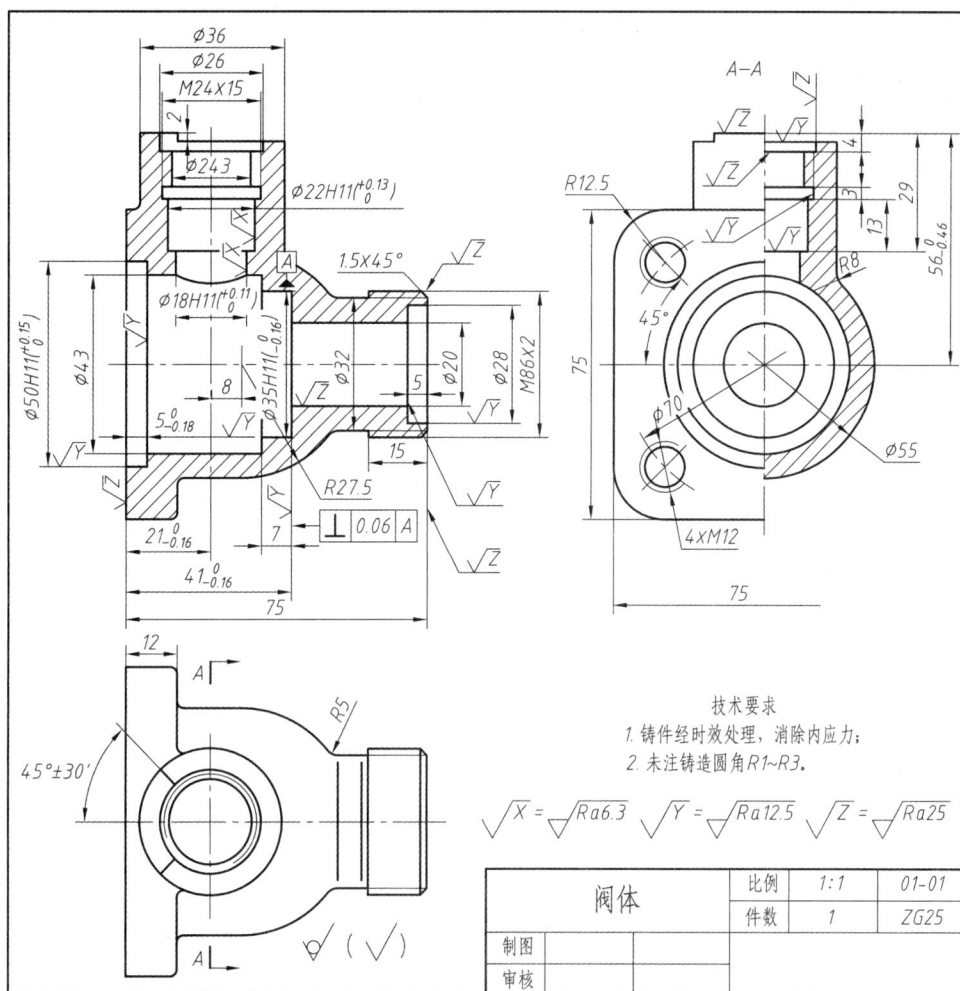

(a)

(b)

图 7-1　阀体

(a) 阀体零件图；(b) 阀体立体图

第二节　零件图的表达方案和尺寸标注

绘制零件图的一般过程是：分析零件的结构形状及其功用，选择合适的视图表达方案，标注零件所需的全部尺寸，注写技术要求，填写标题栏等。

一、零件图的表达方案

选择零件图的表达方案，就是根据零件的结构特点，选择视图的名称、数量，以及各视图的表达方法和分布情况，其目的是将零件的结构形状完整、清晰、简洁地表达出来。选择表达方案的原则是：在完整表达零件结构形状的前提下，应尽量减少视图数量，力求制图简捷、方便看图。

(一) 主视图的选择

主视图是一组图形的核心，因此，在表达一个零件时，应首先选择好主视图。选择主视图时，应先确定零件的摆放位置，再确定视图方向。

1. 确定零件的摆放位置

在一般情况下，确定零件摆放位置的原则是：回转体(如轴套类、盘盖类)零件，应选择加工位置摆放；非回转体(如叉架类、箱体类)零件，由于其加工方法和加工位置多变，故应选择工作位置摆放；对于一些倾斜安装的零件，为便于画图和看图，则将其摆正放置。

(1) 加工位置。加工位置是零件加工时在机床上的装夹位置。如常见的各种轴、套、轮、圆盘等零件，主要是在车床或磨床上进行加工的，因此，这类零件无论其工作位置如何，其主视图一般均将其轴线水平放置，以方便制造者在加工时看图。如图 7-2 所示的泵轴主视图就是按加工位置摆放的。

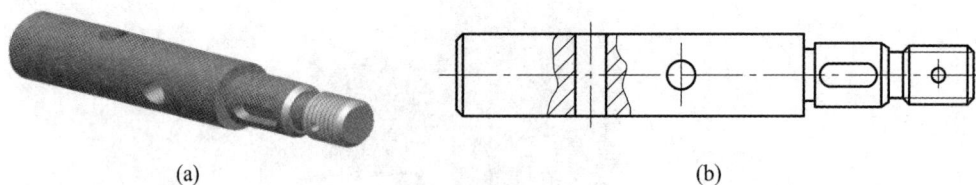

(a)　　　　　　　　　　　　　　　　　　　(b)

图 7-2　泵轴主视图的选择

(a) 立体图；(b) 主视图

(2) 工作位置。工作位置是零件在机器中的安装和工作时的位置。将零件主视图的位置与零件在机器中的工作位置相一致，能比较容易地想象零件的工作状况，便于阅读和安装。如图 7-3 所示的轴承盖，其主视图就是按工作位置摆放的。

(3) 其他位置。有些零件的工作位置是倾斜的，若选择工作位置为主视图则不便于绘图和看图，对于此类零件，一般应选择摆正的位置绘制主视图。

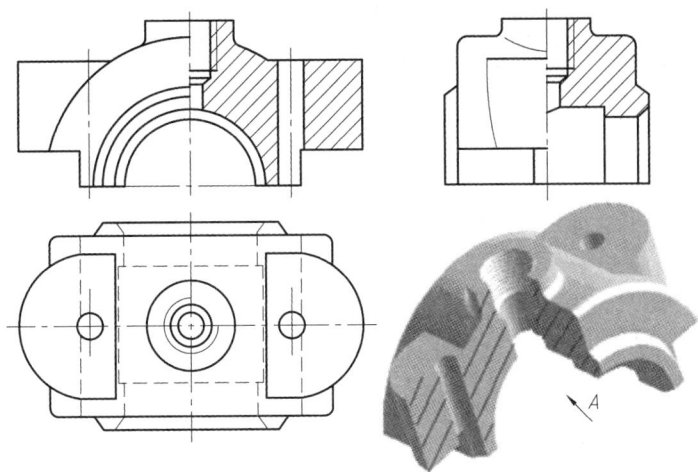

图 7-3 轴承盖主视图的选择

2．确定主视图的投影方向

应选择最能反映零件主要形状特征的方向作为主视图的投影方向，即在主视图上尽可能多地表达出零件的内外结构形状。如图 7-3 所示的轴承盖，选择"A"向作为主视图的投影方向显然比其他方向能更清楚地表达其形状特征。

(二) 其他视图的选择

在主视图确定之后，应仔细分析零件在主视图中尚未表达清楚的部分，根据零件的结构特点及内外形状的复杂程度来考虑增加其他视图。在选择其他视图时，如果零件的外形复杂而内形简单，一般应优先选用基本视图；如果零件的内形复杂而外形简单，则一般选择全剖视图或半剖视图。但如果零件的大部分结构形状已在主视图或其他视图中表达清楚的，可只对未表达清楚的部分采用局部视图或局部剖视图，必要时也可采用断面图。对于局部比较细小或比较复杂的结构，可使用局部放大图或简化画法。一般来说，所选的每个视图都应有明确的表达重点，具有独立存在的意义；各个视图相辅相成，相互补充，以达到完整、清晰地表达出零件结构形状的目的。

这样，当选定了一组视图及其表达方法之后，一个零件图的表达方案就随之确定了。

(三) 选择表达方案应考虑的问题

对于比较复杂的零件，其表达方案往往不是唯一的，这时应对有关因素进行综合比较，最终选出最佳方案。其具体应考虑以下几点：

(1) 合理选择主视图。鉴于主视图在整个图样中的重要地位和作用，主视图的选择将对其他视图的选择产生很大影响。因此在选择主视图时，除了应遵循前面指出的形状特征原则和摆放位置原则以外，还应当尽量避免使各视图中出现过多的虚线。

(2) 集中与分散表达。集中是指充分发挥每个视图的作用，使一个视图尽可能表达较多的结构，但应避免在同一视图中过多地使用局部剖，致使图形显得零乱，甚至影响重点结构的表达。一般情况下，主视图应重点表达零件的主要形体结构，并适当地把局部结构分散到其他视图中，做到集中与分散的协调和统一。

(3) 减少视图数量。在选择表达方案时，每个视图所使用的表达方法不同，其所需的视图数量也可能不同。在完整表达零件结构形状的前提下，应尽量减少视图数量，以方便绘图和看图。

(4) 便于标注尺寸。零件图中的尺寸一般较多，因此在选择表达方案时，要考虑到便于标注尺寸和技术要求；或者通过标注一个或几个尺寸后，能使视图简化或者减少视图的数量。

(5) 便于图样布局。当一个零件需要多个视图表达时，应考虑各个视图在图样中的合理布局，将各个视图尽量按投影关系放置，或者将辅助图形放在被表达部分的附近，使整个图样的布局整齐匀称、美观大方。

图 7-4(a)所示的轴承座是一个用于支撑旋转轴的支架类零件，其主体结构由圆柱筒(上部)、连接板(中部)、底板(下部)三部分组成。根据该零件的类别，在选择主视图时，将轴承座的底板平放，符合工作位置原则；从表达零件形状特征及整体表达方案考虑，在 A、B 两个方向中，选择 A 向为主视图的投影方向更为合适。

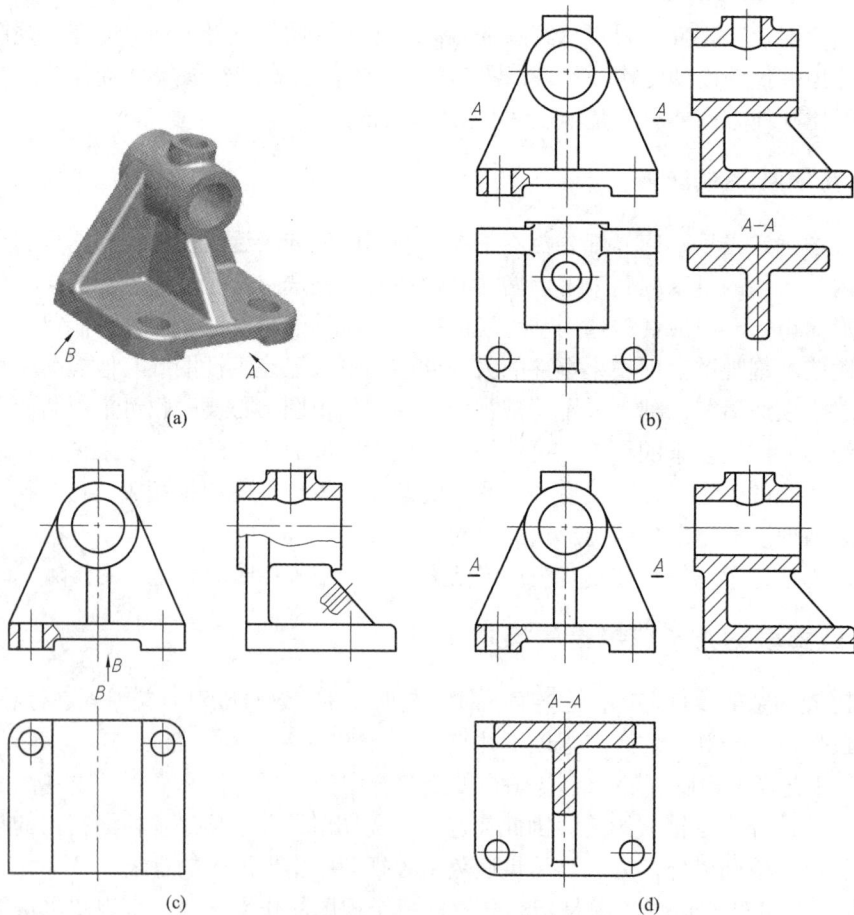

(a)　　　　　　　　　　　　　　　　　(b)

(c)　　　　　　　　　　　　　　　　　(d)

图 7-4　轴承座的两种表达方案

(a) 立体图；(b) 方案一；(c) 方案二；(d) 方案三

若将轴承座各部分的结构形状都能完整地表达清楚，至少需要三个视图，在图 7-4 中给出了三种表达方案。

在图 7-4(b)所示的方案一中，主视图为局部剖视图，反映了轴承座的主要结构形状，同时表达了底板上的两孔为通孔；左视图为全剖视图，表达了圆柱筒部分的内部结构及底板的凹槽深度；俯视图为基本视图，主要表达了轴承座的外形。另外，用移出断面 A-A 表达连接板的丁字形结构。该方案做到了正确、完整、清晰，是一个可行的方案。

在图 7-4(c)的方案二中，主视图没有变化，而左视图改为局部剖视图，并用重合断面图表达连接板的断面实形。由于圆柱筒部分在主、左两视图中已表达清楚，故取消了原来的俯视图，用"B"局部视图来表达底板的形状及其小孔的位置。这样，方案二不仅减少了一个视图，而且每个视图的表达方法更加简捷明了，也是一个可行的方案。

在图 7-4(d)的方案三中，主、左两视图与方案一相同，俯视图既表达底板的形状及其小孔的位置，又表达连接板的丁字形结构，也是一个可行的方案。

读者自行比较可选择一个最合适的方案。

二、零件图的尺寸标注

零件图中的视图只能表达零件的结构形状，而零件的大小要靠标注的尺寸来确定。尺寸标注的基本要求是：正确、完整、清晰、合理。本书在第四章中，已介绍了正确、完整、清晰地标注尺寸的方法，本章主要介绍尺寸标注的合理性。所谓合理性，是指标注的尺寸既满足零件的设计(性能)要求，又符合零件的加工工艺要求(便于加工和检测)。显然，只有具备较多的零件设计和加工工艺知识，才能较合理地进行尺寸标注。这就需要读者通过本课程和后续课程的学习，以及参加生产实践才能很好掌握。

(一) 尺寸基准的概念

尺寸基准，就是标注和度量尺寸的起点。任何一个零件都有长、宽、高三个方向(或轴向、径向两个方向)的尺寸，而在每个方向上至少应有一个尺寸基准。当同一方向上有多个尺寸基准时，其中必有一个为主要基准，其余则为辅助基准，并且主要基准和辅助基准之间必有尺寸相关联。

1. 设计基准

为保证零件在机器中的工作性能，在设计时用以确定零件在机器中的位置及其几何关系的一些几何要素。图 7-5(a)是一阶梯轴的工作情况，因为阶梯轴在工作时需以 $\Phi22$ 轴段右端面进行轴向定位，故设计时以该端面为轴向设计基准；以阶梯轴的轴线为径向设计基准，以保证各个轴段同轴，使之转动自如。

2. 工艺基准

为保证零件的工艺性，在加工过程中，用于装夹定位、测量、检验零件已加工表面所选定的一些几何要素。图 7-5(b)是上述阶梯轴的加工情况，以该轴的右端面为工艺基准，以方便加工、测量；以阶梯轴的轴线为径向工艺基准，在加工时可使用三爪卡盘装夹机件，能保证阶梯轴自动定心，方便加工。

在设计和加工零件时，常用的基准有：

基准面：零件的安装底面、重要端面、对称面、装配结合面、主要加工面等；

基准线：回转体的轴线、主要孔的轴线、坐标轴线等；

基准点：圆心、球心等。

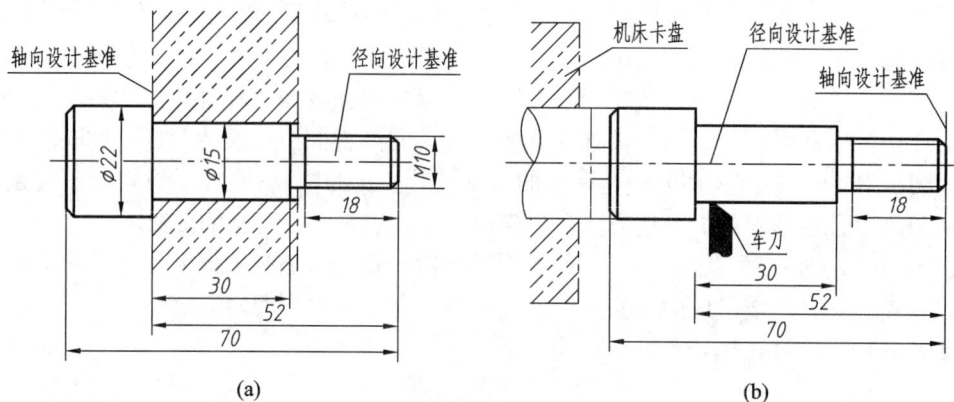

图 7-5 设计基准与工艺基准

(a) 设计基准；(b) 工艺基准

(二) 尺寸的合理标注

1. 正确选择尺寸基准

为了满足标注尺寸的合理性，应选择零件的设计基准或工艺基准作为它的尺寸基准。标注尺寸的一般原则是：将重要的尺寸从设计基准出发进行标注，以保证设计要求；一些次要的尺寸则从工艺基准出发进行标注，以便于加工和测量。在标注尺寸时，最好是把设计基准和工艺基准统一起来，这样，既能满足设计要求，又能满足工艺要求。当两者不能统一时，应以保证设计要求为主。即在满足设计要求的前提下，力求满足工艺要求，可以设计基准为主要基准，以工艺基准为辅助基准。但在两基准之间必须标注一个联系尺寸。

在图 7-5 中，阶梯轴的轴线既是径向设计基准，也是径向工艺基准，由此标注的一系列径向尺寸，如φ22、φ15 和 M10 都满足合理性的要求；把φ22 轴段右端面作为轴向主要尺寸基准，标注尺寸 30 以满足性能要求，以阶梯轴右端面作为轴向辅助基准，标注尺寸 18 以便于测量，二者之间用尺寸 52 联系起来。

图 7-6 是某传动轴的零件图，其中的尺寸标注与上述情况相似，请读者自行分析。

2. 重要的尺寸应直接标注

零件上对机器或部件的工作性能和装配质量有直接影响的尺寸为重要尺寸，在零件图中必须直接标出，如图 7-6 中的尺寸φ35、φ45、25、51、45 和尺寸 35.5、12、φ40 等。

3. 按加工方法标注尺寸

为了能在加工零件时方便看图，在标注尺寸时应把不同加工方法和工序所需要的尺寸分开标注。在图 7-6 中，各轴段的圆柱面是在车床和磨床上加工的，可将各轴段的直径标注在主视图上，轴段的长度标在主视图的下侧；键槽是在铣床上加工的，键槽长 45 和定位尺寸 3 标在主视图的上侧，键槽深(通过 35.5 表示)、键槽宽 12 则标在移出断面上。另外，对于一些轴上常见的退刀槽，因属于标准结构，加工时可由切槽刀直接加工出退刀槽，所以退刀槽的尺寸应单独标注；对于加工面的一组尺寸和非加工面的一组尺寸也应该分开标注，等等。

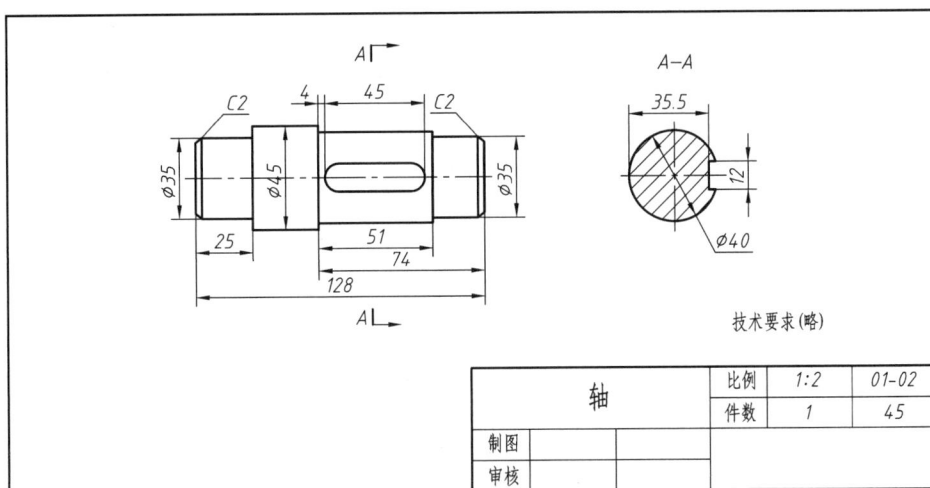

图 7-6 传动轴零件图

4. 按加工顺序标注尺寸

在加工零件时，为了避免尺寸计算，便于加工和测量，在标注尺寸时应当考虑加工顺序。表 7-1 列出了图 7-6 所示传动轴的加工顺序。通过对该表中列出的尺寸和加工顺序的分析不难看出，图 7-6 中所标注的尺寸 $\phi35$、$\phi40$、$\phi45$、25、51、74 和 128 都是合理的。

表 7-1 传动轴的加工顺序

序号	图 例	说 明
1		取圆钢，根据总长 128 下料，两端面打中心孔，车 $\phi45$ 圆柱面
2		加工左端，车 $\phi35$ 圆柱面，长度为 25，并倒角
3		调头，加工右端，车 $\phi40$ 圆柱面，长度为 74
4		加工 $\phi35$ 圆柱面时，应保证重要尺寸 51，并倒角
5		铣键槽，长 45，轴肩定位，尺寸为 3

5. 避免出现封闭尺寸链

零件图上一组相关尺寸构成零件尺寸链。如图 7-7(a)所示的轴，它在同一方向上的尺寸 A_1、A_2、A_3 和 A_4 首尾相接，构成了一个封闭的尺寸链。一旦注成了封闭的尺寸链，就必须提高各尺寸的加工精度，致使生产成本增加，甚至无法加工。由于尺寸 A_3 会受到尺寸 A_1、A_2、A_4 的影响，为了保证其加工精度，故将要求不高的尺寸 A_2 空下来不予标注，如图 7-7(b)所示，从而将该尺寸链中其他尺寸的加工误差累积到尺寸 A_2 上，保证了其他尺寸的加工精度。但在个别情况下，为了减少尺寸的推算，也可以注成封闭尺寸链，但必须将其中一个不重要的尺寸用括弧括起来作为参考尺寸，如图 7-7(c)所示的尺寸(6)。

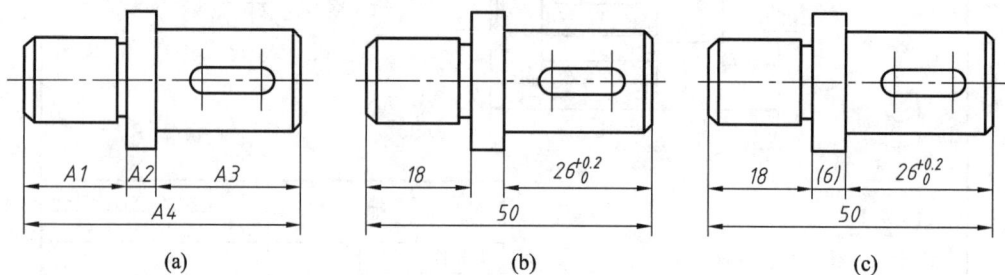

图 7-7　不注封闭尺寸链

(a) 封闭的尺寸链；(b) 合理的尺寸标注；(c) 标注为参考尺寸

6. 应便于测量

如图 7-8(a)所示的尺寸，虽是从设计基准出发标注的，但无法直接测量；若按图 7-8(b)所示的标注方法，测量将十分方便。

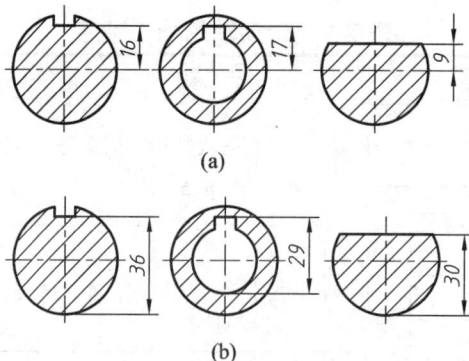

图 7-8　键槽和槽口的尺寸标注

(a) 不便于测量；(b) 便于测量

三、典型零件的表达方案和尺寸标注示例

由于零件在机器中的作用不同，其结构形状也不尽相同。根据零件的结构形状、用途、加工制造等方面的特点，通常将零件分为四大类：轴套类、盘盖类、叉架类和箱体类。一般情况下，后一类零件比前一类零件结构复杂，因此，后一类零件所需的视图数量和尺寸数量也相对较多。

(一) 轴套类零件

1. 零件的结构特点

轴套类零件包括轴(实心轴、空心轴)、杆(螺杆、阀杆)、套筒等。其主要结构形状是由同轴的、多阶梯的回转体(圆柱和圆锥等)组合而成的,主要在车床和磨床上加工。轴套类零件上常有键槽、退刀槽、螺纹、倒角、倒圆、小孔等结构,这些结构多数已经标准化。

图 7-9 是泵轴的零件图。从图中可以看出:泵轴的左段较长,在不同位置有两个互相垂直的圆柱通孔,中段有砂轮越程槽、键槽、螺纹退刀槽,右段有螺纹和一个销孔;泵轴的两端有倒角。

2. 零件的表达方案

由于这类零件的结构比较简单,多属于同轴回转体,故一般只需要一个主视图和若干个辅助视图即可表达清楚和完整。其中,主视图按加工位置选择,即轴线水平横放,反映零件的主要结构形状。对于零件上的沟槽、小孔等细部结构,可采用适当的局部剖视图、移出断面图、局部放大图或简化画法等来表达;若零件的某段轴向尺寸较大,其断面形状相同或呈规律变化时,可采用断开画法缩短后画出。

在图 7-9 中,主视图采用局部剖,反映了泵轴的主要结构形状和圆孔,其相贯线采用了简化画法;采用了两个移出断面,分别表达圆孔和键槽处的断面实形;还使用了两个局部放大图,分别表达Ⅰ、Ⅱ两处的环槽的形状,便于标注尺寸。

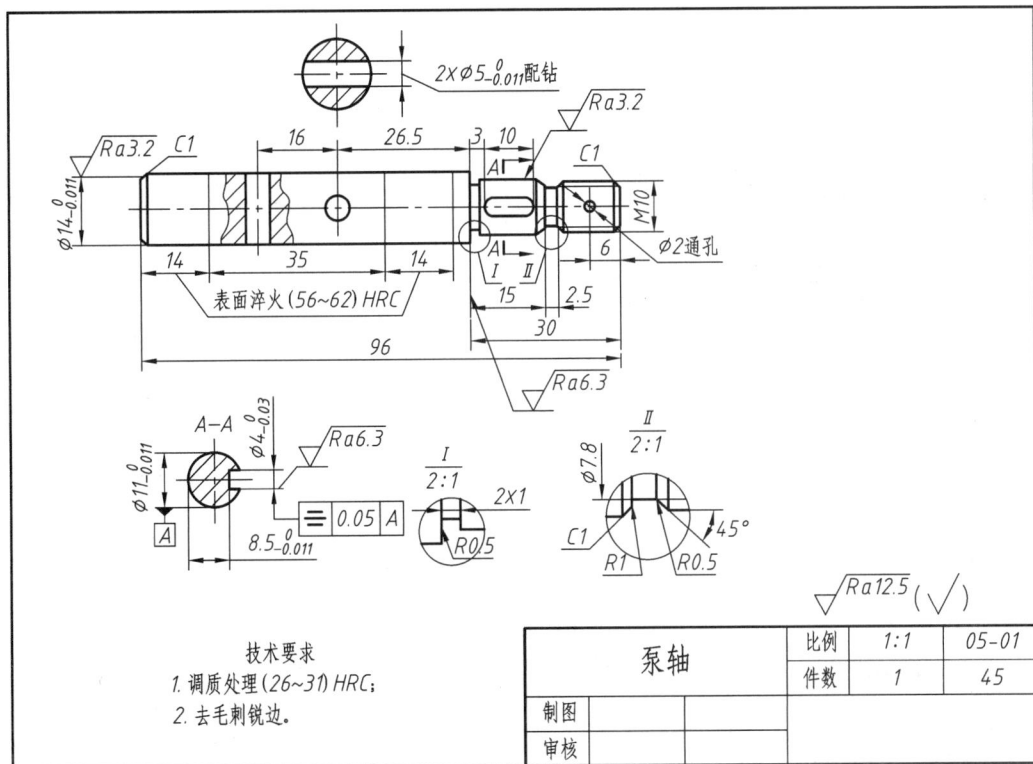

图 7-9 泵轴零件图

3. 零件图的尺寸标注

轴套类零件的尺寸标注常以水平放置的轴线作为径向尺寸基准，如图 7-9 所示，由此标出了 $\phi14_{-0.011}^{0}$、$\phi11_{-0.011}^{0}$ 等各段的直径尺寸；常以重要的轴肩、端面作为轴向的主要尺寸基准，在图 7-9 中，直径为 $\phi14_{-0.011}^{0}$ 轴段的右端面为泵轴长度方向的尺寸基准，由此标出了 15、30 和 3、26.5 等各轴向尺寸；以轴的右端面作为长度方向的辅助尺寸基准标出 6 和 96。另外，在标注尺寸时还考虑了加工方法、加工顺序等因素，如把一些孔和槽的尺寸安排在移出断面和局部放大图中，则更便于标注和看图。

(二) 盘盖类零件

1. 零件的结构特点

盘盖类零件包括齿轮、皮带轮、链轮、手轮、圆盘、端盖等，其毛坯多为铸件、锻件，主要在车床上加工。这类零件的主要结构形状多由同轴回转体组成，或带有正方形或矩形等不同形状的法兰，并常有径向分布的螺孔、光孔、销孔、轮辐、肋板等结构。其特点是轴向尺寸小，而径向尺寸较大。

如图 7-10 所示的阀盖，其左端有连接螺纹为 M36 × 2，中部在 75 × 75 的方形凸缘上有四个 $\phi14$ 的圆柱孔，右端有直径为 $\phi41$、$\phi50$、$\phi53$ 的圆柱形台阶；阀盖的中央还有一阶梯孔等。整个零件上下、前后均对称，而左右不对称。

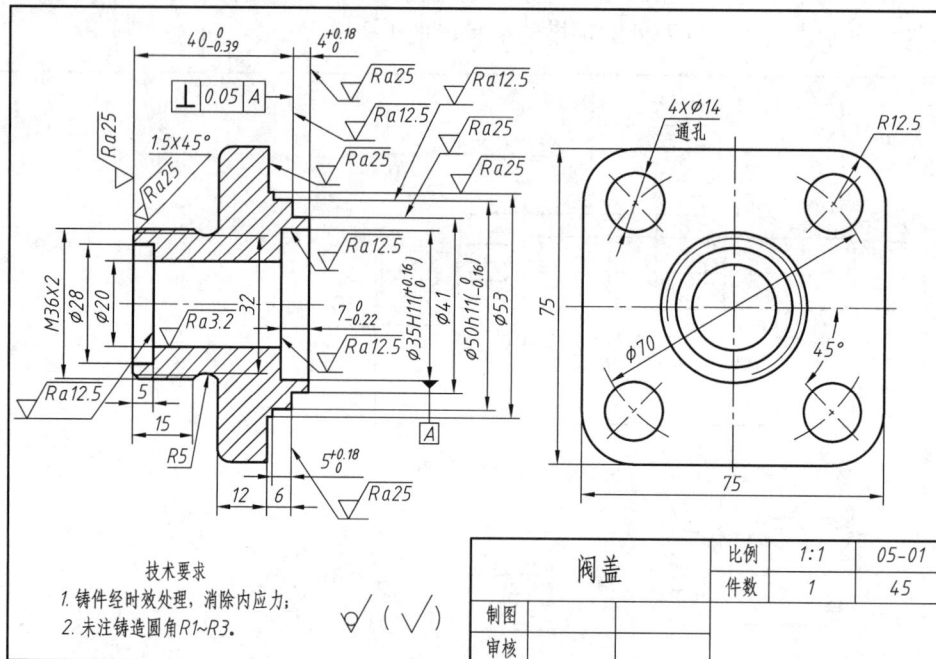

图 7-10　阀盖零件图

2. 零件的表达方案

盘盖类零件一般选用两个视图：主视图和左(右)视图。主视图一般按加工位置选择，轴线水平横放，且多画成剖视图，以表达其内部结构；而另一视图主要用于表达沿径向分布的孔、槽等结构的形状及其相对位置；对于一些局部结构，可选用局部视图或局部剖视图；对于零件上的轮辐、肋板等结构，一般采用重合断面表达；对于一些细小结构，如台阶、环槽、螺纹牙形等，则需要增加局部放大图等。

如图 7-10 所示的阀盖只用了两个视图，其中：主视图为全剖视图，主要表达阀盖的内部结构和特征；左视图为基本视图，表达了阀盖的外形及各孔的形状、数量和分布情况。该阀盖虽然左右不对称，但通过标注出一系列的直径尺寸后，相关部分的结构形状已完全表达清楚，故既不需在左视图中画出虚线，也不必画出右视图。所以，该表达方案简洁明了，既没有重复，也没有遗漏。

3. 零件图的尺寸标注

盘盖类零件的尺寸标注常以水平放置的轴线作为径向尺寸基准，如图 7-10 所示，由此标出了 $\phi20$、$\phi50h11(^{0}_{-0.160})$、$\phi70$ 等径向尺寸和 75、75 高度方向、宽度方向的尺寸；常选用重要的端面作为长度方向的尺寸基准，在图 7-10 中，直径为 $\phi50h11(^{0}_{-0.160})$ 圆柱的右端凸缘即为阀盖长度方向的尺寸基准，由此标出了 $40^{0}_{-0.390}$、$4^{+0.180}_{0}$、$5^{+0.180}_{0}$、6 等尺寸。

(三) 叉架类零件

1. 零件的结构特点

叉架类零件包括各种用途的拨叉、支架、支座、连杆等，且多数为铸件或锻件。这类零件一般由安装部分(或称固定部分)、工作部分(或称支撑部分)和连接部分组成，用于支撑其他的零部件。连接部分多是各种各样的肋板(断面为 T 形、工字形、椭圆形等)；安装部分和工作部分有较多的螺孔、光孔、油孔、油槽等细小结构。其特点是：整体形状不很规则，并常带有倾斜的结构等。

如图 7-11 所示的支架，其下部是一个具有两个螺栓孔的 L 型安装座；上部是一个带有耳板的圆管，耳板之间有一开槽，可使圆管夹紧其中的零件；中部是一 T 形断面的肋板，将上下两部分连接起来形成支架。从图 7-11 中的右图可知，整个支架前后对称，而其他方向不对称。

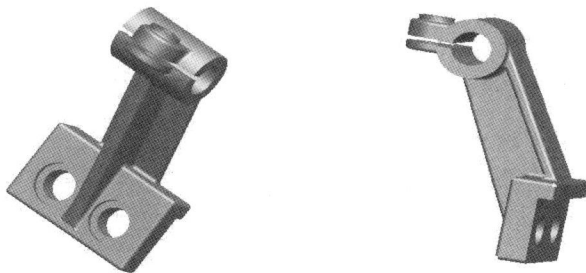

图 7-11 支架立体图

2. 零件的表达方案

叉架类零件的加工工序较多，因此，常按其形状特征和工作位置选择主视图。零件的工作部分和安装部分的局部内形常采用局部剖视图；连接部分的断面形状常用移出断面或重合断面；其他局部结构，可选用斜视图、局部视图、局部放大图等。因此，其零件图的视图数量一般都在两个或两个以上，表达方法也更加灵活多样。

图 7-12 是上述支架的零件图。在图中一共使用了四个图形，其中：主视图和左视图均使用了局部剖，以表达出有关孔的类型和位置；采用一个移出断面图表达 T 形肋板的断面实形。这时，支架的绝大部分结构已经表达清楚，只有上部耳板的形状和位置未表达清楚，又没有必要画出完整的俯视图，故需再增加一个"A"向局部视图即可。

3. 零件图的尺寸标注

叉架类零件的尺寸标注常以安装基面或零件的对称面作为尺寸基准，如图 7-12 所示，选用安装座的右端面为长度方向主要尺寸基准，由此标出了 16 和 60 等尺寸；选用安装座上定位块的下端面为高度方向尺寸基准，由此标出了 10、20 和 80 等尺寸；选用支架的前后对称面作为宽度方向尺寸基准，由此标出了 50、40 和 82 等尺寸。另外，再以 Φ20 孔的轴线为辅助尺寸基准，进而标出了 25、3、18 等尺寸。其余尺寸留给读者自行分析。

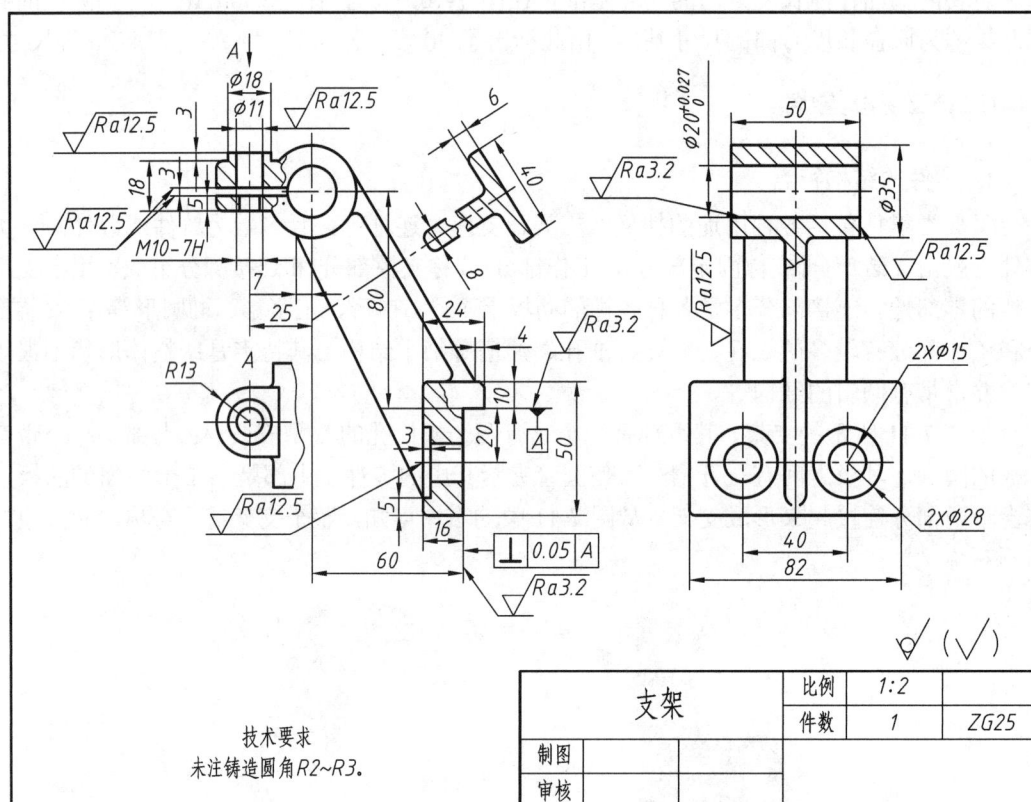

图 7-12　支架零件图

(四) 箱体类零件

1. 零件的结构特点

箱体类零件包括阀体、泵体、减速器壳体、液压缸体等，其毛坯一般为铸件。通常情况下，这类零件的内外结构比前三类零件更为复杂，故加工位置也多变。

箱体类零件的结构有这样几个特点：包容零件和支承零件的部分，要有内腔、轴承孔、油孔、肋板等结构；安装部分常有安装底板、法兰、安装孔、螺孔等结构；箱体壁上常有安装箱盖或端盖用的凸缘、凸台、凹坑、螺孔、销孔等结构。另外，在局部结构的表面可能会出现一些过渡线，画图时需要认真分析。

图 7-13 是某个蜗轮蜗杆减速器的箱体，其内外结构形状都比较复杂，且在各个方向上都不具有对称性。

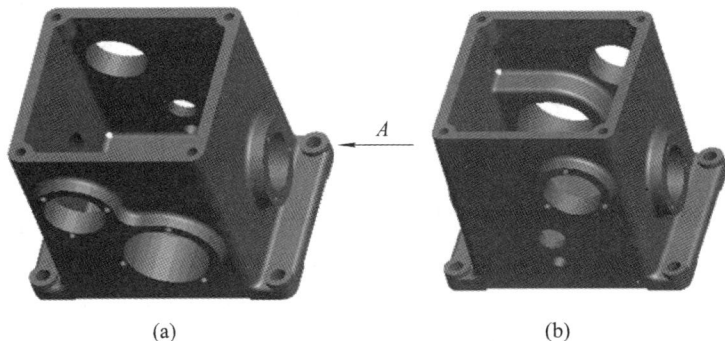

图 7-13　箱体立体图

(a) 外形；(b) 旋转 180°

2. 零件的表达方案

箱体类零件主要按形状特征和工作位置选择主视图，零件主体部分的外部形状和内部结构常采用全剖、半剖或局部剖来表达；对零件上的局部结构，如凸台、螺孔的分布等，常采用局部视图或局部剖视图；对零件上的倾斜结构，常采用斜视图或斜剖视图；对一些肋板，常采用移出断面或重合断面等。因此，箱体类零件一般需要三个或三个以上的视图才能表达清楚。

图 7-14 是蜗轮蜗杆减速器箱体的零件图。在图中一共用了六个图形，其中：主视图取零件工作位置，以图 7-13(a)中"A"向为主视图视图方向；主视图采用"A—A"局部剖视图，左视图采用"B—B"全剖视图，俯视图采用局部剖视图，分别表达箱体的内部结构和一些通孔的位置。在此基础上，增加了一个"C"向局部视图以表达箱体左壁上外侧的凸台及轴承孔，用"D—D"局部剖视图表达左壁上内侧凸台的形状；用"E"向局部视图表达底板下面地脚及安装孔的形状。对于箱体上表面上的螺纹孔、底板上面的圆形凸台，已在俯视图中表达清楚；右壁上的螺纹孔也已在左视图中表达清楚。至于前、后、右壁外侧的圆形凸台，虽然在主、左视图中并没有画出，但结合视图中已标注的直径尺寸，完全能够确定出它们的形状，故不再需要画出相应的虚线或补充其他视图。

3. 零件图的尺寸标注

箱体类零件的尺寸标注常以设计要求的轴线、重要的安装底面、结合面(或加工面)、主要结构的对称面等作为尺寸基准。如图 7-14 所示，以箱体左侧凸台端面作为长度方向尺寸基准，由此标出了 72、134 和 9 等尺寸；以箱体的安装底面为高度方向尺寸基准，由此标出了 11、17、37、92 和 122 等尺寸；以前后基本对称面为宽度方向尺寸基准，由此标出了 25、64、90、104、125 和 126 等尺寸。而各孔的直径均是以孔自身的轴线为基准标注的。

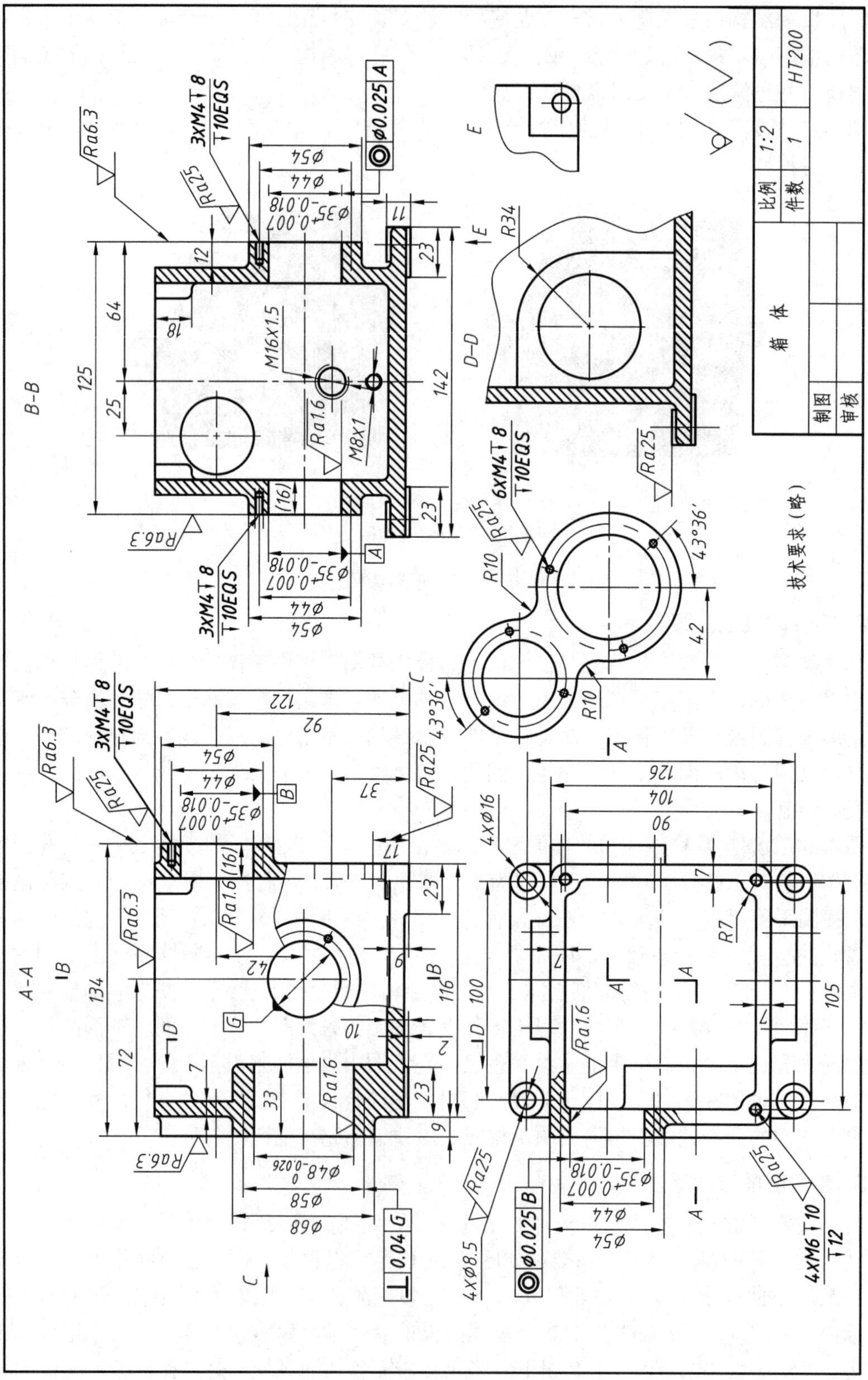

图 7-14 箱体零件图

第三节　零件上常见的工艺结构

在设计过程中，零件的结构形状既要满足使用性能要求，又要符合制造工艺要求，还要考虑低消耗、高效率等经济因素。下面介绍几种零件上常见的工艺结构。

一、铸造中的工艺结构

用铸造方法得到的零件称为铸件。铸件的铸造过程如图 7-15 所示，首先根据零件的形状和大小按 1∶1 制作模型，并将模型放入砂箱，填入型砂，夯实；然后翻开上砂箱拔出模型后即形成型腔，最后将熔化的金属液体通过浇口注入型腔，直至冒口中出现金属液体为止；待金属液体冷却凝固后，去除型砂，即得到铸件。

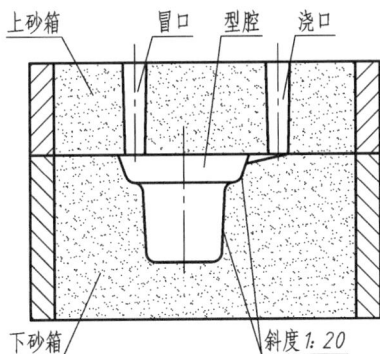

图 7-15　铸造过程示意图

在铸造过程中，为了将模型能够顺利地从砂箱中取出，铸造工艺对铸件的形状和结构要有一定的要求，即形成了铸造中的工艺结构。

1. 拔模斜度

为了将模型从砂型中顺利取出，常在铸件内外壁上沿拔模方向设计出大约为 1∶20(或不大于 3°)的斜度，即拔模斜度，如图 7-16 所示。由于拔模斜度一般很小，零件图中可不画出、也不必标注；必要时可画出斜度并标注；或者在技术要求中用文字说明。

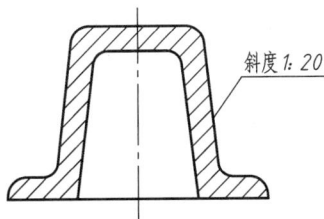

图 7-16　拔模斜度

2. 铸造圆角

为了在造型时便于拔模，防止浇注的金属液体将砂型转角处冲坏，避免铸件在冷却时产生裂纹或缩孔，一般将铸件毛坯上的各种尖角制成圆角，这种圆角称为铸造圆角，如图7-17 所示。铸造圆角在零件图上需要画出，其圆角半径要与铸件的壁厚相适应，一般为 *R*3～5 mm，可标在图中或集中注写在技术要求中。当表面需要切削加工时，圆角则被削掉而成为尖角。

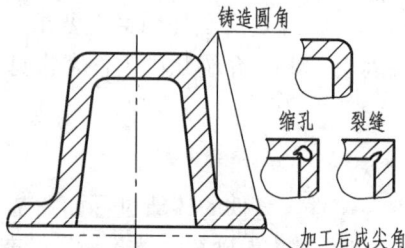

图 7-17　铸造圆角

3. 铸造壁厚

为了防止铸件在浇注时因壁厚不均匀、液态金属冷却速度不同而产生缩孔、裂纹等铸造缺陷，铸件壁厚应尽量均匀或逐渐变化，如图 7-18 所示。

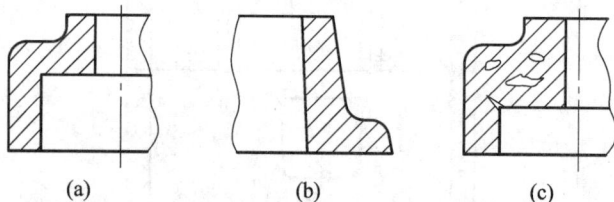

图 7-18　铸件壁厚

(a) 壁厚均匀；(b) 逐渐过渡；(c) 壁厚不均匀产生缩孔、裂纹

二、机械加工中的工艺结构

1. 倒角和圆角

为了去除切削零件时产生的毛刺、锐边，使操作安全，便于装配，常在轴或孔的端部加工成倒角，常见的倒角是 45°，也有 30° 和 60° 等；为了避免因应力集中而产生裂纹，在轴肩处常加工成圆角的过渡形式，也称倒圆。其结构尺寸可查机械设计手册确定，45°倒角和倒圆的标注方法如图 7-19(a)所示(图中符号 *C* 表示 45° 倒角，2 为倒角的轴向尺寸)；非 45° 倒角的标注方法如图 7-19(b)所示。

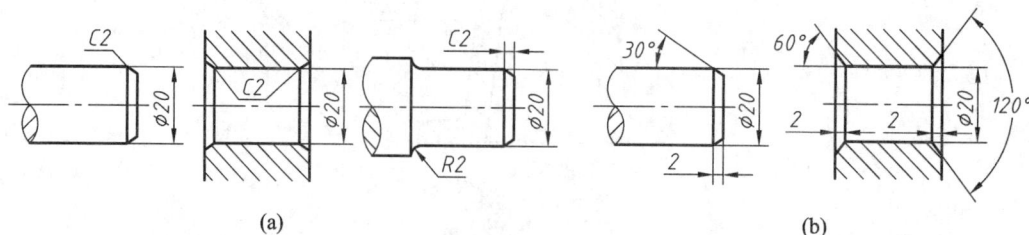

图 7-19　倒角和圆角

(a) 45° 内、外倒角与倒圆及标注　(b) 非 45° 内、外倒角及标注

2. 螺纹退刀槽和砂轮越程槽

在切削或磨削加工时，为了易于退出刀具，保证加工质量，且在装配时能与相关零件靠紧，常在零件被加工表面的终止处预先加工出螺纹退刀槽或砂轮越程槽，其结构尺寸可查机械设计手册确定，尺寸标注常按"槽宽×槽深"或"槽宽×直径"的形式集中标注，如图 7-20 和图 7-21 所示。

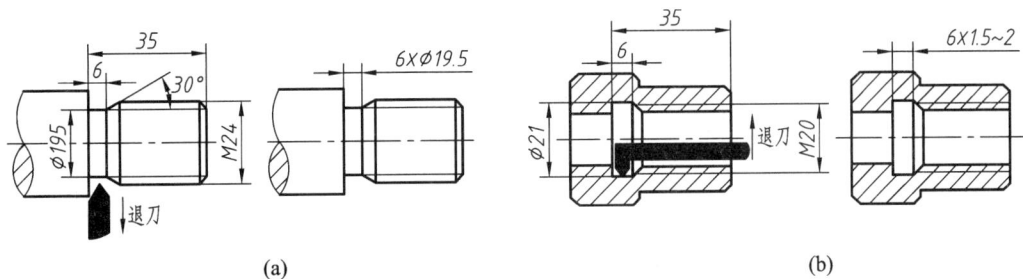

图 7-20 螺纹退刀槽及尺寸标注

(a) 外螺纹退刀槽；(b) 内螺纹退刀槽

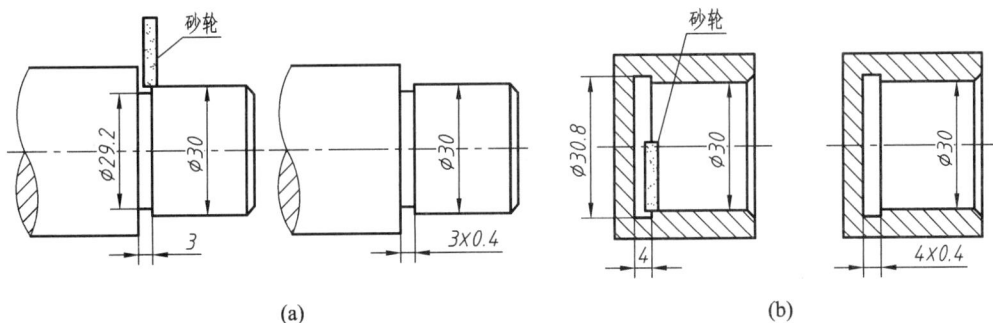

图 7-21 砂轮越程槽

(a) 外表面；(b) 内表面

3. 钻孔结构

钻孔时，为避免钻头单边受力而产生弯曲或折断，钻头的轴线应垂直于钻孔零件的端面。如果钻孔处的表面为曲面或斜面，如图 7-22(a)所示，则应预先加工出与孔轴线垂直的平面、凸台或凹坑，如图 7-22(b)所示。

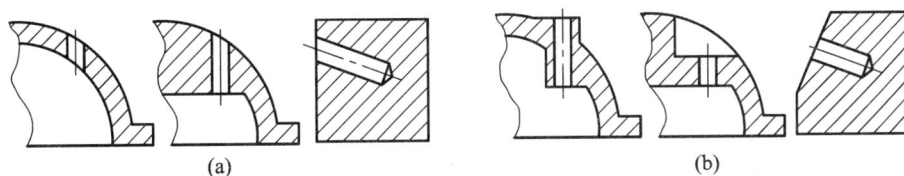

图 7-22 钻孔的端面

(a) 不合理；(b) 合理

4. 凸台和凹坑

为了保证零件表面间接触良好，一般接触表面都要加工。但为了降低零件的制造费用，应尽量减少加工面积，因此，常在铸件上设计出凸台或凹坑等结构，如图 7-23 所示。

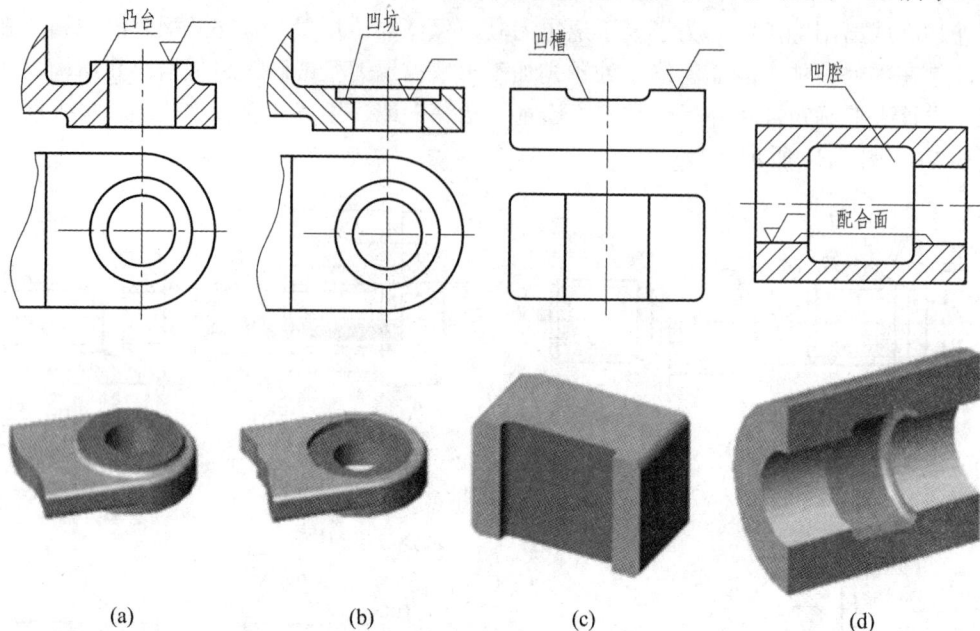

图 7-23　凸台、凹坑等结构

(a) 凸台；(b) 凹坑；(c) 凹槽；(d) 凹腔

第四节　零件的表面粗糙度

在加工制造零件时，为了保证零件的表面质量，需要在设计时对零件的表面粗糙度给出要求。表面粗糙度的各项要求在图样上的表示法在 GB/T 131—2006 中均有具体规定。本节主要介绍常用的表面粗糙度表示法。

一、粗糙度轮廓及其评定参数

1. 表面粗糙度的概念

零件经过加工后，其表面状态是比较复杂的。若将其截面放大来看，零件的表面总是凹凸不平的，零件表面上所形成的这种具有微小间距和微小峰谷的微观几何形状特性称为表面粗糙度，如图 7-24 所示。

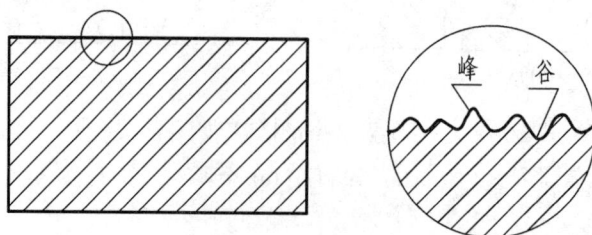

图 7-24　零件的表面粗糙度

2. 表面粗糙度的评定参数

(1) 轮廓算术平均偏差 Ra。Ra 是指在一个取样长度内纵坐标值 $Z(x)$ 绝对值的算术平均值，如图 7-25 所示。

(2) 轮廓总高度 Rz。Rz 是指在同一取样长度内，最大轮廓峰高和最大轮廓谷深之和，如图 7-25 所示。

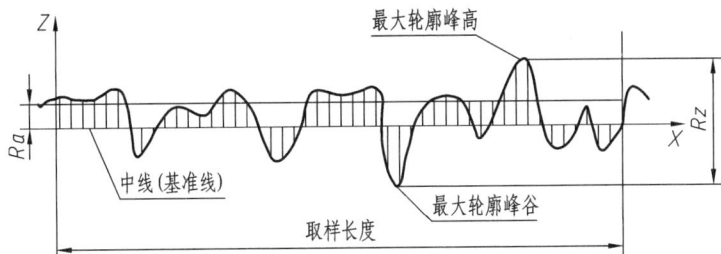

图 7-25 轮廓的算术平均偏差 Ra 和轮廓总高度 Rz

二、表面粗糙度代号

零件图中应标注表面粗糙度代号，以说明零件表面加工后的表面质量要求。表面粗糙度代号由图形符号、参数代号、极限值和补充要求一起组成。

1. 图形符号

表面粗糙度要求的图形符号见表 7-2。

表 7-2 表面粗糙度要求的图形符号

符号名称	符 号	含 义
基本图形符号		未指定加工方法的表面，当通过一个注释解释时可单独使用。 $H_1 = 1.4h$，$H_2 = 2H_1$。h 为所选的字高
扩展图形符号		用去除材料方法获得的表面，仅当其含义是"被加工表面"时可单独使用
		不去除材料的表面，也可用于表示保留上道工序形成的表面，不管这种状况是通过去除或不去除材料形成的
完整图形符号		在以上各种符号的长边上加一横线，以便注写各种要求 在报告或合同的文本中，可分别用 APA、MRR、NMR 代表这三个符号

2. 参数代号和补充要求的注写位置

表面粗糙度代号中标注参数代号和补充要求说明时，应按图7-26中所示的位置分别标注。其中：

位置 a，用于注写表面粗糙度单一要求，包括表面粗糙度参数代号、极限值等。

位置 b，用于注写两个或多个表面粗糙度要求，方法同"位置 a"。

位置 c，用于注写加工方法、表面处理等其他加工工艺要求等，如"车"、"磨"、"镀"等。

位置 d，用于注写表面纹理种类和纹理的方向，如"×""=""M"等。

位置 e，用于注写所要求的加工余量，单位为 mm。

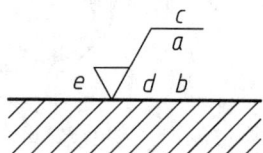

图 7-26　参数代号和补充要求的注写位置

3. 表面粗糙度代号示例

表面粗糙度代号的示例及含义见表7-3。

表 7-3　表面粗糙度代号示例

序号	代号示例	含　　义	补充说明
1	$\sqrt{Ra\ 0.8}$	表示不允许去除材料，单向上限值，R 轮廓，算术平均偏差 0.8 μm	参数代号与极限值之间应留空格（下同）
2	$\sqrt{Rzmax\ 0.2}$	表示去除材料，单向上限值，R 轮廓，粗糙度最大高度的最大值 0.2 μm	示例中为单项极限要求，为单向上限值，可不加注"U""若为单向下限值，则应加注"L"
3	$\sqrt{\begin{array}{l}U\ Ramax\ 3.2\\L\ Ra\ 0.8\end{array}}$	表示不允许去除材料，双向极限值，R 轮廓，上限值：算术平均偏差 3.2 μm，下限值：算术平均偏差 0.8 μm	本例为双向极限要求，用"U"和"L"分别表示上限值和下限值。在不致引起误解时，可不加注"U"、"L"

三、表面粗糙度在图样中的注法

(1) 除非另有说明，所标注的表面粗糙度是对完工零件表面的要求。表面粗糙度对每一表面一般只注一次，并尽可能注在相应的尺寸及其公差的同一视图上。

(2) 表面粗糙度的注写和读取方向与尺寸的注写和读取方向一致。表面粗糙度可注写在轮廓线或其延长线上，其符号应从材料外指向并接触表面，如图7-27所示；必要时，表面粗糙度也可用带箭头或黑点的指引线引出标注，如图7-28所示。

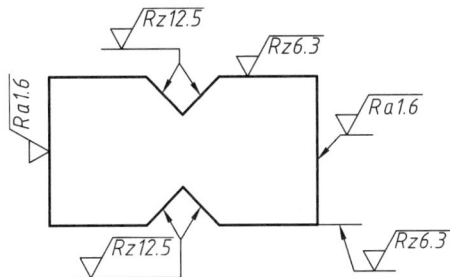

图 7-27 表面粗糙度标注在轮廓线上

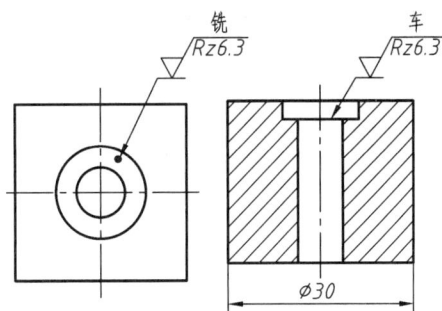

图 7-28 表面粗糙度用指引线引出标注

(3) 表面粗糙度可标注在几何公差框格的上方，如图 7-29 所示。

(4) 圆柱和棱柱表面的表面粗糙度只注写一次；如果每个棱柱表面有不同的表面要求，则应分别单独标注，如图 7-30 所示。

(5) 在不致引起误解时，表面粗糙度可以标注在给定的尺寸线上，如图 7-30 所示。

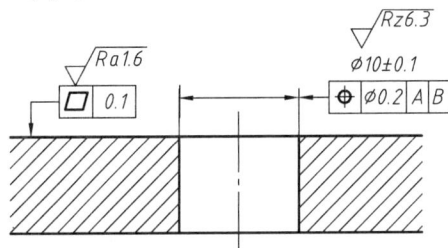

图 7-29 表面粗糙度要求标注在几何公差框格上方

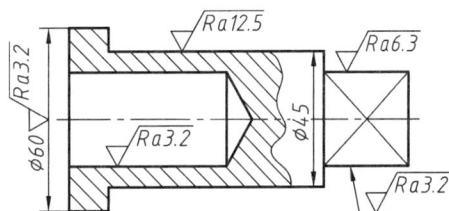

图 7-30 圆柱和棱柱表面粗糙度要求的注法

(6) 有相同表面粗糙度要求的简化注法。如果在工件的多数(包括全部)表面有相同的表面粗糙度要求时，则可统一标注在图样的标题栏附近。此时，不同的表面粗糙度要求应直接标注在图形中；统一标注的表面粗糙度要求的后面应加注圆括号，并在圆括号内分别给出那些不同的表面粗糙度要求，如图 7-31(a)所示；或在括号内给出无任何其他标注的基本符号，如图 7-31(b)所示；若全部表面有相同的表面粗糙度要求，则统一标注时无需加注圆括号。

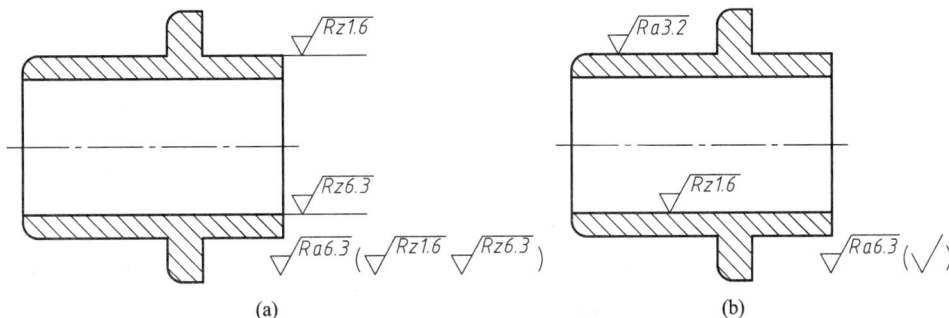

图 7-31 大多数表面有相同表面粗糙度要求的简化注法

(a) 圆括号内给出不同的表面粗糙度要求；(b) 圆括号内给出基本符号

(7) 多个表面有共同表面粗糙度要求的注法。当在图样某个视图上构成封闭轮廓的各表面有相同的表面粗糙度时，在完整表面粗糙度符号上加一圆圈，标注在图样中工件的封闭轮廓线上，如图 7-32(b)所示。

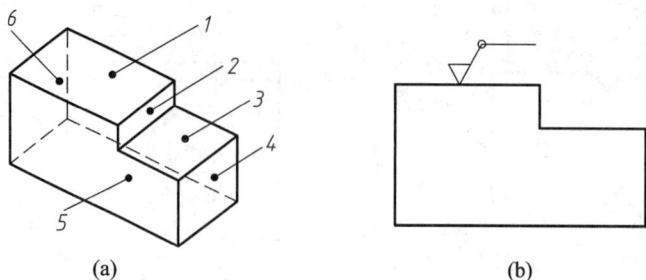

图 7-32　对周边各面有相同的表面粗糙度要求的注法

(a) 构成封闭轮廓的六个面(不包括前后面) ；(b) 图样上的注法

第五节　零件的极限与配合和几何公差简介

零件的极限与配合是零件图和装配图中一项重要的技术要求，也是检验产品质量的技术指标。

一、零件的互换性

所谓互换性，是指在一批加工完成的相同规格的零件中任取一件，不经任何修配就能与其相配的零部件装配成符合要求的产品性质。零件具有互换性有利于生产部门之间开展广泛的组织与协作，利于采用先进的设备和工艺进行高效率、大批量的专业化生产。这不仅可以缩短生产周期、降低成本、保证质量，还可以为产品提供备件，便于维修。常见的螺纹紧固件、轴承等都具有互换性。

二、极限与配合的基本概念

1. 尺寸公差

在零件加工过程中，由于受机床精度、刀具磨损、测量误差和操作人员的技术水平等因素的影响，加工的零件尺寸必然存在一定的误差。为了使零件具有互换性，必须将零件尺寸的加工误差限制在一定的范围内。因此，在设计时，应根据零件的使用要求和加工条件，合理地给零件的某些尺寸规定一个允许的变动量，这个变动量称为尺寸公差。

下面，就以图 7-33 为例来介绍有关尺寸公差的术语和定义。

(1) 公称尺寸。由设计人员在设计时给定的尺寸称为公称尺寸，如图 7-33 中的 $\phi50$。

(2) 极限尺寸。允许尺寸变化的两个界限值，它以公称尺寸为基数来确定。其中，两个极限尺寸中较大的一个称为上极限尺寸，如图 7-33 中轴的尺寸 $\phi49.975$；两个极限尺寸中较小的一个称为下极限尺寸，如图 7-33 中轴的尺寸 $\phi49.950$。

(3) 实际尺寸。实际测量时得到的尺寸。它必须在两个极限尺寸所限定的范围内，零件才是合格的，如上述轴的尺寸，$\phi49.963$ 是合格的，而 $\phi50$ 是不合格的。

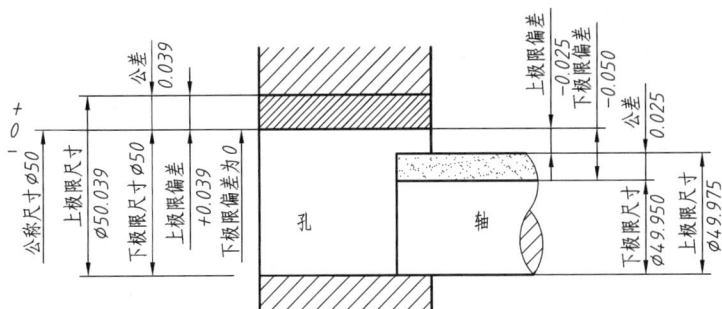

图 7-33 公差与配合示意图

(4) 极限偏差。上极限尺寸和下极限尺寸减去公称尺寸所得到的代数差，分别称为上极限偏差和下极限偏差，统称为极限偏差。国家标准规定，用代号 ES 和 es 分别表示孔和轴的上极限偏差；用代号 EI 和 ei 分别表示孔和轴的下极限偏差。极限偏差可以为正、负或零值。

(5) 尺寸公差。简称公差，是允许尺寸的变动量。

公差 = 上极限尺寸 - 下极限尺寸 = 上极限偏差 - 下极限偏差。

在图 7-33 中，孔的上极限偏差 ES = 50.039 - 50 = 0.039，孔的下极限偏差 EI 为零；轴的上极限偏差 es = 49.975-50 = -0.025，轴的下极限偏差 ei = 49.950 - 50 = -0.050。轴的公差 = 49.975 - 49.950 = |-0.025 - (-0.050)| = 0.025。因为上极限尺寸总是大于下极限尺寸，所以，尺寸公差一定为正值。

(6) 公差带图。在公差分析中，常将公称尺寸、偏差和公差之间的关系形象地用图形来表示，即公差带图。如图 7-34 所示，用于确定零偏差的一条基准线称为零线。通常以零线代表公称尺寸，零线以上为正偏差，零线以下为负偏差；由代表上、下极限偏差两条直线所限定的一个带状区域称为公差带。公差带是由"公差带大小"和"公差带位置"这两个要素组成的。显然，尺寸公差确定了公差带的大小(即公差带的宽度)，任意一个极限偏差确定了公差带的位置(即公差带距零线的距离)。

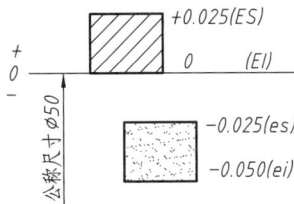

图 7-34 公差带图

在绘制公差带图时，可先画一条直线代表零线，然后根据极限偏差值的大小选择合适的放大比例画出，并标上极限偏差值。

2. 标准公差与基本偏差

公差带是由"公差带大小"和"公差带位置"这两个要素组成的。"公差带大小"由标准公差确定，"公差带位置"由基本偏差确定。

(1) 标准公差。标准公差是标准所列的，用以确定公差带大小的任一公差。标准公差分为 20 个等级，即 IT01、IT0、IT1、IT2 至 IT18。IT 表示标准公差，阿拉伯数字表示公差等级，它是反映尺寸精度的等级。随着公差等级数值的增大，尺寸的精确程度依次降低，其中 IT01 公差数值最小，精度最高；IT18 公差数值最大，精度最低。

(2) 基本偏差。基本偏差是指国家标准规定的、最接近公称尺寸的上极限偏差或者下极限偏差。如图 7-35 所示，当公差带在零线上方时，基本偏差为下极限偏差；反之，则为上极限偏差。

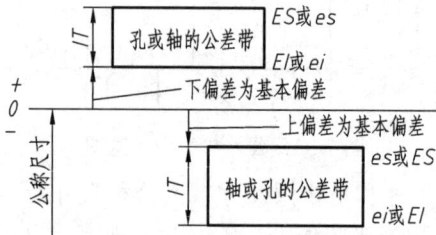

图 7-35　公差带大小及位置

国家标准中规定的基本偏差共有 28 个，其代号用拉丁字母表示。大写字母为孔的基本偏差代号，小写字母为轴的基本偏差代号，如图 7-36 所示。其中，孔的基本偏差从 A～H 为下极限偏差，从 J～ZC 为上极限偏差；轴的基本偏差从 a～h 为上极限偏差，从 j～zc 为下极限偏差；JS 和 js 的公差带对称于零线，孔和轴的上下极限偏差为 +IT/2、–IT/2。基本偏差只表示公差带的位置，不表示公差的大小。因此，公差带一端是开口的，此端的偏差值可以从表 7-6、表 7-7 中查出，也可以按下式计算：

孔：ES = EI + IT 或 EI = ES – IT

轴：es = ei + IT 或 ei = es – IT

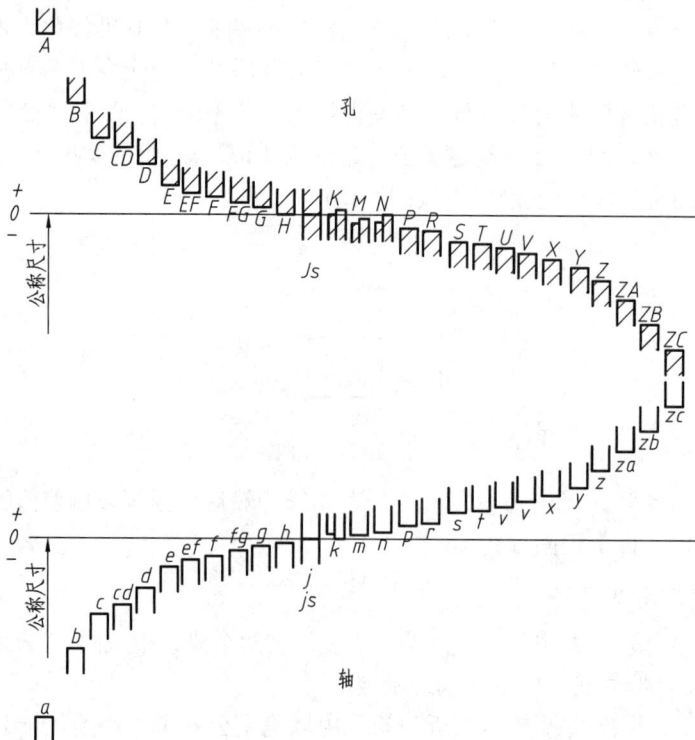

图 7-36　基本偏差系列

(3) 公差带代号。公差带代号由基本偏差代号和公差等级代号组成。

例如：

例如：直径符号 ——————— 孔的公差带代号(大小、位置要素)

$\phi 50$ H 8

公称尺寸 ——————— 公差等级代号(大小要素)

孔的基本偏差代号(位置要素)

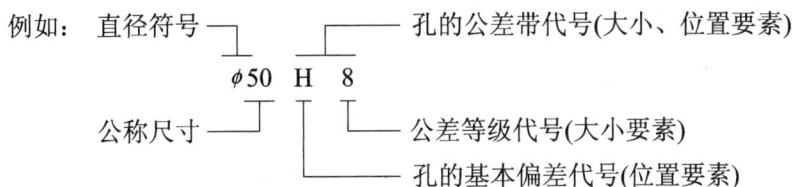

$\phi 50H8$ 公差带的全称是：公称尺寸为 $\phi 50$，基本偏差为 H，标准公差等级为 IT8 级的圆孔的公差带。

再如：

例如：直径符号 ——————— 轴的公差带代号(大小、位置要素)

$\phi 50$ f 7

公称尺寸 ——————— 公差等级代号(大小要素)

轴的基本偏差代号(位置要素)

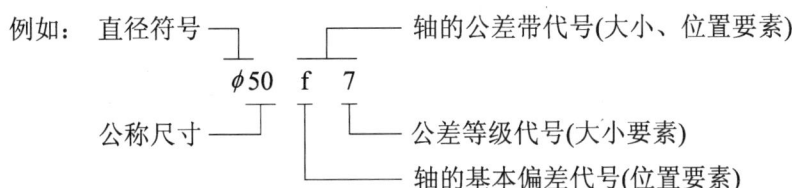

$\phi 50f7$ 公差带的全称是：公称尺寸为 $\phi 50$，基本偏差为 f，标准公差等级为 IT7 级的圆轴的公差带。

3. 配合

公称尺寸相同的、相互结合的孔和轴之间的关系称为配合。根据使用要求不同，孔与轴配合的松紧程度也不同。图 7-37 是轴承座、轴套和轴三者之间的配合，轴套与轴承座之间不允许相对运动，应选择紧配合，而轴在轴套内要求能转动，应选择松动的配合。为此，国家标准规定，配合分为三类：间隙配合、过盈配合和过渡配合。

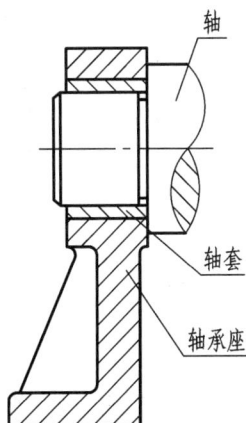

图 7-37　配合的概念

(1) 间隙配合。孔的公差带完全位于轴的公差带之上，任取其中一对孔和轴相配都具有间隙(包括最小间隙为零)的配合，如图 7-38(a)所示。

(2) 过盈配合。孔的公差带完全位于轴的公差带之下，任取其中一对孔和轴相配都具有过盈(包括最小过盈为零)的配合，如图7-38(b)所示。

(3) 过渡配合。孔和轴的公差带相互交叠，任取其中一对孔和轴相配，可能具有间隙，也可能具有过盈的配合，如图7-38(c)所示。

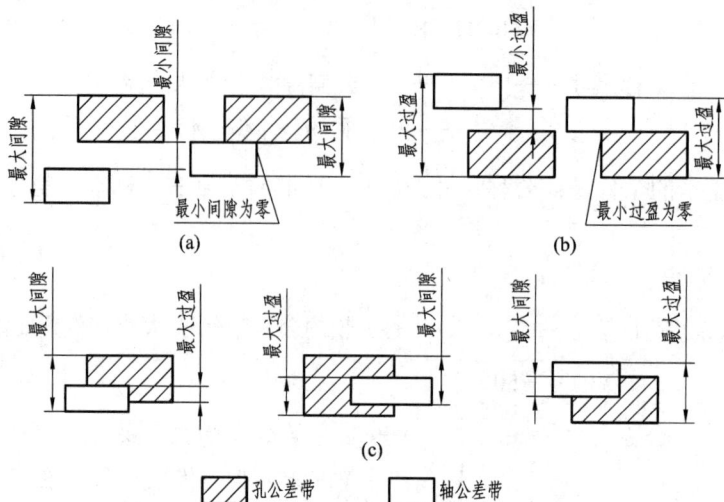

图 7-38　配合

(a) 间隙配合；(b) 过盈配合；(c) 过渡配合

4. 配合制

为便于生产，国家标准规定了两种配合制，即基孔制和基轴制。

(1) 基孔制。基本偏差为一定的孔的公差带，与不同基本偏差的轴的公差带组成各种配合的一种制度称为基孔制。该制度在同一公称尺寸的配合中，是将孔的公差带位置固定，通过变动轴的公差带位置得到各种不同的配合，如图7-39(a)所示。

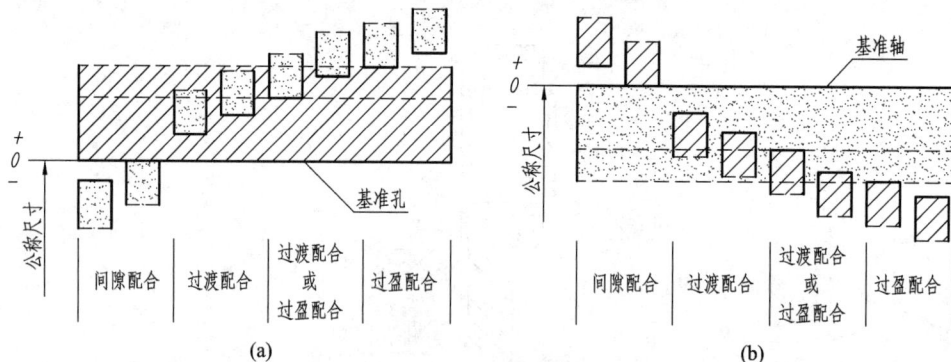

图 7-39　基孔制和基轴制

(a) 基孔制；(b) 基轴制

采用基孔制的孔称为基准孔，基准孔的下极限偏差为零，用 H 表示。

(2) 基轴制。基本偏差为一定的轴的公差带，与不同基本偏差的孔的公差带组成各种配合的一种制度称为基轴制。这种制度在同一公称尺寸的配合中，是将轴的公差带位置固定，通过变动孔的公差带位置得到各种不同的配合，如图7-39(b)所示。

采用基轴制的轴称为基准轴，基准轴的上极限偏差为零，用 h 表示。

从图 7-36 中可以看出：基孔制(基轴制)中，a～h (A～H)用于间隙配合；j～zc(J～ZC)用于过渡配合和过盈配合。

5. 公差与配合的选用

(1) 优先选用优先配合和常用配合。国家标准根据机械工业产品生产使用的需要，考虑到各类产品的不同特点，制定了优先及常用配合。基孔制与基轴制的优先、常用配合见表 7-4 和表 7-5，应尽量选用优先配合和常用配合。

(2) 优先选用基孔制。一般情况下，优先选用基孔制。这样可以减少定制刀具、量具的规格与数量。基轴制通常仅用于具有明显经济效益的场合和结构设计要求不适合采用基孔制的情况。例如，滚动轴承的外圈与孔的配合等。

(3) 可选用孔比轴低一级的公差等级。为降低加工工作量，在保证使用要求的前提下，应当使选用的公差为最大值。相对来说，孔比轴加工较困难，因此在配合中选用孔比轴低一级的公差等级。例如：$\phi 50H8/f7$。

(4) 与标准件配合时，基准制依标准件而定　滚动轴承是已经标准化的部件，所以与轴承外圈配合的孔应按基轴制，而与轴承内圈配合的轴应按基孔制。

表 7-4　基孔制优先、常用配合

基准孔	轴																				
	a	b	c	d	e	f	g	h	js	k	m	n	p	r	s	t	u	v	x	y	z
	间隙配合								过渡配合			过盈配合									
H6						H6/f5	H6/g5	H6/h5	H6/js5	H6/k5	H6/m5	H6/n5	H6/p5	H6/r5	H6/s5	H6/t5					
H7						H7/f6	H7/g6	H7/h6	H7/js6	H7/k6	H7/m6	H7/n6	H7/p6	H7/r6	H7/s6	H7/t6	H7/u6	H7/v6	H7/x6	H7/y6	H7/z6
H8					H8/e7	H8/f7	H8/g7	H8/h7	H8/js7	H8/k7	H8/m7	H8/n7	H8/p7	H8/r7	H8/s7	H8/t7	H8/u7				
				H8/d8	H8/e8	H8/f8		H8/h8													
H9			H9/c9	H9/d9	H9/e9	H9/f9		H9/h9													
H10			H10/c10	H10/d10				H10/h10													
H11	H11/a11	H11/b11	H11/c11	H11/d11				H11/h11													
H12		H12/b12						H12/h12	备注：(1) 有底纹的配合为优先配合； (2) H6/n5、H7/p6 在基本尺寸≤3 和 H8/r7 在≤100 时为过渡配合。												

表 7-5 基轴制优先、常用配合

基准轴	孔																				
	A	B	C	D	E	F	G	H	JS	K	M	N	P	R	S	T	U	V	X	Y	Z
	间隙配合								过渡配合				过盈配合								
h5						$\dfrac{F6}{h5}$	$\dfrac{G6}{h5}$	$\dfrac{H6}{h5}$	$\dfrac{JS6}{h5}$	$\dfrac{K6}{h5}$	$\dfrac{M6}{h5}$	$\dfrac{N6}{h5}$	$\dfrac{P6}{h5}$	$\dfrac{R6}{h5}$	$\dfrac{S6}{h5}$	$\dfrac{T6}{h5}$					
h6						$\dfrac{F7}{h6}$	$\dfrac{G7}{h6}$	$\dfrac{H7}{h6}$	$\dfrac{JS7}{h6}$	$\dfrac{K7}{h6}$	$\dfrac{M7}{h6}$	$\dfrac{N7}{h6}$	$\dfrac{P7}{h6}$	$\dfrac{R7}{h6}$	$\dfrac{S7}{h6}$	$\dfrac{T7}{h6}$	$\dfrac{U7}{h6}$				
h7					$\dfrac{E8}{h7}$	$\dfrac{F8}{h7}$		$\dfrac{H8}{h7}$	$\dfrac{JS8}{h7}$	$\dfrac{K8}{h7}$	$\dfrac{M8}{h7}$	$\dfrac{N8}{h7}$									
h8				$\dfrac{D8}{h8}$	$\dfrac{E8}{h8}$	$\dfrac{F8}{h8}$		$\dfrac{H8}{h8}$													
h9				$\dfrac{D9}{h9}$	$\dfrac{E9}{h9}$	$\dfrac{F9}{h9}$		$\dfrac{H9}{h9}$													
h10				$\dfrac{D10}{h10}$				$\dfrac{H10}{h10}$													
h11	$\dfrac{A11}{h11}$	$\dfrac{B11}{h11}$	$\dfrac{C11}{h11}$	$\dfrac{D11}{h11}$				$\dfrac{H11}{h11}$													
h12		$\dfrac{B12}{h12}$						$\dfrac{H12}{h12}$													

备注：有底纹的配合为优先配合。

三、极限与配合的标注和查表

1. 公差与配合的查表

相互配合的轴和孔，可以按公称尺寸和公差带代号通过查表获得极限偏差数值。其方法有两种，一种是直接由优先、常用配合的极限偏差表查得；一种是先查出轴或孔的标准公差，然后查出轴或孔的基本偏差，最后由标准公差和基本偏差的关系，计算出另一极限偏差。

【例 7-1】 查表写出 $\phi 18 \dfrac{H8}{f7}$ 的极限偏差数值，且说明配合的基准制和配合类别。

解： $\phi 18 \dfrac{H8}{f7}$ 中的 H8 是基孔制中基准孔的公差带代号；f7 是轴的公差带代号。

(1) $\phi 18 H8$ 基准孔的极限偏差，可由表 7-7 中查得。在表中由公称尺寸 10 至 18 一行和

公差带 H8 列的相交处查得$^{+27}_{0}$μm(即$^{+0.027}_{0}$mm),这就是基准孔的上、下极限偏差。所以,ϕ18H8 应写成ϕ18$^{+0.027}_{0}$mm,基准孔的公差为 0.027 mm。

(2) ϕ18f7 轴的极限偏差,可由表 7-6 中查得。在表中由公称尺寸 14 至 18 一行和公差带 f7 列的相交处查得$^{-16}_{-34}$μm(即$^{-0.016}_{-0.034}$mm),这就是轴的上极限偏差和下极限偏差。所以,ϕ18f7 应写成ϕ18$^{-0.016}_{-0.034}$mm,其公差为 0.018 mm。

(3) 根据查表结果,画出ϕ18$\dfrac{\text{H8}}{\text{f7}}$的公差带图,如图 7-40(a)所示。可以看出,孔的公差带在轴的公差带之上,因此该配合为基孔制的间隙配合,最大间隙($X_{\max}$)为 +0.061,最小间隙($X_{\min}$)为 +0.016。

【例 7-2】 查表写出ϕ14$\dfrac{\text{N7}}{\text{h6}}$的极限偏差数值,且说明配合的基准制和配合类别。

解: ϕ14$\dfrac{\text{N7}}{\text{h6}}$中的 h6 是基轴制中基准轴的公差带代号;N7 是孔的公差带代号。

(1) ϕ14h6 基准轴的极限偏差,可以由表 7-6 中查得。在表中由公称尺寸 10 至 14 一行和公差带 h6 列相交处查得$^{0}_{-11}$μm(即$^{0}_{-0.011}$mm),这就是基准轴的上、下极限偏差。因此,ϕ14h6 应写为ϕ14$^{0}_{-0.011}$mm。基准轴的公差为 0.011 mm。

(2) ϕ14N7 孔的极限偏差,可由表 7-7 查得$^{-5}_{-23}$μm(即$^{-0.005}_{-0.023}$mm),这就是孔的上、下极限偏差。所以,ϕ14N7 应写成ϕ14$^{-0.005}_{-0.023}$mm,其公差为 0.018mm。

(3) 根据查表结果,画出ϕ14$\dfrac{\text{N7}}{\text{h6}}$的公差带图,如图 7-40(b)所示。可以看出,孔的公差带与轴的公差带交叠,因此该配合为基轴制的过渡配合,最大间隙($X_{\max}$)是 +0.006 mm,最大过盈($Y_{\max}$)为 −0.023 mm。

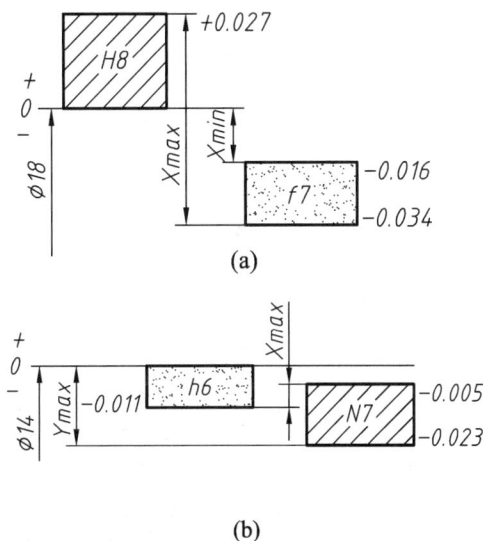

(a)

(b)

图 7-40 公差带图

(a) ϕ18$\dfrac{\text{H8}}{\text{f7}}$;(b) ϕ14$\dfrac{\text{N7}}{\text{h6}}$

表 7-6　常用及优先轴公差带极限偏差(摘自 GB/T 1800—2009)　μm

基本尺寸/mm		常用及优先轴公差带(带圈者为优先公差带)															
		e			f					g			h				
大于	至	7	8	9	5	6	⑦	8	9	5	⑥	7	5	⑥	⑦	8	⑨
—	3	−14	−14	−14	−6	−6	−6	−6	−6	−2	−2	−2	0	0	0	0	0
		−24	−28	−39	−10	−12	−16	−20	−31	−6	−8	−12	−4	−6	−10	−14	−25
3	6	−20	−20	−20	−10	−10	−10	−10	−10	−4	−4	−4	0	0	0	0	0
		−32	−38	−50	−15	−18	−22	−28	−40	−9	−12	−16	−5	−8	−12	−18	−30
6	10	−25	−25	−25	−13	−13	−13	−13	−13	−5	−5	−5	0	0	0	0	0
		−40	−47	−61	−19	−22	−28	−35	−49	−11	−14	−20	−6	−9	−15	−22	−36
10	14	−32	−32	−32	−16	−16	−16	−16	−16	−6	−6	−6	0	0	0	0	0
14	18	−50	−59	−75	−24	−27	−34	−43	−59	−14	−17	−24	−8	−11	−18	−27	−43
18	24	−40	−40	−40	−20	−20	−20	−20	−20	−7	−7	−7	0	0	0	0	0
24	30	−61	−73	−92	−29	−33	−41	−53	−72	−16	−20	−28	−9	−13	−21	−33	−52
30	40	−50	−50	−50	−25	−25	−25	−25	−25	−9	−9	−9	0	0	0	0	0
40	50	−75	−89	−112	−36	−41	−50	−64	−87	−20	−25	−34	−11	−16	−25	−39	−62
50	65	−60	−60	−60	−30	−30	−30	−30	−30	−10	−10	−10	0	0	0	0	0
65	80	−90	−106	−134	−43	−49	−60	−76	−104	−23	−29	−40	−13	−19	−30	−46	−74
80	100	−72	−72	−72	−36	−36	−36	−36	−36	−12	−12	−12	0	0	0	0	0
		−107	−126	−159	−51	−58	−71	−90	−123	−27	−34	−47	−15	−22	−35	−54	−87

表 7-7　常用及优先孔公差带极限偏差(摘自 GB/T 1800—2009)　μm

基本尺寸/mm		常用及优先孔公差速带(带圈者为优先公差带)																
		E		F				G		H						N		
大于	至	8	9	6	7	⑧	9	6	⑦	6	⑦	⑧	⑨	10		6	⑦	8
—	3	+28	+39	+12	+16	+20	+31	+8	+12	+6	+10	+14	+25	+40		−4	−4	−4
		+14	+14	+6	+6	+6	+6	+2	+2	+0	0	0	0	0		−10	−14	−18
3	6	+38	+50	+18	+22	+28	+40	+12	+16	+8	+12	+18	+30	+48		−5	−4	−2
		+20	+20	+10	+10	+10	+10	+4	+4	0	0	0	0	0		−13	−16	−20
6	10	+47	+61	+22	+28	+35	+49	+14	+20	+9	+15	+22	+36	+58		−7	−4	−3
		+25	+25	+13	+13	+13	+13	+5	+5	0	0	0	0	0		−16	−19	−25
10	18	+59	+75	+27	+34	+43	+59	+17	+24	+11	+18	+27	+43	+70	略	−9	−5	−3
		+32	+32	+16	+16	+16	+16	+6	+6	0	0	0	0	0		−20	−23	−30
18	24	+73	+92	+33	+41	+53	+72	+20	+28	+13	+21	+33	+52	+84		−11	−7	−3
24	30	+40	+40	+20	+20	+20	+20	+7	+7	0	0	0	0	0		−24	−28	−36
30	40	+89	+112	+41	+50	+64	+87	+25	+34	+16	+25	+39	+62	+100		−12	−8	−3
40	50	+50	+50	+25	+25	+25	+25	+9	+9	0	0	0	0	0		−28	−33	−42
50	65	+106	+134	+49	+60	+76	+104	+29	+40	+19	+30	+46	+74	+120		−14	−9	−4
65	80	+60	+60	+30	+30	+30	+30	+10	+10	0	0	0	0	0		−33	−39	−50
80	100	+126	+159	+58	+71	+90	+123	+34	+47	+22	+35	+54	+87	+140		−16	−10	−4
100	120	+72	+72	+36	+36	+36	+36	+12	+12	0	0	0	0	0		−38	−45	−58

2. 在装配图上的标注

配合的代号由两个相互结合的孔和轴的公差带的代号组成，用分数形式表示。分子为孔的公差带代号，分母为轴的公差带代号。

标注的通用形式如下：

$$公称尺寸\frac{孔的公差带代号}{轴的公差带代号}$$

或

$$公称尺寸\ \ 孔的公差带代号/轴的公差带代号$$

如：$\Phi18\frac{H7}{p6}$、$\Phi14\frac{F8}{h7}$，具体标注方法如图 7-41(a)所示。

3. 在零件图上的标注

(1) 标注公差带代号。这种注法和采用专用量具检验零件统一起来，以适应大批量生产的需要。因此，不需要标注偏差数值，如图 7-41(b)所示；

(2) 标注偏差数值。这种注法主要用于小批量或单件生产，以便于加工和检验时减少查表时间，如图 7-41(c)所示；

(3) 标注公差带代号和偏差数值。如果加工零件的批量不定，可采用这种标注方法，如图 7-41(d)所示。

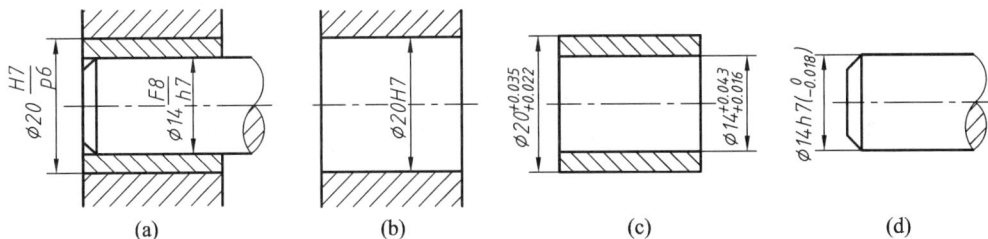

图 7-41　公差与配合在图样上的标注方法

(a) 装配图；(b) 零件图(大批量生产)；

(c) 零件图(单件、小批量生产)；(d) 零件图(产量不定)

四、几何公差简介

1. 几何公差的概念

零件经过加工后，不仅会产生尺寸误差，而且会产生几何形状和相对位置误差。几何公差是指零件的实际形状和方位对理想形状和理想方位的允许变动量。几何公差有形状公差、方向公差、位置公差与跳动公差四种类型，见表 7-8。在机器中，对于一般的零件，其几何公差可由尺寸公差、加工机床的精度加以保证，而对于某些精度要求较高的零件，不仅要保证尺寸公差，而且还要保证其几何公差，使零件能正常使用。

表 7-8　几何公差的几何特征及其符号

公差类型	几何特征	符号	公差类型	几何特征	符号
形状公差	直线度	——	位置公差	位置度	⊕
	平面度	▱		同心度 (用于中心点)	◎
	圆度	○			
	圆柱度	⌭		同轴度 (用于轴线)	◎
	线轮廓度	⌒			
	面轮廓度	◠		对称度	═
方向公差	平行度	//		线轮廓度	⌒
	垂直度	⊥		面轮廓度	◠
	倾斜度	∠	跳动公差	圆跳动	↗
	线轮廓度	⌒		全跳动	⌰
	面轮廓度	◠			

　　如图 7-42(a)所示的销轴，除了注出直径的尺寸公差外，还标注了圆柱轴线的形状公差——直线度，它表示圆柱实际轴线应限定在 $\phi0.015$ 的圆柱体内。又如图 7-42(b)所示的轴套，标注了其左端面相对圆孔轴线的方向公差——垂直度，该误差应限定在距离为 0.04 的两平行平面之内，其中轴套的左端面为被测要素，圆孔的轴线为基准(A)。几何公差的术语、定义、代号及其标注方法，请参阅国家标准 GB/T 1182—2008、GB/T 1184—1996、GB/T 4249—2009、GB/T 13319—2003、GB/T 1958—2004、GB/T17851—2010 等。

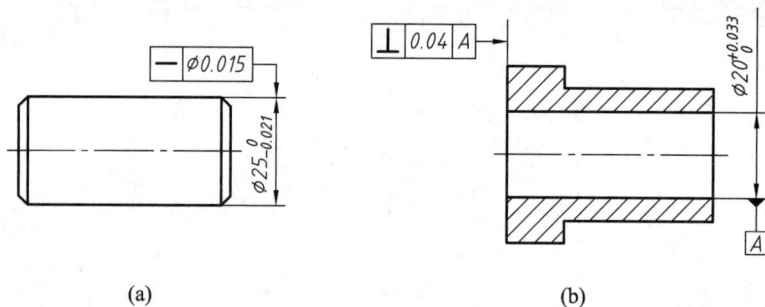

(a)　　　　　　　　　　　　　　　　(b)

图 7-42　几何公差

(a) 形状公差；(b) 方向公差

2. 几何公差代号及基准符号

　　几何公差代号包括：几何公差的特征符号、几何公差框格及指引线、几何公差数值和其他有关的符号。

　　(1) 公差框格。是一个划分为两格或多格的矩形框格，其各格内应自左至右顺序标注几何特征符号(见表 7-8)、公差值和基准字母。公差框格的高度为图样中尺寸数字高度的二倍(2*h*)，框格内字母和数字的高度与图样中的尺寸数字高度相同；公差框格用细实线绘制，用带箭头的指引线指向图例上的被测要素，如图 7-43(a)所示。当公差带为圆形或圆柱形时，在公差值前加注"ϕ"，如为球形，则加注"$S\phi$"；若公差值只允许为正(或负)时，则在公差值后加注"+"(或"–")。

(2) 基准符号由基准三角形和基准字母组成，它用于指明与被测要素相关的基准。如图 7-43(b)所示，基准三角形可以是一个涂黑的三角形，也可以是一个空白的三角形，两者的含义相同。

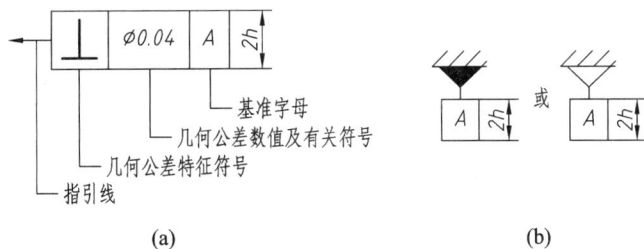

(a)

(b)

图 7-43　几何公差代号及基准符号

(a) 几何公差代号；(b) 基准符号

3. 几何公差的标注

(1) 在技术图样中，几何公差及基准采用代号标注。当无法采用代号标注时，允许在技术要求中用文字说明。

(2) 当被测要素为轮廓线或轮廓面时，指引线的箭头应指向该要素的轮廓线或其延长线，但必须与尺寸线明显错开；或使箭头指向被测面引出线的水平线，如图 7-44 所示。

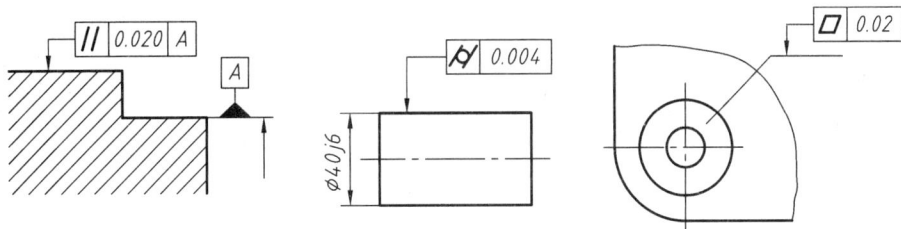

图 7-44　被测要素为轮廓线或轮廓面时的几何公差标注

(3) 当基准要素为轮廓线或轮廓面时，基准三角形应放置在该要素的轮廓线或其延长线上，并必须与尺寸线明显错开；基准三角形也可放置在该轮廓面引出线的水平线上，如图 7-45 所示。

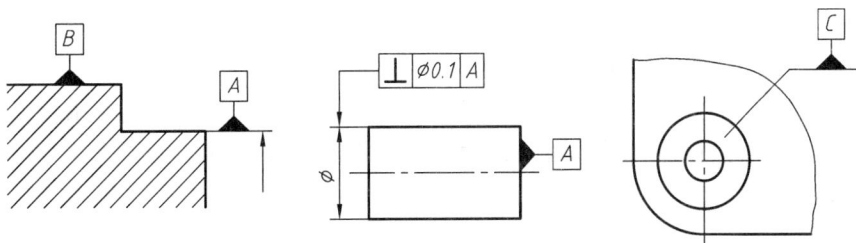

图 7-45　基准要素为轮廓线或轮廓面时的几何公差标注

(4) 当被测要素为中心点、中心线或中心平面时，指引线的箭头应位于相应尺寸线的延长线上，如图 7-46 所示。

(5) 当基准要素为中心点、中心线或中心平面时，基准三角形应放置在该尺寸线的延长线上，如图 7-46 所示。

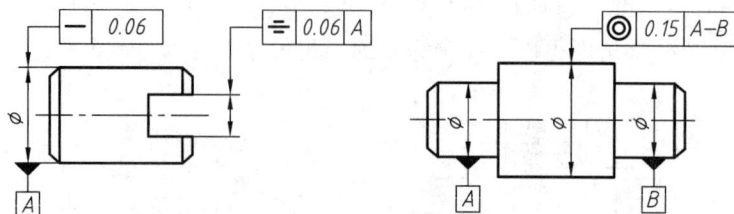

图 7-46　基准要素或被测要素为中心线或中心平面时的几何公差标注

第六节　读零件图

在零件设计制造、机器安装、机器使用和维修以及技术革新、技术交流等工作中，常常要读零件图。其目的就是为了弄清零件图所表达零件的结构形状、尺寸和技术要求，以便指导生产和解决有关的技术问题，因此，读零件图是工程上一项非常重要的技术工作，必须掌握读图的方法和步骤，多读、多练，才会熟能生巧。

一、读零件图的方法和步骤

1. 读标题栏

通过看零件图中的标题栏，可了解零件的名称、材料、画图比例等，同时联系典型零件的分类，大致了解零件的作用，从而对零件有一个初步的认识。

2. 分析视图

弄懂零件的内、外结构形状，是读零件图的重点。读组合体视图是读零件图的重要基础。开始读图时，必须首先找出主视图，并弄清各视图之间的关系。其次分析各视图所采用的表达方法，如选用视图、剖视图的意图，剖切面的位置及视图方向等。最后，利用形体分析法和线面分析法，按照各视图之间的位置关系及视图标注，看懂各视图，分析零件上各部分的形状和功用，并想象出零件的整体形状。

3. 分析技术要求

在上述分析的基础上，确定各方向的尺寸基准，分析各部分的定形尺寸、定位尺寸及总体尺寸。还要读懂各相关尺寸的尺寸公差、极限偏差、各表面粗糙度要求及其他要达到的技术指标。根据零件图中的技术要求，可分析零件上各部分的加工方法等。

4. 综合分析

把读懂的结构形状、尺寸标注和技术要求等内容综合起来，比较全面地读懂零件图。对于比较复杂的零件图，有时还需要参考其他有关的技术资料，如零件的设计说明书、零件所在的部件装配图、与它有关的零件图等，这对阅读零件图很有帮助。

二、读零件图举例

如图 7-47 所示，是一个壳体零件图(表面粗糙度要求未注全)，按上述的读图步骤进行分析。

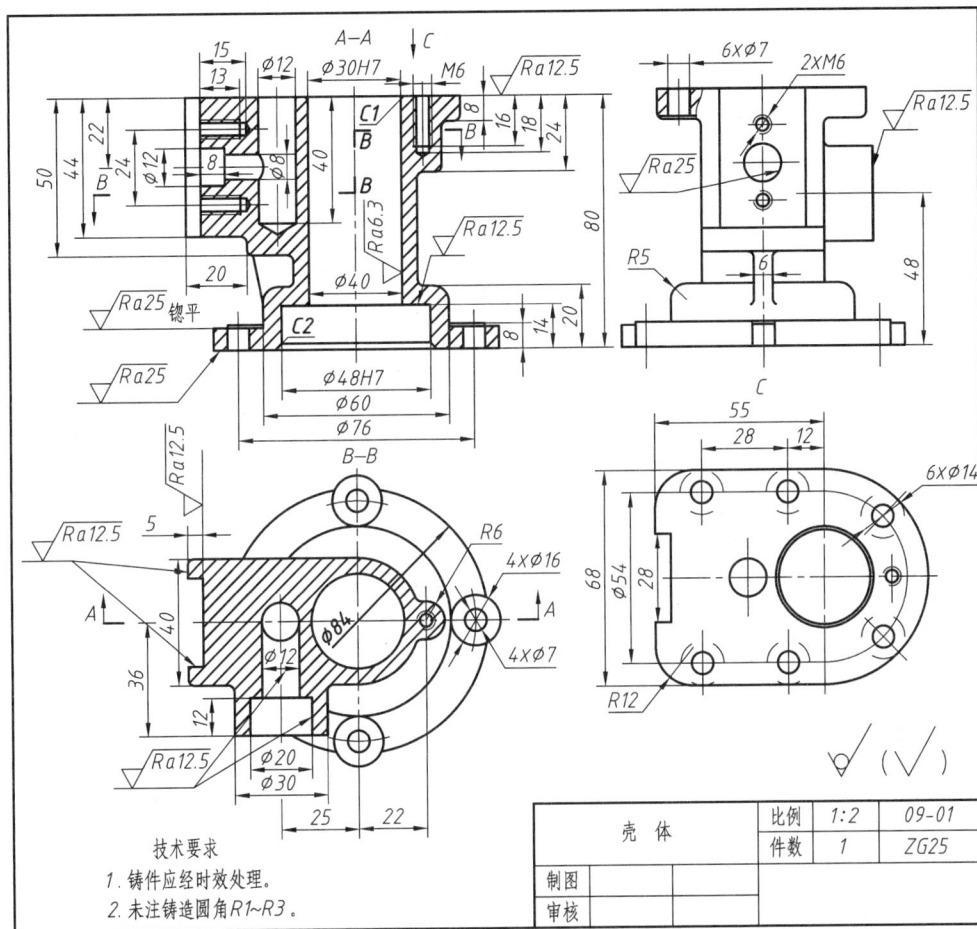

图 7-47 壳体零件图

1. 读标题栏

零件的名称是壳体，属箱体类零件。这是个铸造零件，材料为铸钢 ZG25。

2. 分析视图

该壳体较为复杂，用三个基本视图和一个局部视图表达它的内、外结构形状。主视图采用"A—A"全剖视图，剖切面位于零件的前后基本对称面上，表达内部结构；俯视图采用"B—B"阶梯全剖视图，表达内部结构和底板形状；左视图采用局部剖视图，主要表达外形；"C"局部视图，主要表达顶面的形状及其上面一些孔的形状、大小、数量和分布情况。

　　由形体分析可知：该壳体主要由上部空腔的主体、下部的安装底板、左侧凸块和前侧凸块组成。除凸块外，其他结构基本为回转体。

　　细部结构分析：顶部有 ϕ30H7 的通孔、ϕ12 的盲孔和 M6 的螺纹孔；底部有 ϕ48H7 的圆柱坑、与孔 ϕ30H7 构成同轴的阶梯孔，底板上还锪平 4 × ϕ16 的安装孔 4 × ϕ7。结合主、俯、左三个视图看，左侧为带有凹槽的凸块，在其左端面上有 ϕ12 和 ϕ8 的阶梯孔，与顶部的 ϕ12 圆柱孔相通，上下各有一个 M6 的螺纹孔。在凸块前方的圆柱形凸台中央有一 ϕ20 和 ϕ12 的阶梯孔，也与顶部 ϕ12 的圆柱孔相通。从"C"局部视图和左视图可看出，顶部有六个安装孔 ϕ7，并在它们的下端分别锪平成 ϕ14 的凹坑。另外，在零件左侧、上下两部分之间有一肋板，厚度为 6，起支撑和强化作用。这样已基本读懂了壳体的内外结构形状。

3. 分析尺寸和技术要求

　　通过形体分析和图上所注尺寸可以看出：以壳体主轴线为径向基准，标注出一系列直径尺寸 ϕ30H7、ϕ48H7、ϕ40、ϕ60、ϕ76、ϕ84 等；以通过上述轴线的侧平面为长度方向尺寸基准，标注出 22、25、12、55 等尺寸；以通过上述轴线的正平面为宽度方向尺寸基准，分别标注 40、36、28、54、68 等尺寸；以壳体的底面为高度方向尺寸基准，分别标注 8、14、20、80、48 等尺寸；这样标注的尺寸既能满足性能要求，又能满足工艺要求，故以上尺寸标注都是合理的。再以壳体的上顶面为高度方向的辅助尺寸基准，可标注出众多的定形尺寸和定位尺寸。由于该壳体为铸件，所以零件上有许多铸造圆角，未注圆角均为 $R_1 \sim R_3$，等等。

　　另外，零件上许多圆孔的内表面均为机加工面，零件的上、下表面也为机加工面，它们都有表面粗糙度要求；阶梯孔 ϕ48H7、ϕ30H7 还有尺寸公差要求，说明精度要求较高，查表可得到它们的极限偏差数值。由此可分析上述各表面的加工方法，如钻、车、铣、磨等；而其他表面多为铸造表面，不需要机械加工。

4. 综合分析

　　把上述各项内容综合起来分析，就可得出该壳体零件的完整概念。该零件的整体结构形状如图 7-48 所示。

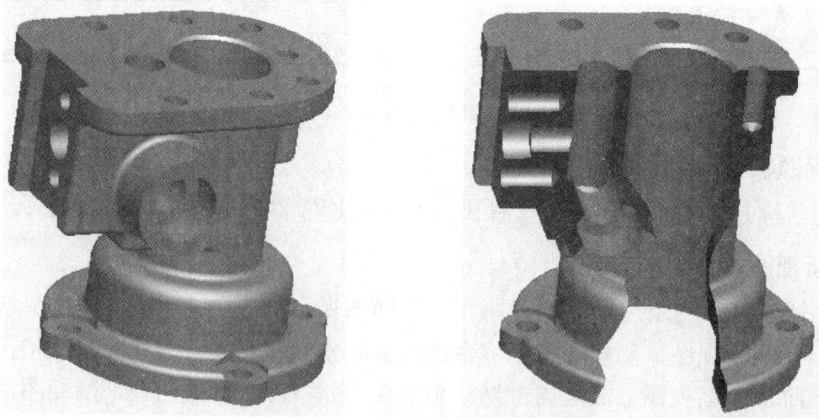

图 7-48　壳体零件立体图

第八章 装 配 图

第一节 概 述

一、装配图的概念及作用

任何一台机器设备都是由若干零部件按照一定关系组装而成的，如图 8-1 所示的球阀是一个由多个零件组装成的部件。

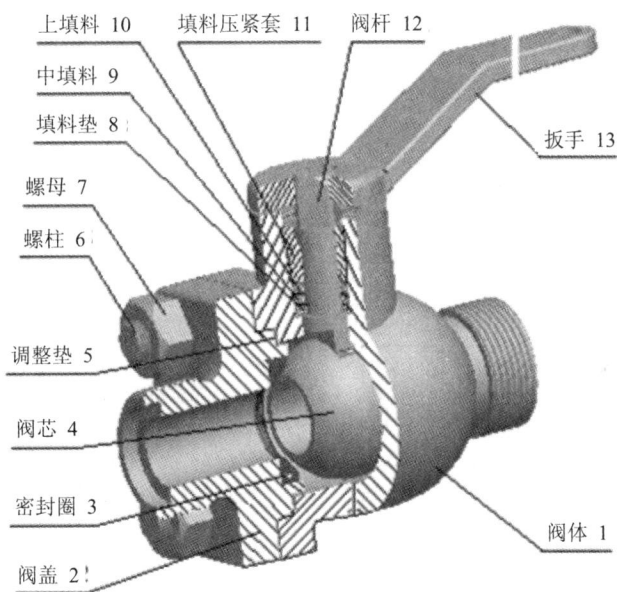

图 8-1 球阀

表达机器或部件的结构形状、工作原理、各零件之间装配关系，以及有关技术要求的图样，称为装配图。通常把表示机器的整体情况和各部件之间相对位置的装配图称为总装配图，而把整台机器按各部件分别画出的装配图，称为部件装配图。总装配图和部件装配图统称装配图，装配图的作用有：

(1) 在产品设计时，一般先画出机器或部件的装配图，然后根据装配图提供的总体结构及有关尺寸设计零件并画出零件图。

(2) 在产品制造中，装配图是制订装配工艺规程，进行装配、检验、调试等工作的技术依据。

(3) 在产品使用和维修时，需要通过装配图来了解机器的构造、工作原理和装配关系等。

二、装配图的内容

图 8-2 是球阀的装配图，一张完整的装配图应包括以下四个方面的内容：

1. 一组视图

用一组视图(包括剖视图、断面图等一般表达方法和特殊表达方法)完整、清晰、准确和简便地表达机器或部件的工作原理、各零件之间的相对位置及其装配关系、连接方式和重要零件的结构形状等。

2. 必要的尺寸

只标注出表示机器或部件的性能、规格及装配、安装、检验时所必需的五类尺寸，它们是：(规格)性能尺寸、装配尺寸、外形尺寸、安装尺寸和其他重要尺寸。

3. 技术要求

用文字或符号注写出机器(或部件)在质量、装配、调整、检验、使用等方面的要求。

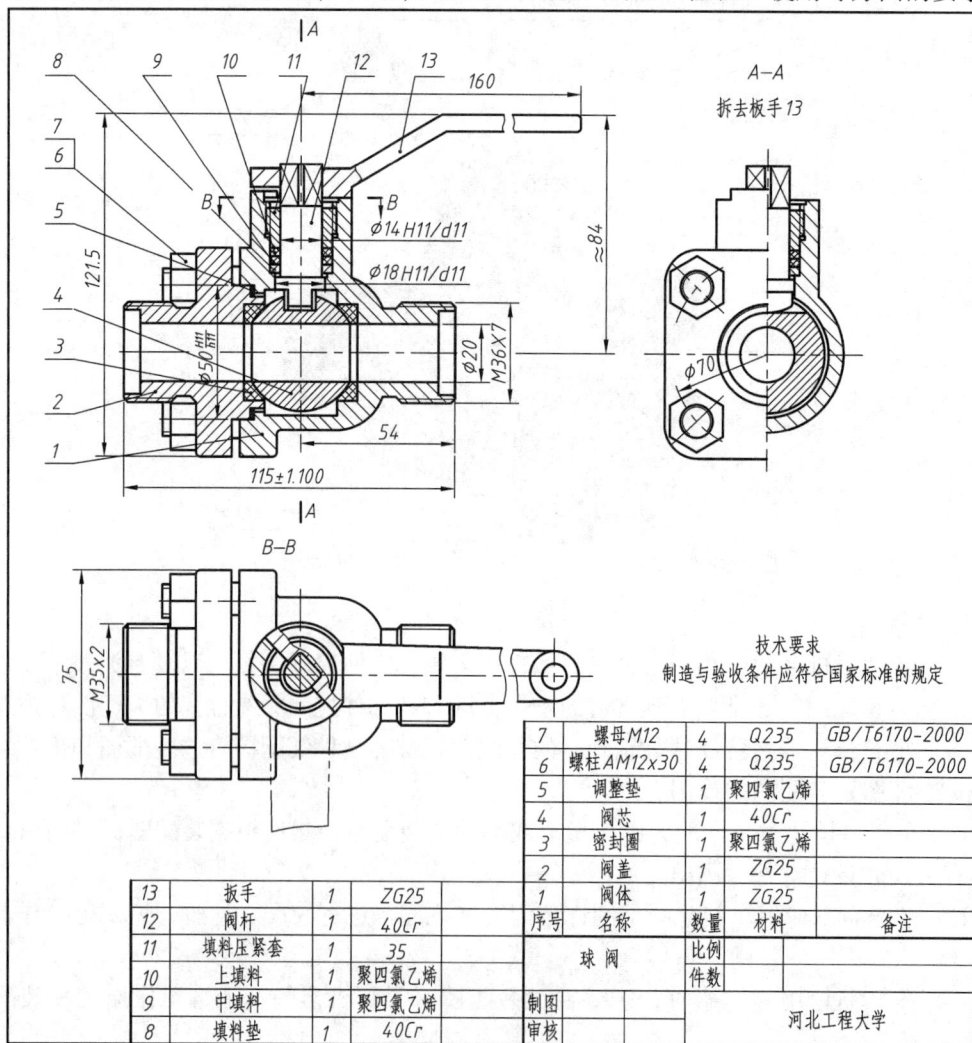

图 8-2　球阀装配图

4. 标题栏、零部件序号、明细栏

为了便于读图、图样管理和生产准备工作，装配图中的零件或部件应进行编号，这种编号称为零部件序号。零件的序号、名称、数量、材料等信息应自下而上地填写在标题栏上方的明细栏中，如图 8-2 所示。

下面将介绍零部件序号及明细栏的编制方法，其他内容将后续介绍。

三、零部件序号及明细栏

零部件序号及明细栏是装配图中必不可少的内容，其编制方法必须遵循国标 GB/T 4458.2—2003 中的有关规定。

1. 编写零部件序号的方法

(1) 图样中每一种规格的零件或组件都要进行编号。形状、尺寸完全相同的零件或者同一标准部件，如油杯、滚动轴承、电机等，只编写一个序号，并将该零件的相关信息填写在明细栏中。零、部件序号与明细栏中的序号必须一致。

(2) 标注序号时，应从所指定零、部件的可见轮廓线内画一小圆点(涂黑)，用细实线从圆点开始向图外画出指引线，在指引线的末端用细实线画一条水平线或一圆或者不画，并在水平线上或圆内注写序号，序号字高比该装配图中所注尺寸数字高度大一号或两号，如图 8-3 所示；若所指零件很薄或剖面涂黑不宜画小圆点时，可在指引线的引出端画出箭头，指向该部分的轮廓，如图 8-3(c)所示。

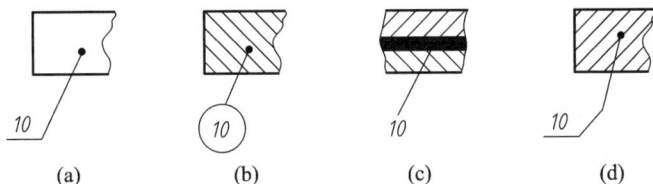

图 8-3 零部件序号的编写形式

(a) 形式一；(b) 形式二；(c) 形式三；(d) 指引线弯折一次

(3) 零、部件序号应沿水平或垂直方向按顺时针(或逆时针)方向顺次排列整齐，并尽可能分布均匀，不可彼此相交。当通过有剖面线的区域时，不应与剖面线平行。必要时指引线可以画成折线，但只允许弯折一次，如图 8-3(d)所示。

(4) 一组紧固件以及装配关系清楚的零件组，可采用公共指引线，如图 8-4 所示。

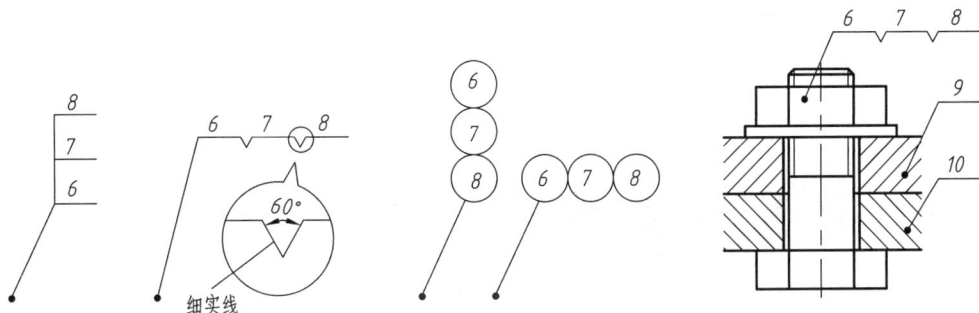

图 8-4 零件组的序号编写

(5) 部件装配图中的标准件，可象非标准件那样统一编写序号，如图 8-2 所示；也可不编写序号，而是将标准件的数量及规格直接用指引线标在图中，如图 8-8 所示。

2. 明细栏

明细栏是机器或部件中全部零、部件的详细目录，其内容和格式在国家标准中已有明确规定，设计部门和企业应严格遵守，如图 8-5(a)所示。在平时的制图作业中建议采用如图 8-5(b)所示的简化格式。

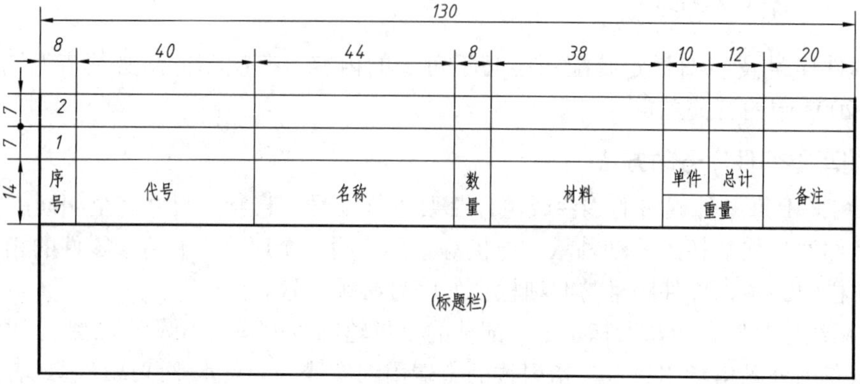

(a)

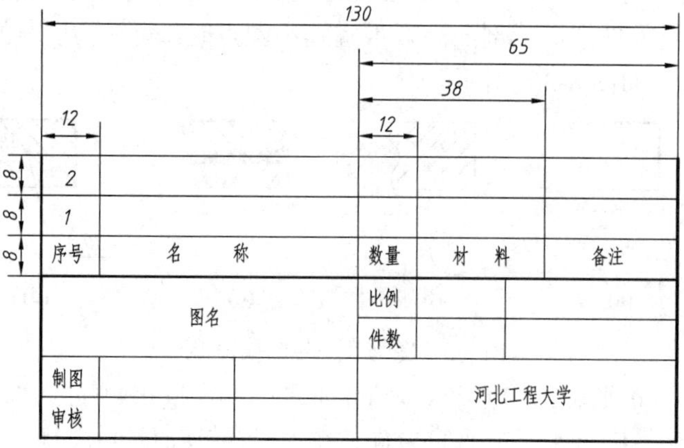

(b)

图 8-5　明细栏格式

(a) 标准格式；(b) 推荐格式

明细栏应画在标题栏的上方，零、部件序号自下而上填写。假如地方不够，可将明细栏分段画在标题栏的左边，如图 8-2 所示。当装配图中零、部件数量较多时，也可用 A4 幅面的图纸单独绘制明细栏。

第二节　装配图的视图表达方法

由于机器(或部件)是由若干零件组成的，其视图表达方法与零件图也就有所不同。因此，除了第五章介绍的零件表达方法，如视图、剖视图、断面图，以及局部放大图等在装配图中仍然适用之外，国家标准还对装配图规定了一些规定画法和特殊表达方法。

一、规定画法

(1) 两个零件的接触表面和配合表面(即使是间隙配合)只画一条粗实线；不接触的表面(即使间隙很小)要画两条粗实线，如图8-6所示。

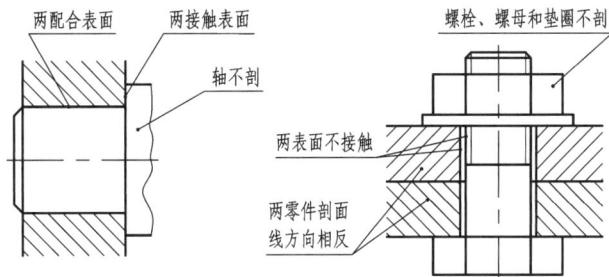

图8-6 规定画法(一)

(2) 相邻两金属零件的剖面线方向应相反，如图8-6中的右图所示。当三个零件互为相邻时，其中必有两个零件的剖面线的倾斜方向一致，此时剖面线间隔不应相等，或使其相互错开；但同一装配图中的同一零件，其剖面线在各视图中都必须方向相同、间隔相等，如图8-7所示。

(3) 对于螺纹紧固件以及轴、连杆、球、钩子、键、销等实心零件，若剖切平面通过其纵向对称面或轴线时，这些零件均按不剖切绘制。如需表明零件的内部构造，如键槽、销孔等，则可用局部剖视图，如图8-6和图8-7所示。

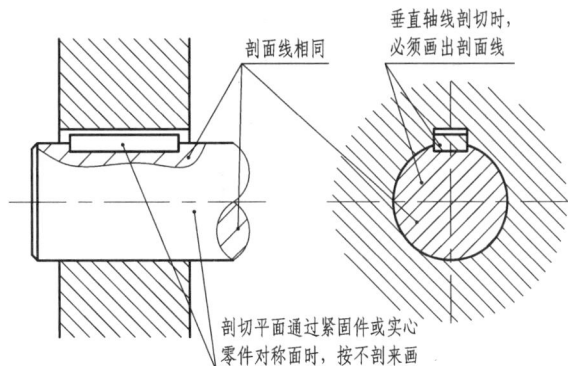

图8-7 规定画法(二)

二、特殊表达方法

1. 沿结合面剖切

在装配图中，可假想沿某些零件的结合面剖切，此时，在零件结合面上不画剖面线，但被剖切到的零件需画剖面线。如图8-8中的"C—C"剖视图，是沿泵体(零件1)和泵盖(零件6)的结合面剖开，只有销C4×20、螺钉M8×22、泵轴(零件4)被剖切到，其断面需要画出剖面线。

2. 拆卸画法

在装配图中，假想将某些可拆零件拆去，以表达被上述零件遮挡的部分。需要说明时，可加注"拆去××等"，如图 8-2 中的左视图中"拆去扳手 13"。

3. 假想画法

在装配图中，当需要表示某些零件运动范围和极限位置时，或需要表示该部件与相邻零部件的相对位置时，可用细双点画线画出其外形轮廓图，如图 8-2 中俯视图的扳手位置、图 8-8 中主视图转子油泵的安装位置等。

4. 夸大画法

在装配图中，对于薄的垫片、簧丝很细的弹簧、微小的间隙等，为了表达清楚起见，可将它们适当夸大画出。在如图 8-8 所示的主视图中，泵盖与泵体间的垫片(涂黑处)、螺栓与螺栓孔(光孔)之间的间隙等，都是用夸大画法画出的。

5. 单独表达某一个或几个零件

在装配图中，必要时可单独画出某一个或几个零件的视图。但必须在所画视图的上方注出该零件的视图名称，在相应视图的附近用箭头指明视图方向，并注上同样的字母，如图 8-8 中的"零件 6 A"和"零件 6 B"两个向视图。

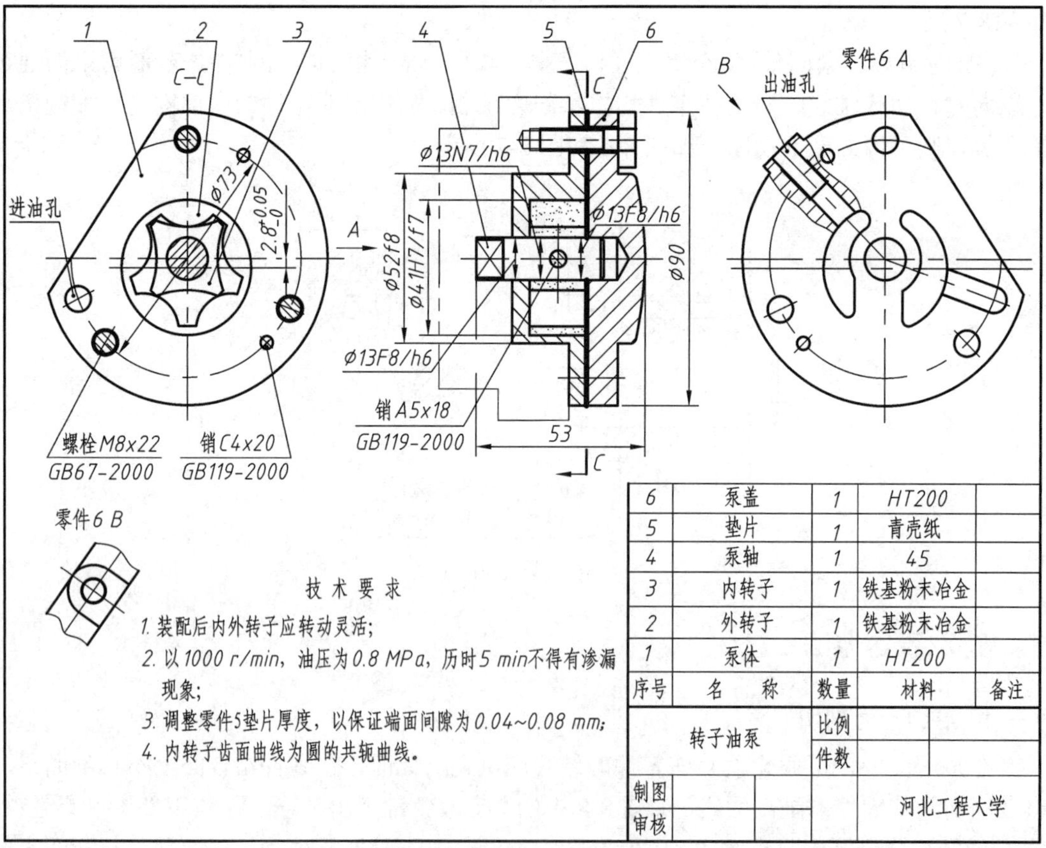

图 8-8 转子油泵装配图

6. 展开画法

为了表达传动机构的传动路线以及轴上各零件间的装配关系，可假想按传动顺序沿轴线用几个相交的剖切面剖切，然后依次展开，使剖切面与选定的投影面平行，再画出它的剖视图，这种画法称为展开画法。展开后画出的视图应在视图上方标注" ×-× ◑_ "，如图 8-9 所示。

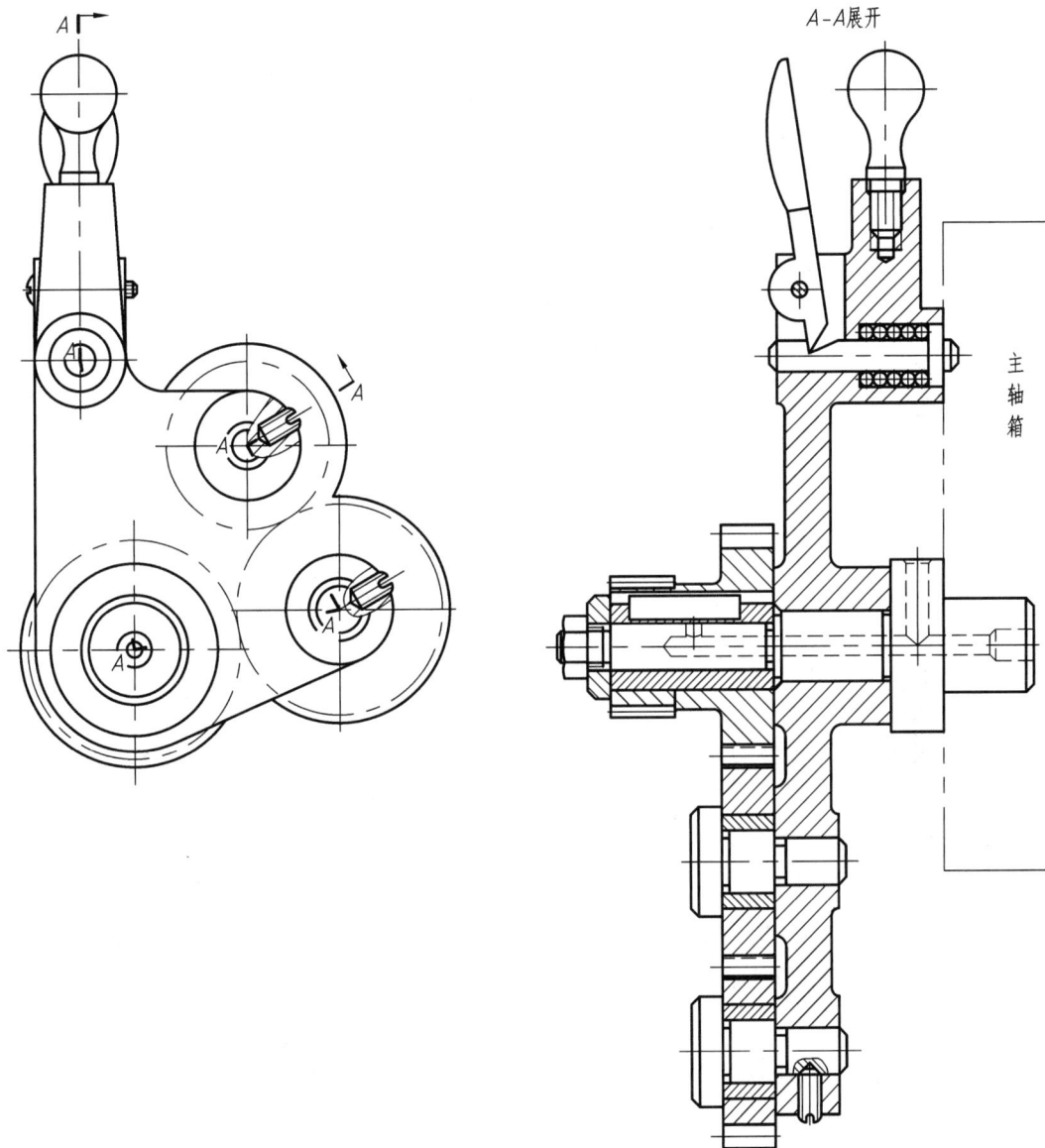

图 8-9　展开画法

三、简化画法

(1) 在装配图中，对于若干相同的零件组，如螺纹紧固件等，允许详细地画出一组或几组，其余的只需在装配位置画出中心线即可，如图 8-10 中的螺钉连接。

(2) 在装配图中，零件的工艺结构，如小圆角、倒角、退刀槽等可不画出，如图 8-10 所示。

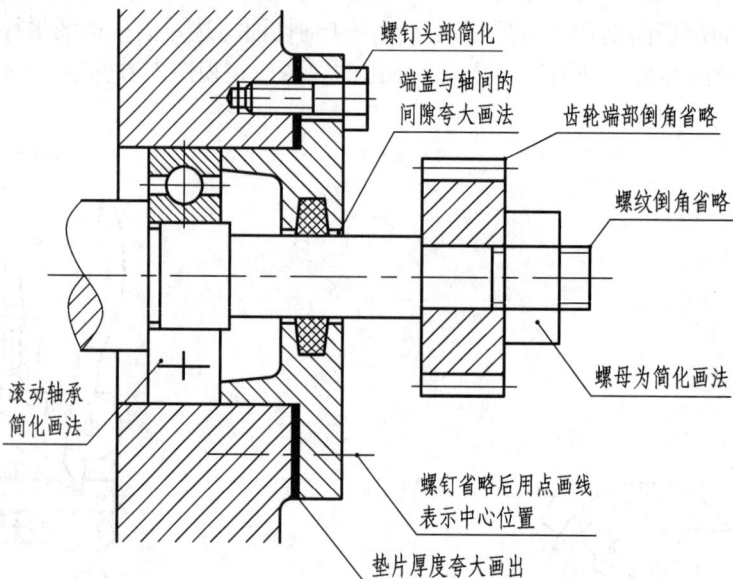

图 8-10　装配图的简化画法

第三节　装配图的尺寸标注和技术要求

一、装配图的尺寸标注

装配图不是制造零件的直接依据，因此，装配图中不需注出零件的全部尺寸，而只需标出与机器设备的性能、装配、安装、运输等有关的一些必要的尺寸，这些尺寸按其作用不同，大致可分为以下几类。

1. (规格)性能尺寸

这类尺寸是表示机器或部件的规格和性能的尺寸，它也是设计、了解和选用机器的依据，如图 8-2 中球阀的公称直径$\phi 20$。这类尺寸在设计时就已确定。

2. 装配尺寸

(1) 配合尺寸。它是表示两个零件之间配合性质的尺寸，如图 8-2 中阀盖与阀体的配合尺寸 $\Phi 50H11/h11$ 等。

(2) 位置尺寸。它是表示装配机器时，需要保证零件间相对位置的尺寸，如图 8-2 中的 $\phi 70$ 等。

3. 外形尺寸

外形尺寸是机器或部件外形轮廓的尺寸，即总长、总宽、总高。为了给机器或部件在包装、运输、厂房设计以及安装机器时确定所需空间提供数据，装配图中应当标注外形尺寸。例如，图 8-2 中的 115 ± 1.100、75 和 121.5 就是球阀的外形尺寸。

4. 安装尺寸

它是机器或部件安装在地基上或与其他机器或部件相连接时所需要的尺寸，如图 8-2 中的 84、54、M36 × 2 等尺寸。

5. 其他重要尺寸

这类尺寸是在设计中经过计算确定或选定，但又不属于上述几类尺寸的一些重要尺寸。这类尺寸在拆画零件图时不能改变，如齿轮宽度等。

实际上，有些尺寸往往具有多种作用，如图 8-2 中的尺寸 115 ± 1.100，它既是外形尺寸，又与安装有关，说明上述五类尺寸之间并不是孤立的。此外，一张装配图中有时也并不全部具备上述五类尺寸。因此，在装配图中标注尺寸时，一定要先弄清整个机器或部件的规格性能、装配关系及工作原理，然后再根据尺寸所属的类型进行标注。

二、装配图中的技术要求

装配图要对机器或部件的性能、使用环境、工作状态、装配时的注意事项和所要达到的质量指标等提出技术要求。根据装配图的功用，其技术要求一般应包括以下几个方面：

1. 装配要求

(1) 需要在装配时加工的说明，如有的表面需在装配后加工，零件装好后配作；

(2) 指定的装配方法；

(3) 安装时应满足的运动要求、密封要求、噪声或环保要求；

(4) 装配后应达到的性能要求等。

2. 检验要求

(1) 基本性能的检验方法和条件；

(2) 检验操作指示、检验工具的规定；

(3) 检验结果的判定条件等。

3. 使用要求

(1) 对产品基本性能的维护、保养的要求；

(2) 操作使用时的注意事项；

(3) 大、中、小修的规范等。

4. 其他要求

有些机器或部件的性能、规格参数不使用符号或尺寸标注时，也常用文字写在技术要求中，如齿轮泵的油压、转速、功率等。

上述各类技术要求，并不是每张装配图都要注全，具体注哪些，应根据需要而定。要求通常注写在图样右下方空白处，也可编成技术文件作为图样的附件。

值得注意的是，技术要求的提出要科学、客观、经济、合理，不能有任何随意性。装配图的技术要求涉及机械设计和制造工艺方面的知识，要经过后续课程的学习、金工实习和生产实习以后，才能逐步学会合理制订。

第四节　装配结构的合理性

在设计和绘制装配图的过程中，应该考虑到装配结构的合理性，以保证机器和部件的性能，并给零件的加工和拆装带来方便。确定合理的装配结构，必须具有丰富的实际经验，并且要作深入细致地分析比较。下面讨论几种常见装配结构的合理性。

(1) 当轴和孔配合，且轴肩与孔的端面相互接触时，应在孔的接触端面制成倒角或在轴肩根部切槽，以保证两零件接触良好，如图 8-11 所示。

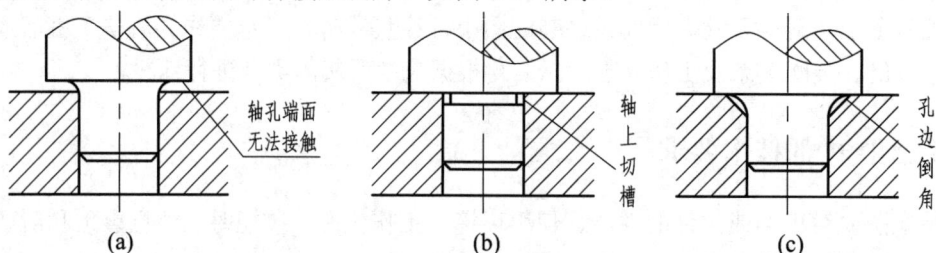

图 8-11　常见装配结构(一)

(a) 不合理；(b) 合理；(c) 合理

(2) 当两个零件接触时，在同一方向上的接触面只能有一个，这样既可满足装配要求又便于制造，如图 8-12 所示。

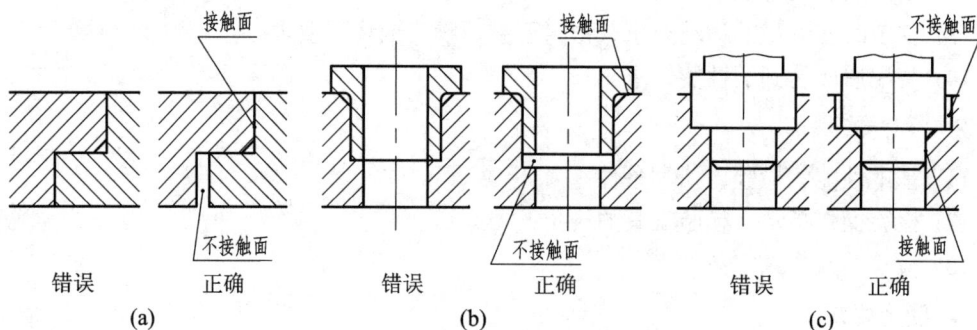

图 8-12　常见装配结构(二)

(a) 水平方向平面接触；(b) 垂直方向平面接触；(c) 圆柱面接触

(3) 为保证两零件在装拆前后不致降低装配精度，通常用销将两零件定位。为便于加工和装拆，在可能的条件下最好将销孔制成通孔，否则应加工出工艺孔，如图 8-13 所示。

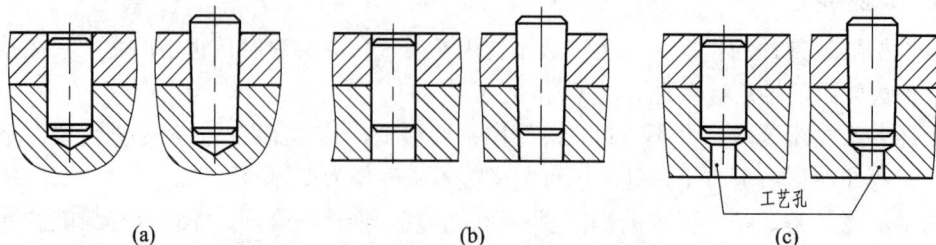

图 8-13　常见装配结构(三)

(a) 不合理的销定位；(b) 尽量制成通孔；(c) 加工出工艺孔

(4) 在用轴肩或孔肩定位滚动轴承时，应注意到维修时拆卸的方便与可能。图 8-14 是滚动轴承安装在箱体轴承孔中及轴上的情况，图中"不合理"的，将无法拆卸，"合理"的，就很容易将轴承顶出。

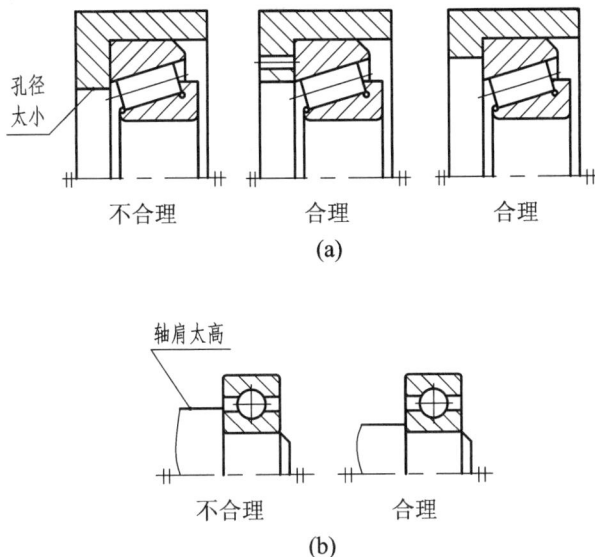

孔径
太小

不合理　　　　　合理　　　　　合理

(a)

轴肩太高

不合理　　　　合理

(b)

图 8-14　常见装配结构(四)

(a) 滚动轴承外圈定位；(b) 滚动轴承内圈定位

(5) 当零件用螺纹紧固件连接时，必须留出加手孔和工具孔或足够的空间以便于拆装。在图 8-15 中，"不合理"的，将无法拆装，"合理"的，就很容易拆装。

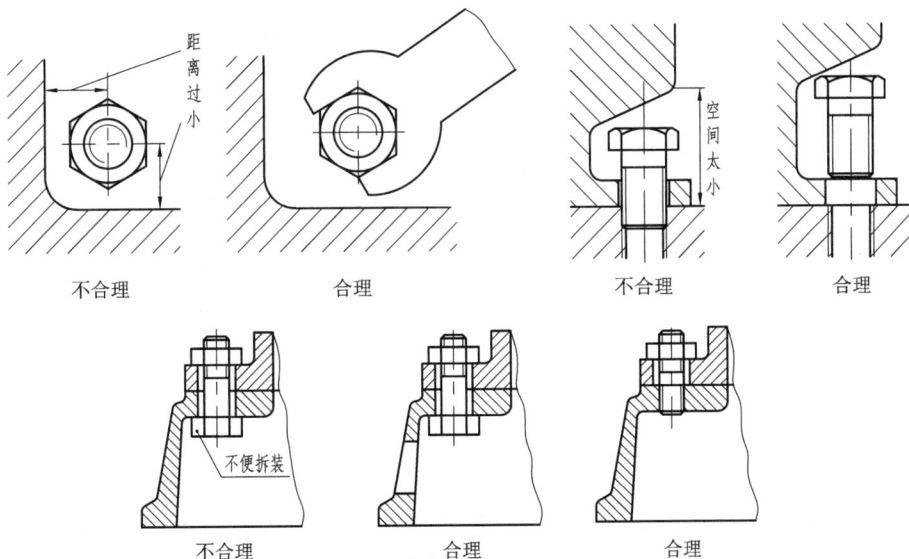

距离过小

空间太小

不合理　　　　　合理　　　　　不合理　　　　　合理

不便拆装

不合理　　　　合理　　　　合理

图 8-15　常见装配结构(六)

(6) 为了防止机器或部件上螺纹紧固件因受振动而松动，可采用双螺母锁紧、弹簧垫圈锁紧、开口销和止动垫片等结构防松，如图 8-16 所示。

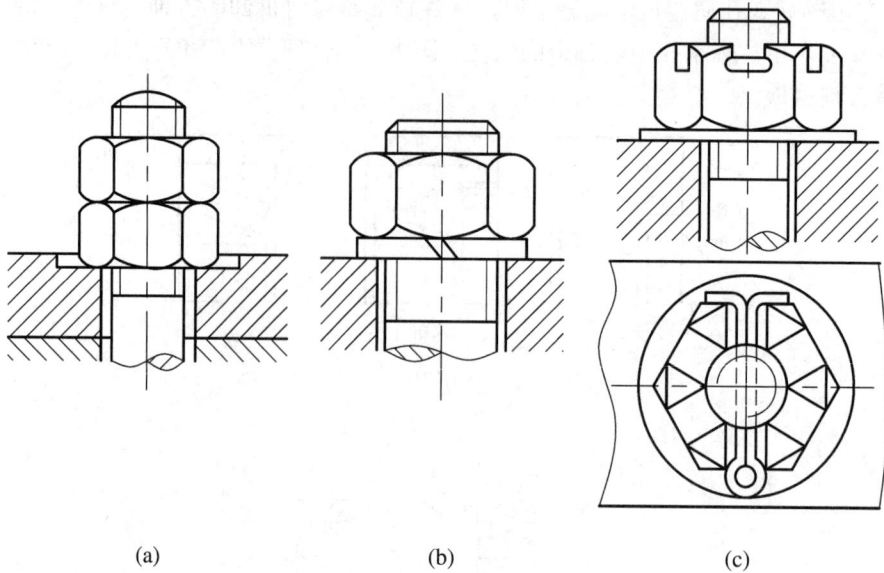

(a)   (b)   (c)

图 8-16 螺纹防松结构

(a) 双螺母；(b) 弹簧垫圈；(c) 开槽螺母和开口销

(7) 为了防止内部液体或润滑剂外漏，同时防止外部灰尘、杂质侵入，要采用防漏防尘的密封结构。滚动轴承的密封方式有：毡圈式、挡油环式等，如图 8-17 所示。各种密封方法所用的零件和某些结构均已标准化，可从有关手册查取。

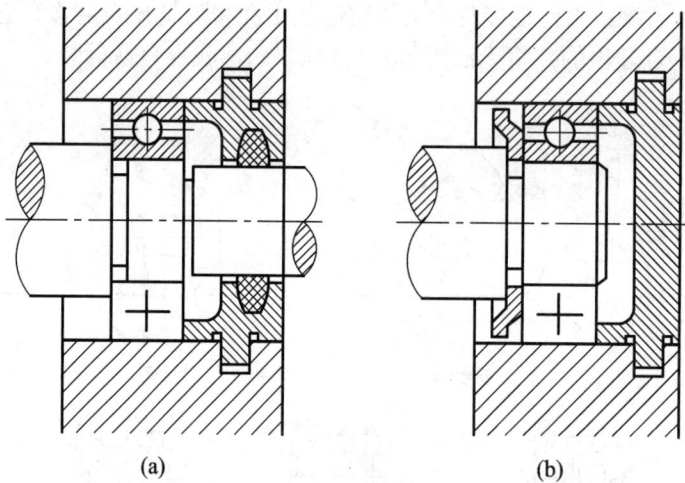

(a)   (b)

图 8-17 密封结构(一)

(a) 毛毡密封；(b) 挡油环密封

如图 8-18(a)所示的密封结构是在机器的旋转轴或滑动杆伸出箱体的地方，作成一填料箱，填入软质填料(石棉绳或橡胶)，旋转压紧螺母，通过填料压盖即可将填料压紧，使填料内侧紧贴在轴(杆)上，外侧紧贴在箱体壁上，达到既不阻碍轴(杆)运动，又起密封防漏作用。注意：填料压盖的内孔应大于轴径，以免轴转动时产生摩擦；填料压盖与箱体端面之间必须留有一定间隙，以保证将填料压紧。图 8-18(b)的画法是错误的。

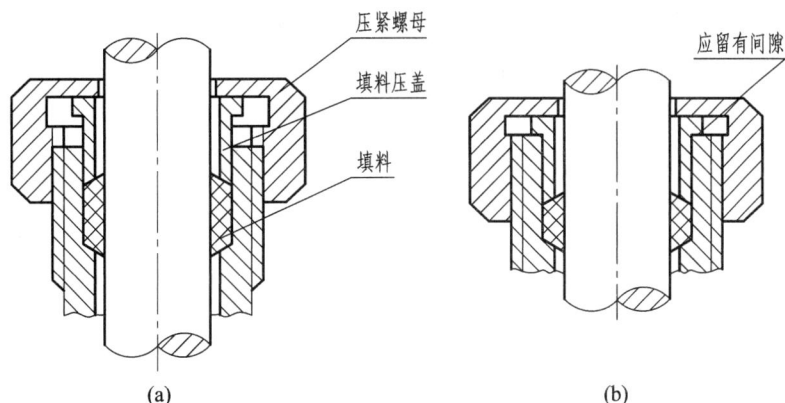

图 8-18　密封结构(二)

(a) 合理；(b) 不合理

第五节　读装配图及由装配图拆画零件图

在工业生产中，无论是机器的设计、制造、装配、安装、使用、维修，还是学习先进技术、参与学术交流，都要阅读装配图。因此，每一个工程技术人员都必须能读懂装配图。

阅读装配图的目的，是从装配图中了解机器或部件的工作原理和装配关系，弄清其中各主要零件的结构形状。在设计时，还需要根据装配图拆画出有关零件的零件图。

一、读装配图的方法和步骤

1. 概括了解

(1) 了解机器或部件的名称、功用和性能。可查看标题栏、产品样本或技术说明书等。

(2) 通过明细栏，了解标准零、部件和非标准零、部件的名称、规格、数量、材料等；对照零、部件序号，在装配图上查找这些零、部件的位置。

(3) 对视图进行分析。根据装配图上视图的表达情况，找出各个视图、剖视图、断面图等之间的关系和配置，从而搞清各视图的表达意图和表达重点。

通过以上内容的初步分析，可以对该机器或部件有一个大概的了解。

2. 了解装配关系和工作原理

对照视图仔细分析部件的装配关系和工作原理，这是读装配图的一个重要环节。在概括了解的基础上，先分析各条装配干线，弄清各零件间相互配合的要求，以及零件间的定位方法、连接方式、密封等问题；再进一步分析运动零件与非运动零件的相互运动关系，从而对部件的工作原理和装配关系有所了解。

3. 分析尺寸标注和技术要求

分析尺寸标注，不仅要弄清装配图中各个尺寸的作用，了解整个机器或设备的大小和相关零件之间的位置关系，而且能更深入地了解零件间的配合性质。借助技术要求，可对机器或部件的功用和性能有一个更全面准确的把握，对撰写相关零件的技术要求有很大帮助。

4. 分析零件，读懂零件的结构形状

分析零件，就是弄清每个零件的结构形状及其作用。一般先从主要零件着手，然后是其他零件。当零件在装配图中表达不完整时，可对其他有关的零件仔细观察和分析后，再进行结构分析，从而确定该零件的内外结构形状。

5. 由装配图拆画零件图

在产品设计时，需要根据装配图拆画零件图，简称拆图。拆图的方法步骤是：

(1) 零件结构形状的确定。在看懂装配图的基础上，先在相关视图中划分出零件的轮廓范围，将零件从视图中分离出来，并想象出零件的结构形状。由于装配图中对零件的某些局部结构和标准结构，如倒角、圆角、退刀槽等并未完全表达，因此，需要根据零件的功用补齐所缺的轮廓线。

(2) 零件视图方案的确定。根据零件的结构形状特点和绘制零件图的要求，需要重新选择视图表达方案。由于零件图与装配图的作用不同，它们表达的对象不同、目的不同，表达方法也不同，所以零件图的视图表达方案不一定与装配图一致，要具体情况具体分析。

(3) 零件图的尺寸标注。按照第七章关于零件图尺寸标注的要求，在零件图中必须注出零件的全部尺寸。零件图中的尺寸可从以下几个方面确定：

① 抄注：装配图上的某些尺寸就是相关零件的尺寸，这些尺寸必须直接抄到零件图上，不得更改。但为了使尺寸标注清晰，往往需要重新安排标注尺寸的位置。

② 查表：标准结构或与标准结构相连接的有关尺寸，如倒角、退刀槽、沉孔、螺纹、键槽宽度和深度以及销孔直径等结构，其尺寸应从标准手册中查表获得。

③ 计算：需经计算的尺寸，如齿轮的分度圆、齿顶圆直径等，需按有关参数经计算得到。

④ 量取：对于零件上不能通过上述途径获得的尺寸，可从装配图中根据绘图比例直接量取得到。

(4) 零件图技术要求的确定。零件图中的技术要求应根据零件在部件中的作用和制造零件的要求来提出，也可参考有关资料来确定。如果零件上某部分结构需要与其他零件在装配时一起加工的，则应在零件图中进行注明，如图 8-19 所示。

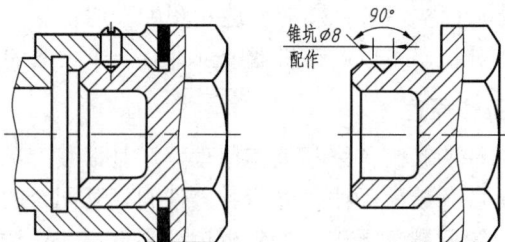

图 8-19 注明装配时加工

二、读装配图及拆画零件图

【例 8-1】 读如图 8-20 所示的镜头架装配图，并拆画架体 1 的零件图。

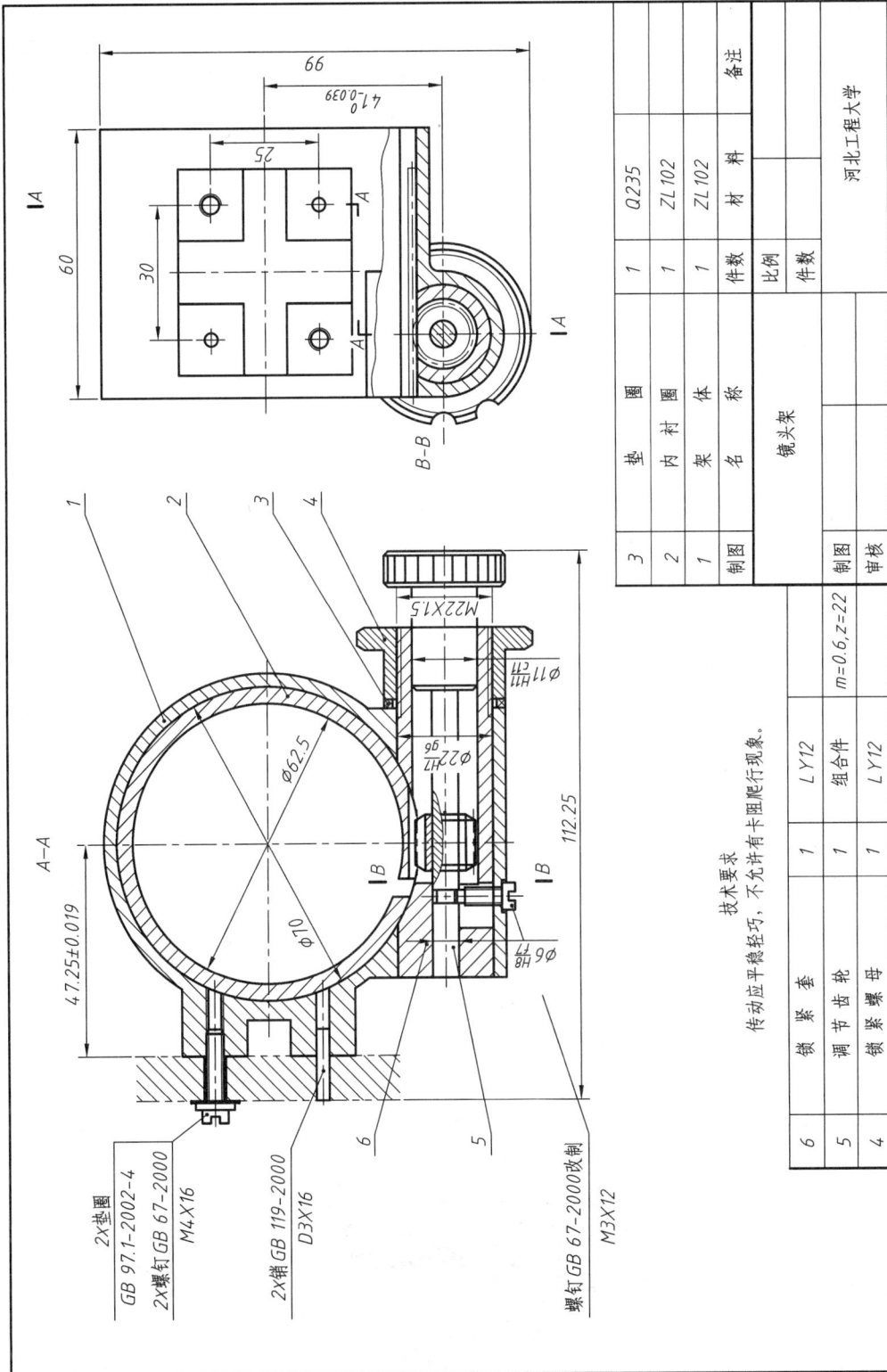

图8-20 镜头架装配图

6	锁 紧 套	1	LY12	
5	调节齿轮	1	组合件	$m=0.6, z=22$
4	锁紧螺母	1	LY12	
3	垫 圈	1	Q235	
2	内 衬 圈	1	ZL102	
1	架 体	1	ZL102	
	名 称	件数	材 料	备注
镜头架		比例		河北工程大学
		件数		
制图		制图		
		审核		

技术要求
传动应平稳轻巧，不允许有卡阻爬行现象。

1. 概括了解

镜头架是电影放映机上用来放置放映镜头和调整焦距使图像清晰的一个部件。从图中可以看出，它由 10 种零件(6 种非标准件和 4 种标准件)组成。镜头架的装配图仅用了两个视图，主视图用"A—A"阶梯剖，反映镜头架的装配关系和工作原理；左视图采用"B—B"局部剖，用于表达镜头架的外形轮廓，以及调节齿轮 5 与内衬圈 2 上的齿条啮合情况。

经初步阅读，镜头架的体积并不大，各零件的材料是 ZL102(铸造铝合金)、LY12(硬铝)、Q235(碳素结构钢)等。

2. 了解装配关系和工作原理

镜头架的主视图完整地表达了它的装配关系：所有零件都装在架体 1 上，并用两个销定位、利用两个螺钉安装在放映机上。架体 1 的大孔(ϕ70)中套有能前后移动的内衬圈 2，架体的水平圆柱孔(ϕ22)的轴线是一条主要装配干线，该装配干线上装有调节齿轮 5 和锁紧套 6。当调节齿轮 5 与内衬圈 2 就位后，用螺钉 M3 × 12 使调节齿轮轴向定位。

通过主视图和左视图可分析镜头架的工作原理：当旋转调节齿轮时，它与内衬圈上的齿条啮合传动，带动内衬圈作前后方向的直线移动，调整镜头焦距，使图像清晰。通过旋转锁紧套右端的锁紧螺母，可向右拉动锁紧套，锁紧套上的圆柱面槽就迫使内衬圈收缩而锁紧镜头。

3. 分析尺寸标注和技术要求

在镜头架的装配图中，ϕ62.5 是规格(性能)尺寸；ϕ6H8/f7、ϕ22H7/g6、ϕ11H11/c11 为配合尺寸，都是间隙配合；M22 × 1.5、$41^{0}_{-0.039}$ 为装配尺寸；112.25、99、60 为外形尺寸；30、25、M4 × 16 以及 47.25 ± 0.019 均为安装尺寸；ϕ70 属于其他重要尺寸。再结合技术要求可知，镜头架体积小、重量轻，相关零件的制造精度和配合要求较高，且传动应平稳轻巧，不允许有卡阻爬行现象，等等。

4. 分析零件结构形状

这里只分析锁紧套 6、内衬圈 2 和架体 1 的结构形状，并拆画架体 1 的零件图，其余零件请读者通过阅读，自行分析。

锁紧套 6：根据剖面线的方向和注写的尺寸(ϕ22H7/g6)，可以想象出这是一个圆柱形零件，它的内部有一阶梯孔，右端的大孔为 ϕ11，左端的小孔为 ϕ6；锁紧套上部开有圆柱面槽与内衬圈的圆柱面相配；在锁紧套下部开有长圆形孔，可穿过螺钉使调节齿轮轴向定位。经过上述分析，可想象出锁紧套的结构形状，如图 8-21 所示。

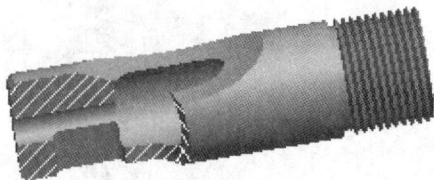

图 8-21 锁紧套

内衬圈 2：内衬圈是一个圆柱筒状零件，其表面上铣有齿条。齿条一端未铣到头，这是调节内衬圈前后移动的极限位置。当移动锁紧套时，为了使内衬圈变形而锁紧镜头，所以内衬圈是开口的，如图 8-22 所示。

图 8-22　内衬圈

架体 1：架体是镜头架上的主要零件，从装配图中可以看出它的大致结构形状，这个架体主要是由一大一小两个相互垂直偏交的圆柱筒组成，它们的圆孔内壁相贯；为了使架体在放映机上安装、定位，架体左侧伸出一个带有方形凸台的四棱柱，并加工有螺纹通孔和圆柱销孔；架体的下部是半个圆柱体，且有一带锪平沉孔的螺纹通孔，用来安装定位螺钉，如图 8-23 所示。

图 8-23　架体

5. 拆画零件图

分析了这个架体的结构形状后，就可拆画它的零件图。先从装配图的主、左视图中通过可见轮廓及剖面线区分出架体的视图轮廓，如图 8-24 所示；它是一副不完整的图形，需要补画出图中所缺的所有图线。完成后的架体零件图如图 8-25 所示，主视图采用阶梯剖清晰地表达了其内部结构形状及外部轮廓；而左视图则改用基本视图，重点表达架体的外部结构形状，大圆孔内壁的上、下两条转向轮廓线用细虚线表示，从而清晰、完整地表达了架体的内、外形状。最后，按零件图的要求，完整、清晰地标注出全部的尺寸和技术要求。

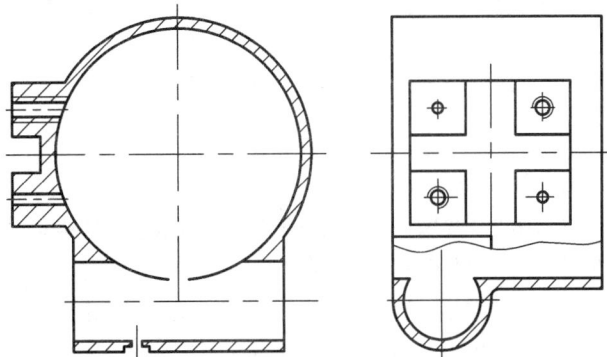

图 8-24　从装配图中分离出的架体视图

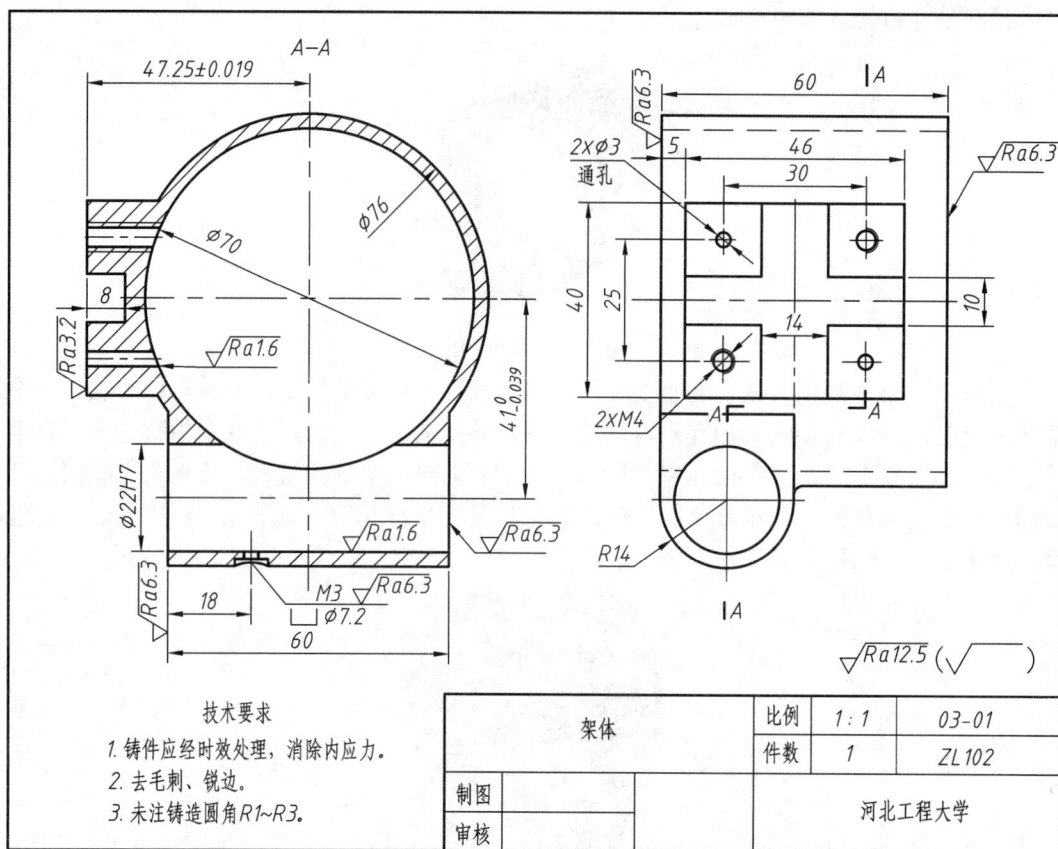

图 8-25　架体零件图

【例 8-2】　读如图 8-26 所示的齿轮油泵装配图，并拆画右端盖 7 的零件图。

1. 概括了解

齿轮油泵是机器中用来输送润滑油的一个部件。对照零件序号及明细栏可以看出：齿轮油泵由 17 种零件装配而成，包括泵体，左、右端盖，运动零件(传动齿轮、齿轮轴等)，密封零件以及标准件等。主视图采用"*A—A*"旋转剖视图，反映齿轮油泵各个零件间的装配关系；左视图采用沿左端盖 1 与泵体 6 结合面剖切后移去了垫片 5 的"*B—B*"半剖视图，它清楚地表达了油泵的外部形状，齿轮的啮合情况以及吸、压油的工作原理，并以局部剖表达了油口的情况。

齿轮油泵的体积不大；大部分零件为金属件，材料为 HT200 铸铁、35 钢、45 钢和 65Mn 合金钢。

2. 了解装配关系及工作原理

泵体 6 是齿轮油泵中的主要零件之一，它的内腔容纳一对传动齿轮。将齿轮轴 2、传动齿轮轴 3 装入泵体后，两侧有左端盖 1、右端盖 7 支撑这一对齿轮轴的旋转运动。由销 4 将左、右端盖与泵体定位后，再用螺钉 15 固定。为了防止泵体与端盖结合面处以及传动齿轮轴 3 伸出端漏油，分别用垫片 5 及密封圈 8、轴套 9、压紧螺母 10 密封，如图 8-27 所示。

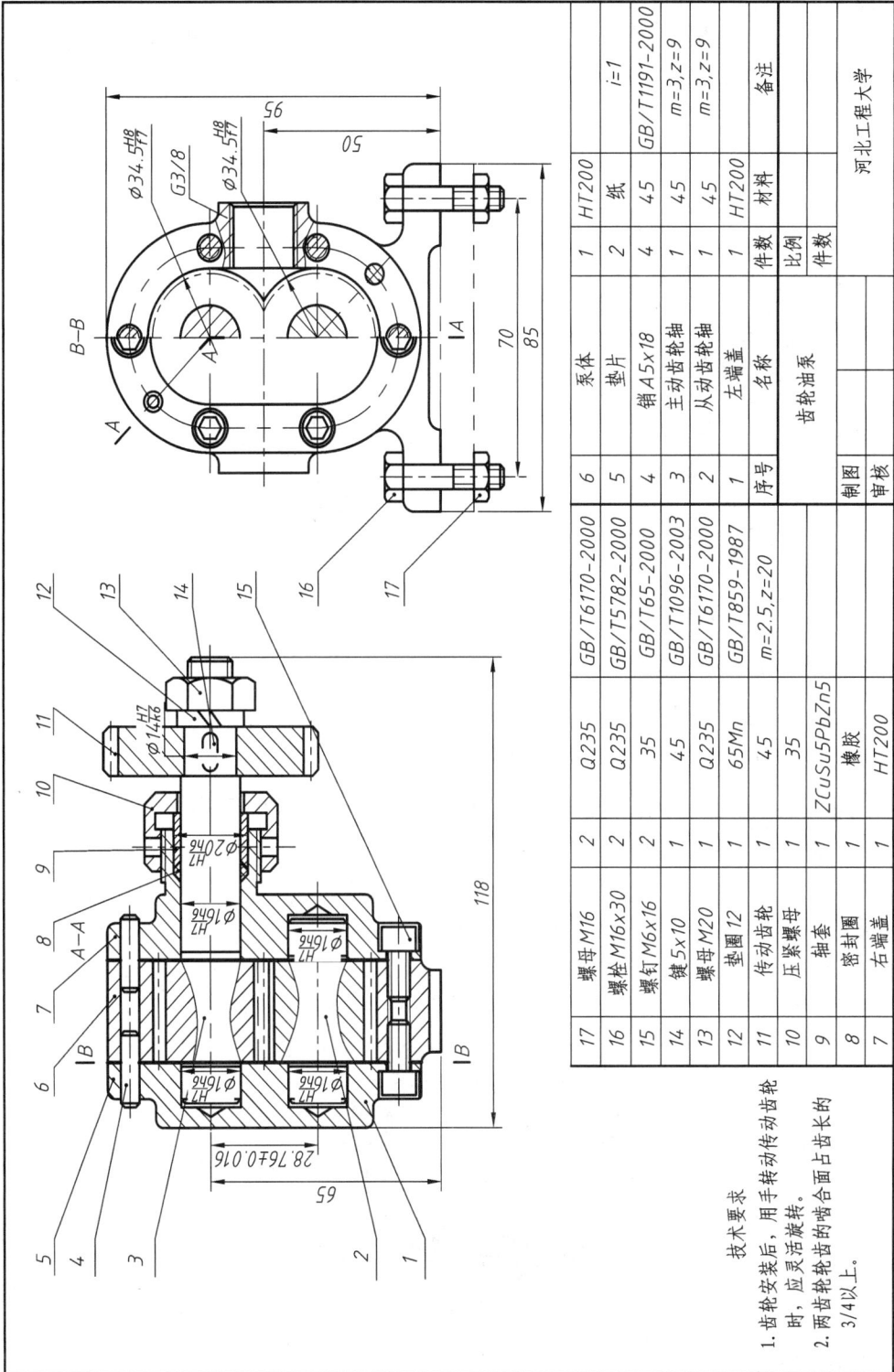

图8-26 齿轮油泵装配图

17	螺母M16	2	Q235	GB/T6170-2000	6	泵体	1	HT200		i=1
16	螺栓M16x30	2	Q235	GB/T5782-2000	5	垫片	2	纸		
15	螺钉M6x16	2	35	GB/T65-2000	4	销A5x18	4	45		GB/T1191-2000
14	键5x10	1	45	GB/T1096-2003	3	主动齿轮轴	1	45		m=3,z=9
13	螺母M20	1	Q235	GB/T6170-2000	2	从动齿轮轴	1	45		m=3,z=9
12	垫圈12	1	65Mn	GB/T859-1987	1	左端盖	1	HT200		
11	传动齿轮	1	45	m=2.5,z=20	序号	名称	件数	材料		备注
10	压紧螺母	1	35			齿轮油泵	比例			
9	轴套	1	ZCuSu5PbZn5				件数			
8	密封圈	1	橡胶		制图					河北工程大学
7	右端盖	1	HT200		审核					

技术要求

1. 齿轮安装后，用手转动传动齿轮
   时，应灵活旋转。
2. 两齿轮轮齿的啮合面占齿长的
   3/4以上。

齿轮轴 2、传动齿轮轴 3、传动齿轮 11 是油泵中的运动零件。当传动齿轮 11 按逆时针方向(从图 8-27 所示的齿轮泵左侧观察)转动时，通过键 14，将扭矩传递给传动齿轮轴 3，经过齿轮啮合带动齿轮轴 2 作顺时针方向转动。如图 8-28 所示，当一对齿轮在泵体内啮合转动时，啮合区内右边空间的压力降低而产生局部真空，油池内的油在大气压力作用下经吸油口进入油泵低压区，随着齿轮的转动，齿槽中的油不断沿箭头方向被带至左边而经压油口把油挤出，送至机器中需要润滑的部位。

图 8-27　齿轮油泵

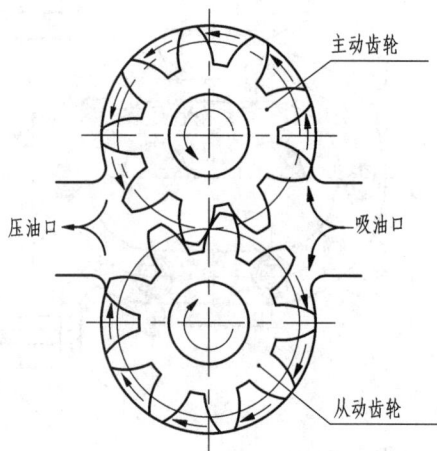

图 8-28　齿轮油泵工作原理

3. 分析尺寸标注和技术要求

在齿轮油泵的装配图中，G3/8、28.76 ± 0.016 是规格(性能)尺寸；ϕ16H7/h6、ϕ20H7/h6、ϕ14H7/k6、ϕ34.5H8/f7 为配合尺寸；28.76 ± 0.016、ϕ34.5H8/f7 为装配尺寸；118、95、85 为外形尺寸；50、65、70 以及 G3/8 均为安装尺寸。装配图中的技术要求请读者自行分析。

4. 分析右端盖 7 的结构形状

由图 8-27 中的主视图可见：右端盖上部有主动齿轮轴 3 穿过，下部有从动齿轮轴 2 轴颈的支撑孔，在右部凸出的外圆柱面上有外螺纹，用压紧螺母 10 通过轴套 9 将密封圈 8 压紧在轴的四周。由左视图可见：右端盖的外形为长圆形，沿周围分布有六个螺钉沉孔和两个圆柱销孔。至此，再结合图 8-26 可想象出右端盖的结构形状，如图 8-29 所示。

图 8-29　右端盖

5. 拆画右端盖零件图

拆画零件时，先从装配图中划分出右端盖的视图轮廓，如图 8-30 中左图所示。然后根据以上分析,补全视图中所缺的图线,结果如图 8-30 中右图所示。为了能清楚地表达该零件的内部结构,其主视图按工作位置放置,并采用全剖视图;其左视图采用基本视图,完全表达该零件的外部形状及各个圆孔的分布情况。

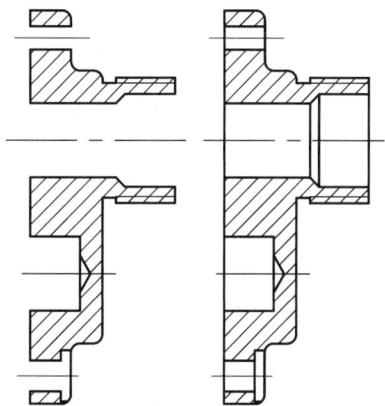

图 8-30 从装配图中分离出的右端盖视图

由于齿轮轴与右端盖的配合尺寸是 $\phi16H7/h6$,轴套与右端盖的配合尺寸是 $\phi20H7/h6$,均属于基孔制的间隙配合。由机械设计手册查得:孔 $\phi16H7$ 的上偏差 ES = +18、下偏差 EI = 0;孔 $\phi20H7$ 的上偏差 ES=+21、下偏差 EI = 0。所以,应在右端盖零件图中分别以 $\phi_0^{+0.018}$ 和 $\phi_0^{+0.021}$ 的形式标注尺寸。

待标注出零件图的全部尺寸和技术要求后,最后完成的右端盖零件图如图 8-31 所示。

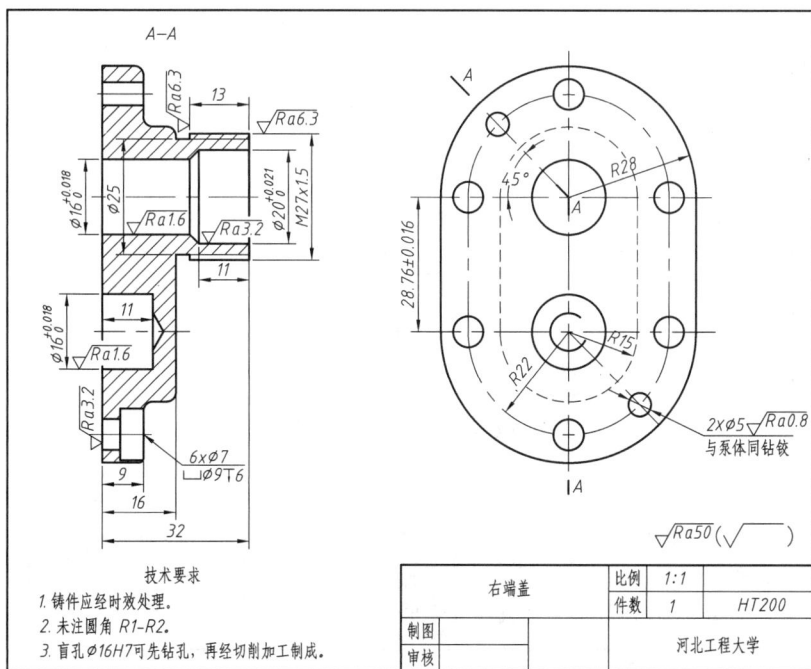

图 8-31 右端盖零件图

第六节　由零件图画装配图

机器或部件都是由一些零件组成的，那么，根据这些零件的零件图就可以画出装配图。现以图 8-1 所示的球阀为例，说明由零件图画装配图的方法和步骤。其中，阀体和阀盖的零件图如图 7-1 和图 7-10 所示，其他主要零件的零件图如图 8-32 所示。因篇幅所限，还有一些非标准件的零件图未被列出。

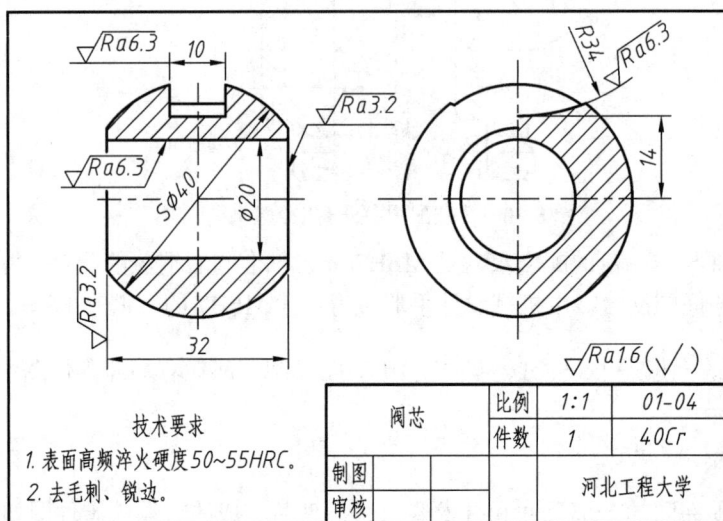

技术要求
1. 表面高频淬火硬度50~55HRC。
2. 去毛刺、锐边。

阀芯	比例	1:1	01-04
	件数	1	40Cr
制图			河北工程大学
审核			

(a)

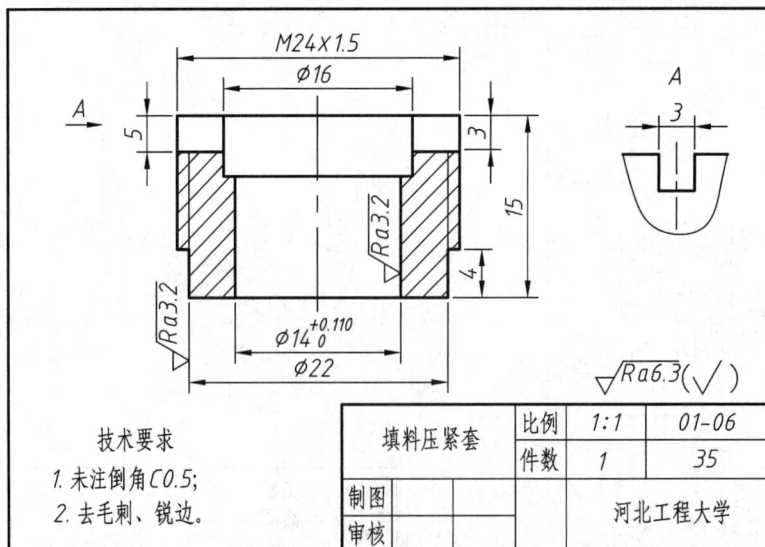

技术要求
1. 未注倒角C0.5;
2. 去毛刺、锐边。

填料压紧套	比例	1:1	01-06
	件数	1	35
制图			河北工程大学
审核			

(b)

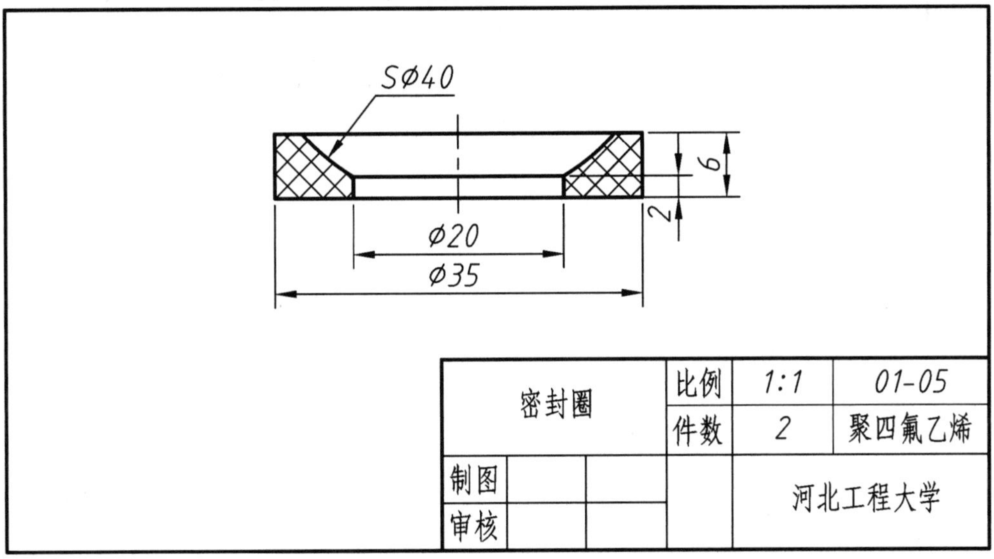
SØ40
6
2
Ø20
Ø35
密封圈
比例
1:1
01-05
件数
2
聚四氟乙烯
制图
审核
河北工程大学

(c)

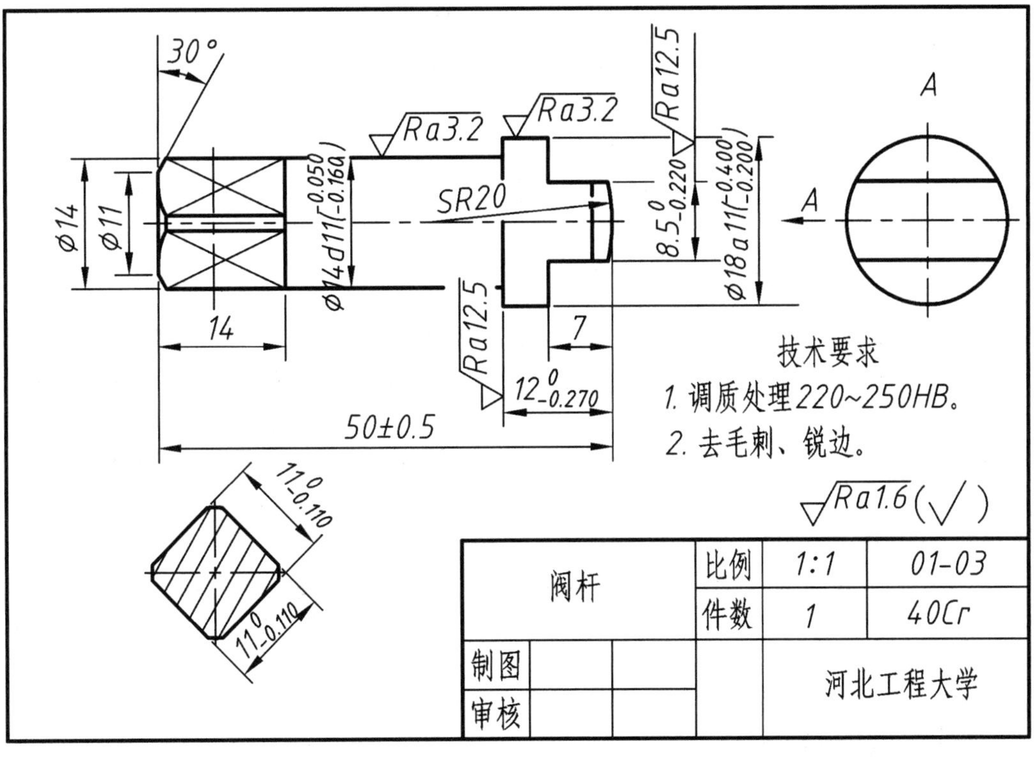
30°
Ra3.2
Ra3.2
Ra12.5
A
A
Ø14
Ø11
Ø14d11(-0.050 -0.160)
SR20
8.5 0 -0.220
Ø18a11(-0.400 -0.200)
14
7
Ra12.5
12 0 -0.270
50±0.5
技术要求
1. 调质处理220~250HB。
2. 去毛刺、锐边。
Ra1.6(√)
11 0 -0.110
11 0 -0.110
阀杆
比例
1:1
01-03
件数
1
40Cr
制图
审核
河北工程大学

(d)

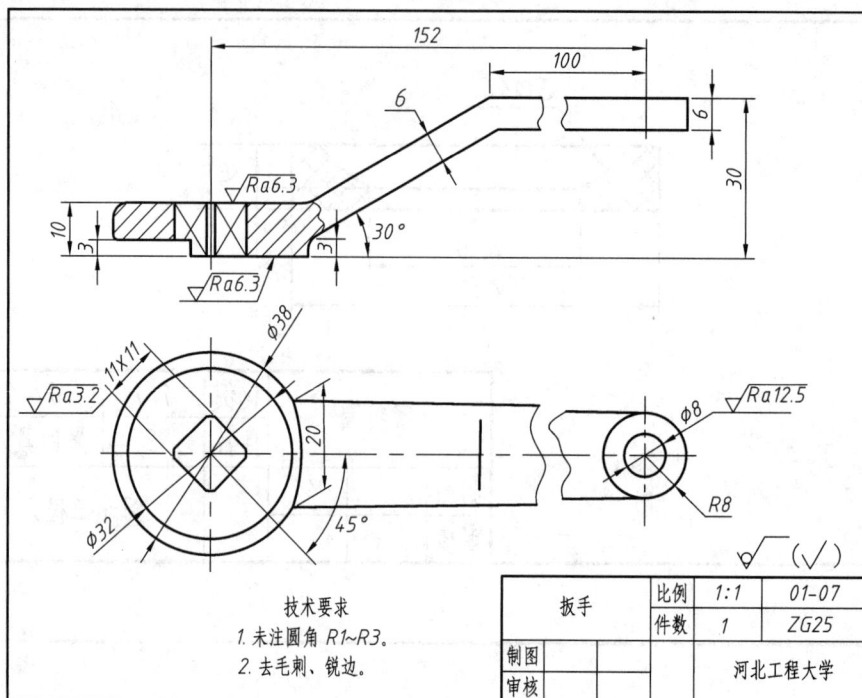

(e)

图 8-32　球阀的部分主要零件图

(a) 阀芯；(b) 填料压紧套；(c) 密封圈；(d) 阀杆；(e) 扳手

一、了解部件的装配关系和工作原理

画装配图之前，应认真阅读零件图，结合有关资料了解机器或部件的装配关系和工作原理，并弄清各零件的结构形状及装、拆顺序。由图 8-1 可知，球阀共由十三种零件组成。

球阀的装配关系是：阀体 1 和阀盖 2 均带有方形的凸缘，它们用四个双头螺柱 6 和螺母 7 连接，并用合适的调整垫 5 调节阀芯 4 与密封圈 3 之间的松紧程度；在阀体上部有阀杆 12，阀杆下部有凸块，榫接阀芯 4 上的凹槽；为了密封，在阀体与阀杆之间加进填料垫 8、填料 9 和 10，然后旋入填料压紧套 11。

球阀的工作原理是：扳手 13 的方孔套在阀杆 12 上部的四棱柱上，当扳手处于如图 8-2 所示的位置时，则阀门全部开启，管道畅通；当扳手按顺时针方向旋转 90° 时(如俯视图中的细双点画线所示)，则阀门全部关闭，管道断流。

二、确定装配图的表达方案

1. 主视图的选择

(1) 安放位置。一般将机器或部件的工作位置作为安放位置，这样便于设计和指导装配。如球阀，其工作位置多变，但一般是将其通路水平放置。

(2) 视图方向。选择最能反映机器或部件工作原理、主要装配关系及重要零件结构形状的方向作为主视图的视图方向。如图 8-2 所示球阀的主视图就体现了这个原则。

(3) 主视图的表达方法。由于机器或部件的内部结构一般都比较复杂，因此，主视图大多用剖视图画出。所用剖切方法的类型及剖切范围，要根据其内部结构的具体情况来决定。如图 8-2 所示的球阀，其主视图采用的是全剖视图。

2. 其他视图的选择

其他视图的选择需要考虑以下几点：

(1) 还有哪些装配关系、工作原理以及主要零件的主要结构形状没有表达清楚，再确定选择哪些视图以及相应的表达方法，以使图样表达准确、完整。

(2) 在表达清楚的前提下，尽可能选用比较少的视图、剖视图等，以使图样表达简捷、明了。

(3) 合理布置各视图位置，以使图样清晰、美观，并有利于图幅的充分利用。

如图 8-2 所示的球阀，主视图采用全剖视图，清楚地反映了球阀的工作原理和各零件间地主要装配关系；选用左视图为半剖视图，补充反映它的内部结构和外形结构；选用俯视图为"B—B"局部剖视图，反映扳手与定位凸块的关系及球阀的外形结构。

3. 注意事项

在决定机器或部件的表达方案时，还应注意以下问题：

(1) 应从表达机器或部件的全局出发，综合考虑。应根据机器或部件的内外结构、装配关系和工作原理，多拟定几种表达方案，通过比较择优选用。

(2) 每个视图或剖视图都应有明确的表达目的和重点，各个视图应相互照应和补充。

(3) 需要使用剖视图时，一般应从某条装配干线的对称面或轴线处剖切，或者从各零件之间的结合面剖切。

(4) 对各个零件上的次要结构，如果对表达机器或部件的工作原理、装配关系、定位安装等方面没有影响时，则不必一一表达清楚，应留待零件设计时由设计人员自定。

三、画装配图

下面以图 8-1 所示的球阀为例，说明装配图的画图方法。

1. 选图幅，定比例，画图框等

根据拟定的表达方案以及机器或部件的复杂程度，选择标准图幅，确定适当比例，画好图框、标题栏及明细栏，如图 8-33(a)所示。

2. 确定作图基准线，合理布置视图

根据机器或部件的结构形状，确定作图基准线，合理布置各个视图。注意留出标注尺寸、编写序号、注写技术要求的位置，然后画出各视图的主要轴线(装配干线)、对称中心线和作图基准线。如图 8-33(a)所示，画出了球阀的前后对称中心线，阀杆的装配干线及阀体的左、右端面线等。

3. 画各视图

一般情况下可从主视图开始，将几个视图联系起来同时画；也可以先画某一视图，然

后再画其他视图。其基本方法是：按照装配关系，先画主要零件，后画次要零件；根据内外结构，由内到外或由外到内分层次进行；先确定零件位置，后画零件形状；先画主要轮廓，后画具体细节；先打底稿，然后检查、修改，最后画剖面线、加深。

在球阀中，阀体的形体较大，其他零件多包容在阀体中，所以应从外向内画为宜，即先画阀体，然后再逐个画出其他零件，如图 8-33(b)、(c)、(d)所示。

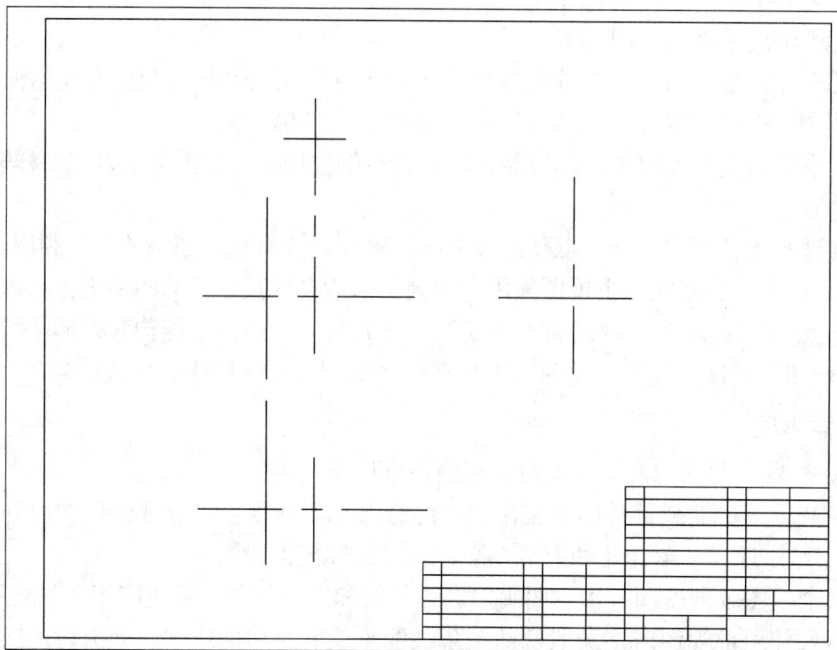

(a)

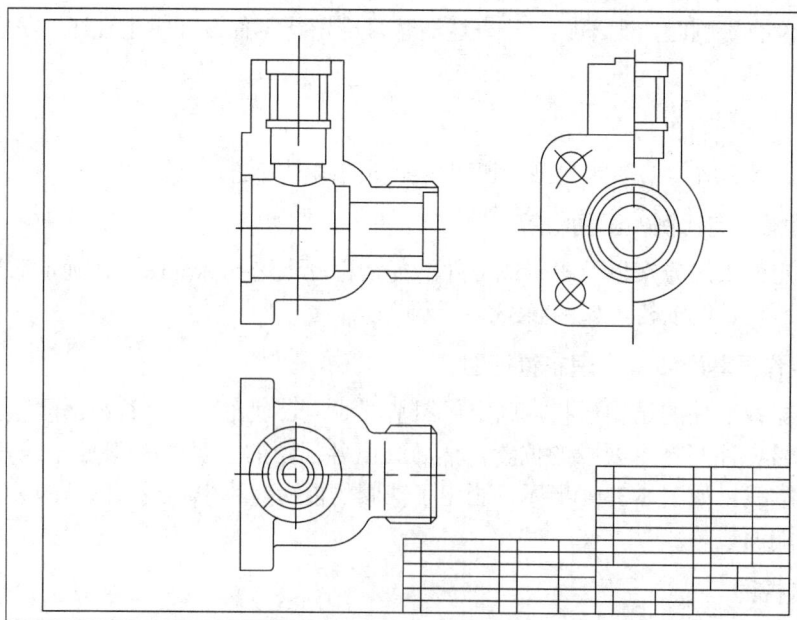

(b)

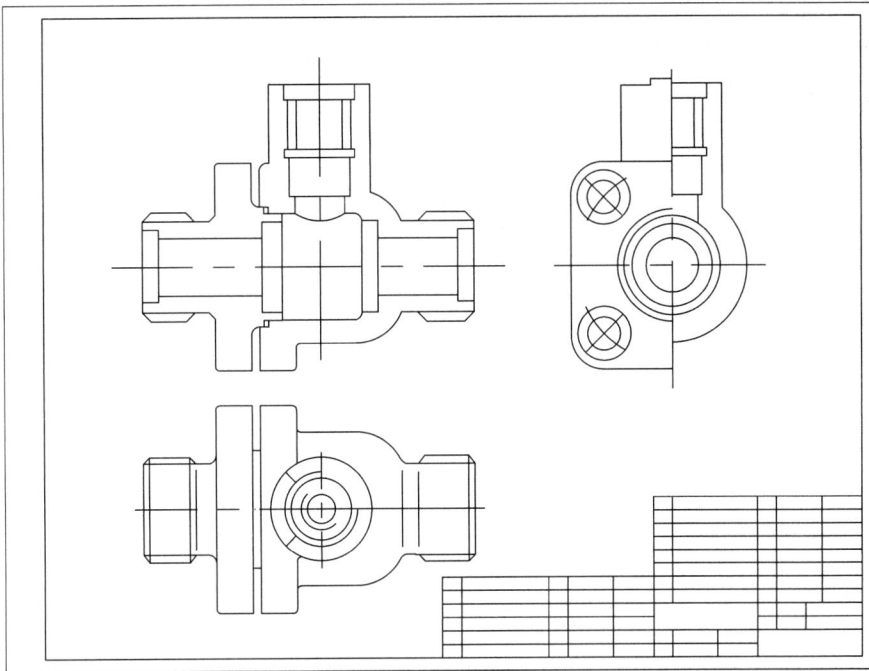

(c)

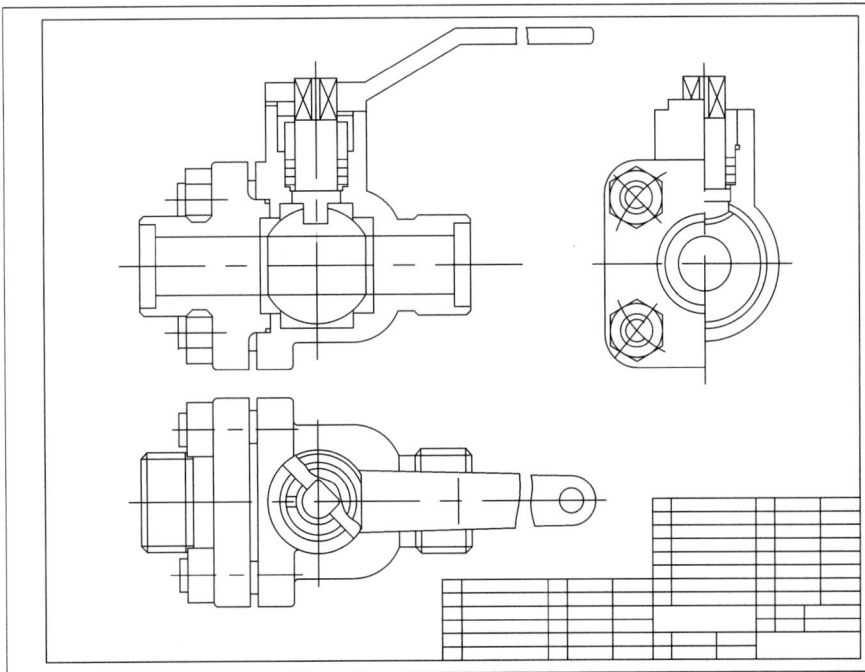

(d)

图 8-33 装配图的画图步骤

(a) 布图；(b) 画阀体；(c) 画阀盖；(d) 画其他零件

4. 标注尺寸

根据机器或设备的要求并结合装配图的作用，在装配图中只需标注必要的几类尺寸，而除此之外的尺寸则不能标注，如图 8-2 所示。

5. 完成全图

在装配图中，对每一种规格的零、部件逐一编写序号、填写明细栏。最后撰写技术要求，填写标题栏，完成装配图，如图 8-2 所示。

参 考 文 献

[1] 马希青，等. 机械制图[M]. 北京: 机械工业出版社，2010.

[2] 商庆清，孙青云，孙志武. 工程制图[M]. 北京: 科学出版社，2010.

[3] 刘苏. 现代工程图学[M]. 北京：科学出版社，2010.

[4] 国家技术监督局，国家标准化委员会. 技术制图 图样画法[M]. 北京：中国标准出版社，2013.

[5] 国家技术监督局，国家标准化委员会. 技术制图 尺寸注法[M]. 北京：中国标准出版社，2012.

[6] 国家技术监督局，国家标准化委员会. 产品几何技术规范(GPS) 几何公差 基准和基准体系[M]. 北京：中国标准出版社，2011.

[7] 国家技术监督局，国家标准化委员会. 产品几何技术规范(GPS) 几何公差 形状、方向、位置和跳动公差标注[M]. 北京：中国标准出版社，2008.